华晟经世"一课双师"校企融合系列教材

# 第三代
# 移动通信技术

黄湘宁　杨　平
陈景发　姜善永

主编

人民邮电出版社

北　京
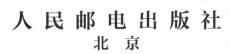

**图书在版编目（CIP）数据**

第三代移动通信技术 / 黄湘宁等主编. -- 北京：
人民邮电出版社, 2019.6
华晟经世"一课双师"校企融合系列教材
ISBN 978-7-115-50999-4

Ⅰ. ①第… Ⅱ. ①黄… Ⅲ. ①移动通信－通信技术－
高等学校－教材 Ⅳ. ①TN929.5

中国版本图书馆CIP数据核字(2019)第067050号

## 内 容 提 要

本教材全面介绍了第三代移动通信技术的基本原理及应用，更侧重于技术相对成熟的 WCDMA 技术的介绍及应用。

本教材分为 3 篇——基础篇、实战篇和案例篇，共 7 个项目。基础篇为项目 1～项目 3，内容包括移动通信系统概述、无线接口关键技术及无线信道的介绍。实战篇为项目 4 和项目 5，内容包括 RNC 硬件设备介绍、RNC 设备的开局操作、CS 域接口数据配置、PS 域接口数据配置、基站硬件设备介绍及开局操作、无线小区的数据配置、单站业务的拨打测试。案例篇为项目 6 和项目 7，内容包括基站类故障、传输类故障的典型案例分析。

本教材可以作为电子信息类相关专业学生以及工程技术人员的教材和参考书。

- ♦ 主　　编　黄湘宁　杨　平　陈景发　姜善永
  责任编辑　王建军
  责任印制　彭志环
- ♦ 人民邮电出版社出版发行　　北京市丰台区成寿寺路 11 号
  邮编　100164　　电子邮件　315@ptpress.com.cn
  网址　http://www.ptpress.com.cn
  固安县铭成印刷有限公司印刷
- ♦ 开本：787×1092　1/16
  印张：18.5　　　　　　　　　2019 年 6 月第 1 版
  字数：450 千字　　　　　　　2019 年 6 月河北第 1 次印刷

定价：59.00 元

读者服务热线：(010)81055493　印装质量热线：(010)81055316
反盗版热线：(010)81055315

前言

　　本教材是华晟经世教育面向 21 世纪应用型本科、高职高专学生以及工程技术人员所开发的系列教材之一。本教材以经世教育服务型专业建设理念为指引，同时贯彻 MIMPS 教学法、工程师自主教学的要求，遵循"准、新、特、实、认"五字开发标准，其中"准"即理念、依据、技术细节都要准确；"新"即形式和内容都要有所创新，表现、框架和体例都要新颖、生动、有趣，具有良好的读者体验，让人耳目一新；"特"即要做出应用型的特色和企业的特色，体现出校企合作在面向行业、企业需求人才培养方面的特色；"实"即实用，切实可用，既要注重实践教学，又要注重理论知识学习，做一本理实结合且平衡的实用型教材；"认"即做一本教师、学生及业界都认可的教材。我们力求使抽象的理论具体化、形象化，减少学生学习的枯燥感，激发学生的学习兴趣。

　　本教材在编写过程中，主要形成了以下特色。

　　1."一课双师"校企联合开发教材。本教材是由华晟经世教育工程师、各个项目部讲师协同开发，融合了企业工程师丰富的行业一线工作经验、高校教师深厚的理论功底与丰富的教学经验，共同打造的紧跟行业技术发展、精准对接岗位需求、理论与实践深度结合以及符合教育发展规律的校企融合教材。

　　2.以"学习者"为中心设计教材。教材内容的组织强调以学习行为为主线，构建了"学"与"导学"的逻辑。"学"是主体内容，包括项目描述、任务解决及项目总结；"导学"是引导学生自主学习、独立实践的部分，包括项目引入、交互窗口、思考练习、拓展训练。本教材强调动手和实操，以解决任务为驱动，做中学，学中做。本教材还强调任务驱动式的学习，可以让学习者遵循一般的学习规律，由简到难、循环往复、融会贯通，同时加强动手训练，在实操中学习更加直观和深刻。本教材还融入了最新的技术应用知识，使学习者能够结合真实应用场景来解决现实性的客户需求。

　　3.以项目化的思路组织教材内容。本教材"项目化"的特点突出，列举了大量的项目案例，理论联系实际、图文并茂、深入浅出，特别适合于应用型本科院校学生、高职高专学生以及工程技术人员自学或参考。篇章以项目为核心载体，强调知识输入，经过问题的解决与训练，再到技能输出；采用项目引入、知识图谱、技能图谱等形式还原工作场景，展示项目进程，嵌入岗位、行业认知，融入工作的方法和技巧，传递一种解决问题的思路和理念。

本教材由黄湘宁、杨平、陈景发、姜善永老师主编，未川志、夏渐周、彭俊杰进行编写和修订工作。在本教材的编写过程中，编者得到了华晟经世教育领导、高校领导的关心和支持，更得到了广大教育同仁的无私帮助及家人的温馨支持，在此向他们表示诚挚的谢意。由于编者水平和学识有限，书中难免存在不妥和错误之处，恳请广大读者批评指正。

编　者

2019 年 3 月

目录

## 基 础 篇

## 实 战 篇

# 案　例　篇

# 基 础 篇

# 项目1 移动通信初体验

张工:"小孙,关于通信方面的知识你是想学简单的,还是想学难的?"

小孙:"简单的学什么呢?难的又学什么呢?"

张工:"简单的好说,直接教你对传输、接光缆、配设备、开基站,三十天包学包会。难的先学理论再学技能,理论技能相辅相成,三年略有小成。"

小孙:"我要学难的。"

张工:"那咱们就从通信的来龙去脉说起吧!"

**学习目标**

1. 认识:移动通信发展历程、3G的标准化过程。
2. 掌握:3G移动通信系统的特点及版本演进。
3. 应用:3G网络结构。

## ▶▶1.1 移动通信发展概述

### 1.1.1 移动通信系统的概念

随着社会的发展,人们对通信的需求日益迫切,对通信的要求也越来越高。现代通信系统是信息时代的生命线,以信息为主导地位的信息化社会又促进通信技术的迅速发展,传统的通信网已不能满足现代通信的需求,移动通信已成为现代通信中发展最为迅速的一种通信手段。随着人类社会对信息需求的增加,通信技术正在逐步走向智能化和网络化。人们对通信的理想要求是,任何人(Whoever)在任何时候(Whenever)任何地方(Wherever)与任何人(Whoever)都能及时地进行任何形式(Whatever)的沟通联系、信息交流。显然,没有移动通信,这种愿望是无法实现的。

移动通信的定义是指通信的双方至少有一方是在移动中进行信息传输和交换。这包括了移动体之间的通信、移动体与固定体之间的通信。移动体可以是人，也可以是汽车、火车、轮船等在移动状态中的物体。

## 1.1.2 移动通信演进过程

### 1.1.2.1 第一代移动通信

第一代移动电话网是由人工操作使移动用户和有线网用户相连接。它的终端庞大、笨重而且昂贵，服务区域也仅限于单个发射台和接收站址的覆盖范围。由于它的可用频率很少，因而系统容量很小，并且很快出现饱和，服务质量也随用户数量的增加而迅速下降，甚至达到死锁的状态。

20世纪60年代随着半导体技术的发展，无线系统发展为自动接续系统，成本也开始降低，但其容量的增加与用户的需求相比仍然是远远不够的，公众无线电话依然是一种奢侈品，只能被一小部分人所使用。

20世纪70年代，大规模集成电路和微处理器件的发展使实现复杂系统成为可能。由于覆盖区域受到发射功率的限制，系统开始改由一个发射台和多个中继接收站所组成，这种复杂配置扩展了系统的覆盖范围。

真正的突破是蜂窝系统的建立，在蜂窝系统中有若干个收发信机，而且每个收发信机所覆盖的范围有一部分是重叠的。蜂窝系统均以模拟语音信道传输，采用频率调制，频率在450MHz或800MHz，一般能覆盖整个国家，容量在几十万用户左右。这就是我们常说的第一代模拟蜂窝移动通信系统，俗称1G。以下简单地介绍几个典型的1G系统。

① 高级移动电话系统AMPS（Advanced Mobile Phone System）：此系统来自北美，第一个系统于1983年在芝加哥开通。

② 北欧移动电话（NMT，Nordic Mobile Telephone）：此系统来自北欧，第一个系统于1981年在瑞典开通，很快在丹麦、芬兰、挪威等北欧地区发展起来。值得指出的是，NMT系统是当时用户密度最高的系统，人均拥有量超过7%，远远高于欧洲的平均水平。

③ 全接入通信系统（TACS，Total Acess Communication System）：此系统来自英国，并且很快在欧洲其他地区发展，它其实是由北美的AMPS系统派生出来的，只是对频段、频道间隔、信令速率做了一定的修改。但是英国的TACS网络是欧洲最大的移动网络，它由两个覆盖全国的网络组成，到1990年网上用户已过百万。

1G时代的模拟系统可以说是百花齐放，但是到目前为止全世界的1G网络大部分已经停止运营，这跟它自身的缺点有关。下面来介绍一下1G的缺陷。

- 保密性差：1G系统因为没有加密机制，易于被窃听，易做"假机"。
- 不支持数据业务：无法与固定网迅速向数字化推进相适应，数字承载业务很难开展。
- 频谱利用率低：1G系统使用频分多址方式，即一个频点只能支持一个用户，没能高效地利用频率。
- 容量小：正是由于其频谱利用率低，没法容纳更多的用户。
- 终端设备大：最初只有车载设备，20世纪80年代中期出现了几公斤重的便携式设备，手机大约在1988年才出现，但是携带还是不方便，1G时代的手机如图1-1所示。

图1-1　1G时代的手机

- 价格昂贵：当时非常流行的"大哥大"价格相当昂贵，需要几万元，不是一般人能承受得起的，所以普及率不高。
- 兼容性差：这是一个致命的缺点，用户得到的移动通信只限于某个系统内而不是更广的范围。例如，TACS终端不能接入NMT网，NMT的终端也不能接入TACS网。

## 大开眼界

在中国，第一代蜂窝模拟系统在2001年年底关闭；在瑞典，NMT网络直到2007年底才最终停止服务。美国移动运营商于2008年关闭模拟移动通信系统。

### 1.1.2.2　第二代移动通信

在欧洲，各国之间的商业往来非常频繁，但是一个英国的移动用户来到北欧国家以后，他们就无法接入网络，享受移动电话带来的便捷。欧洲的电信运营部门发现，5~6种移动通信系统将整个欧洲的蜂窝系统分割成四分五裂的状态，无法形成快速增长的市场所需求的经济规模。面对这一现状，欧洲电信管理部门（CEPT）成立了一个被称为GSM（Group Special Mobile）的移动特别小组，开始制定适合广泛应用于欧洲的数字移动通信系统的技术规范。

GSM一开始是欧洲为900 MHz波段工作的通信系统所制定的标准。由于模拟通信系统的扩充能力有限，因此基于增加业务容量的需求而发展了该项技术，取得了全球性的成功。GSM成为当今广泛认可的无线电通信标准。

GSM数字移动通信的发展过程可归纳如下：

- 1982年：新诞生的GSM移动特别小组第一次会议于1982年11月在斯德哥尔摩举行，大会主席是来自瑞典电信管理部门的Thomas Haug先生，11个国家的31位代表出席了这次会议，并制定了一种适合广泛应用于欧洲的数字移动通信系统的技术规范；
- 1986年：在巴黎采纳了欧洲各国经大量研究和实验后提出的8个建议，并进行现场试验；
- 1987年：GSM成员国经现场测试和论证比较，就数字系统采用"窄带时分多址TDMA，规则脉冲激励长期预测（RPE—LTP）话音编码和高斯滤波最小移频键控（GMSK）调制方式"达成一致意见；
- 1988年：18个欧洲国家达成GSM谅解备忘录（MOU）；
- 1989年：GSM标准生效；

- 1991年：GSM系统正式在欧洲商用，网络开通运行，同时GSM正式改名为"Global System for Mobile Communication"，即全球移动通信系统，简称"全球通"；
- 1992年，GSM标准基本冻结；
- 1993年，GSM第二阶段标准基本完成了主要部分；
- 1994年：为了进一步完善GSM作为移动数据业务的平台又增加了一个研究阶段，即Phase 2+；
- 2001年：GSM商用10周年，移动用户突破5亿；
- 2011年：GSM商用20周年，全球234个国家与地区已经拥有838个GSM网络，用户数量超过44亿人。

GSM系统的建立和商用具有里程碑式的意义，因为它彻底改变了人们的生活方式，相较于1G，GSM系统有如下特点：

- 频谱利用率高：我们知道频段是归国家或者无线电委员会所有，运营商为了获得频段必须通过竞拍的方式，在国外一段10MHz的黄金频段可能要花费几十亿美金，所以为了更好地运营网络，运营商必须提高频谱的利用率才能容纳更多的用户，GSM引进了TDMA时分多址方式，更高效地利用了频谱；
- 容量大：频谱利用率的提高也促进了网络容量的提高，GSM系统的容量效率（每兆赫兹每小区信道数）比TACS（全接入通信系统，1G标准）系统高3~5倍；
- 话音质量好：鉴于数字传输技术的特点以及GSM规范中有关空中接口和话音编码的定义，在门限值以上时，话音质量总是达到相同的水平而与无线传输质量无关；
- 接口开放：GSM系统的所有接口（除Abis接口）都是开放的，即其接口协议全部开源，加大市场的公平竞争，促进GSM产业链的健康蓬勃发展；
- 安全性高：GSM系统引入了加密和鉴权机制，鉴权可以防止非法用户进入网络，加密可以保护用户通话的隐私；
- 与ISDN、PSTN等互连：GSM系统可以与其他的数字网络互联，例如公共交换电话网络PSTN，可以实现移动电话与固定电话的互连互通；
- 漫游功能：GSM可以实现全球漫游，因为全球大多数的国家都有GSM网络，并且使用统一的漫游频段；
- 提供多种业务：GSM业务种类繁多，共提供3类业务，即电信业务、承载业务和补充业务。

## 📖 大开眼界

经过20年的建设与发展，到了2018年，GSM网络依旧在为不同地区的用户提供着电路交换业务。

### 1.1.2.3 第三代移动通信

随着时代的进步，人们对移动通信提出了更高的需求。

第二代系统虽然可以比较好地提供移动语音通信服务，但是2G系统频谱资源有限、频谱利用率低、对移动多媒体业务的支持有限，只能提供语音业务与低速数据业务，并且

2G各系统之间不兼容导致了系统的容量较小，难以满足高速宽带业务的需求和不能实现用户全球漫游。在这种情况下，3G系统成为大家热切的期望目标。因此发展3G移动通信是第二代移动通信前进的必然结果。

发展第三代移动通信的主要目的有以下几点：

① 满足未来移动用户容量的需求；

② 提供移动数据和多媒体通信业务。

第三代移动通信为人类开启了一个崭新的移动通信世界。它可以使人们享受到更多的通信乐趣，除了获得更清晰的语音业务外，还可以随时随地通过个人移动终端进行多媒体通信，例如上网浏览、多媒体数据库访问、实时股市行情查询、可视电话、电子商务、知识汲取、文化娱乐等。

## ▶▶1.2 3G的标准化过程

### 1.2.1 标准组织

一个标准的制定必须要有一个专门的机构，这个机构就是我们所说的标准组织。IMT-2000的网络采用了"家族概念"，受限于这个概念，ITU无法制定详细协议规范，3G的标准化工作实际上是由3GPP和3GPP2两个标准化组织来推动和实施的。

3GPP成立于1998年12月，由欧洲的ETSI、日本的ARIB、韩国的TTA、美国的T1等电信部门组成。3GPP采用欧洲和日本的WCDMA技术构筑新的无线接入网络。核心交换侧则在现有的GSM移动交换网络基础上平滑演进，提供更加多样化的业务。

1999年1月，3GPP2也正式成立，由美国的TIA、日本的ARIB、韩国的TTA等电信部门组成。3GPP2是研究以CDMA2000为基础的IMT-2000 CDMA MC技术体制的国际标准化伙伴组织，核心网采用ANSI／IS41。ITU的组织结构和组成如图1-2所示。

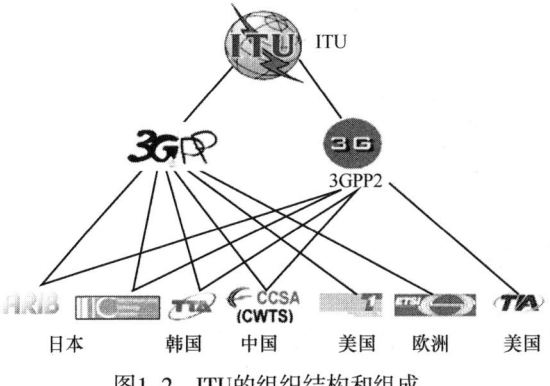

图1-2 ITU的组织结构和组成

### 1.2.2 3G技术标准化

第三代移动通信的标准化主要包括无线传输技术RTT和网络技术的标准化。

IMT-2000中最关键的是无线传输技术（RTT）。截止到1998年6月底，ITU征集到来自欧洲、日本、美国、中国和韩国的10个地面接口RTT标准。为了确定IMT-2000 RTT的关键技术，ITU对多种无线接入方案（卫星接入除外）进行了艰难的融合，以尽可能形成统一的RTT标准。但是，经过一年多的研究之后，ITU发现要想获得不同RTT技术间的完全融合是根本行不通的。因此，1999年11月，ITU TG8/1在芬兰举行的会议上通过了"IMT-2000无线接口技术规范"，最终确定了IMT-2000可用的以下5种RTT技术：

① IMT – 2000 CDMA DS；

② IMT – 2000 CDMA MC；

③ IMT – 2000 CDMA TDD；

④ IMT – 2000 TDMA SC；

⑤ IMT – 2000 TDMA MC。

这些技术覆盖了欧洲与日本的WCDMA、美国的CDMA2000和中国的TD-SCDMA。IMT-2000的无线接口标准见表1-1。

表1-1　IMT-2000的无线接口标准

| | | |
|---|---|---|
| CDMA | FDD DS | WCDMA |
| | FDD MC | CDMA2000 |
| | TDD | TD-SCDMA |
| | | TD-CDMA |
| TDMA | TDD SC | UWC-136 |
| | TDD MC | EP-DECT |

中国于1999年4月成立了无线通信标准研究组CWTS，并于1999年5月正式加入了3GPP和3GPP2。

网络技术的标准化研究也与无线传输技术标准化的研究情况类似，主要由3GPP和3GPP2分别进行，但是两者研究的对象和内容完全不同。

3GPP的CN标准化由TSG-CN工作组进行研究，它负责基于GSM/MAP的核心网信令规范的制定，例如与CAMEL、GPRS、MAP、Ix接口及网络互通有关信令的制定，以及Stage2和Stage3业务/功能规范的制定。

3GPP2的CN标准化由3GPP2/TSG-N工作组进行研究，采用IS-41的网络作为CDMA2000核心网演进的基础。

## 1.2.3　第三代的核心网络功能

第三代移动通信系统将在第二代系统的基础上引入，因此，从保护第二代系统庞大基础设施的巨额投资和使其继续发挥效益的观点出发，3G系统是否能支持2G系统的功能，2G系统能否逐步平滑地向3G系统演进，是IMT-2000能否成功的关键。

由于第二代系统具有多种工作模式和可采用不同的无线传输技术，所以难以使用统一的网络技术模式来实现第二代核心网向第三代核心网的过渡。因此，ITU放弃了在空中接口、网络技术等方面一致性的努力，而致力于制定网络接口的标准和互通方案。也就是说，尽管不同地区现有的第二代系统标准存在差异，但在向第三代系统演进的过程中，只要该系统能在网络和业务能力上满足要求，都可能成为IMT-2000家族的成员。

按照ITU的定义，第三代移动通信系统由移动终端MT、无线接入网RAN和核心网络CN构成。事实上，考虑到IMT-2000空中无线接口标准允许使用不同的RTT，而且采用了"IMT-2000家族概念"来构建核心网络，所以，第三代移动通信系统的RAN和CN可以根据实际采用的技术而拥有不同的结构。例如，GSM/MAP的核心网向WCDMA核心网演进，ANSI-41的核心网向CDMA2000核心网演进。图1-3显示了不同的RAN和相关的CN之间的对应关系。

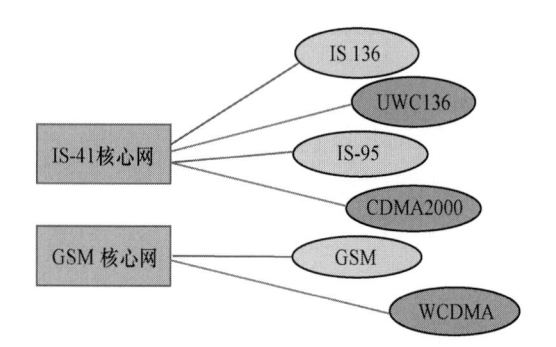

图1-3　CN和RAN之间的对应关系核心网络的功能

按照ITU的观点，IMT-2000核心网家族成员应具备下述基本功能。

（1）位置更新能力

支持多种工作模式的终端。

（2）漫游能力

① IMT-2000同技术间的漫游；

② 多运营者间的漫游；

③ 全球无缝漫游。

（3）切换能力

① 第二代系统与第三代系统间的切换；

② 跨接入网和跨核心网的切换。

（4）业务承载能力

① 高速移动环境为144kbit/s；

② 低速移动环境为384kbit/s；

③ 室内静止状态为2Mbit/s。

（5）多媒体和呼叫控制能力

① 支持基本状态呼叫模型；

② 呼叫/连接分离、呼叫/载体分离；

③ 单终端的多呼叫业务。

（6）业务可携带性

① 按用户注册要求提供服务；

② 通过终端修改业务要求。

（7）终端能力：软件无线电、自适应或重新配置

### 1.2.4　IMT2000的频谱分配

1992年，世界无线电大会WRC-92为第三代移动通信分配了使用频段，带宽共230MHz（1885～2025MHz，2110～2200MHz），如图1-4所示。

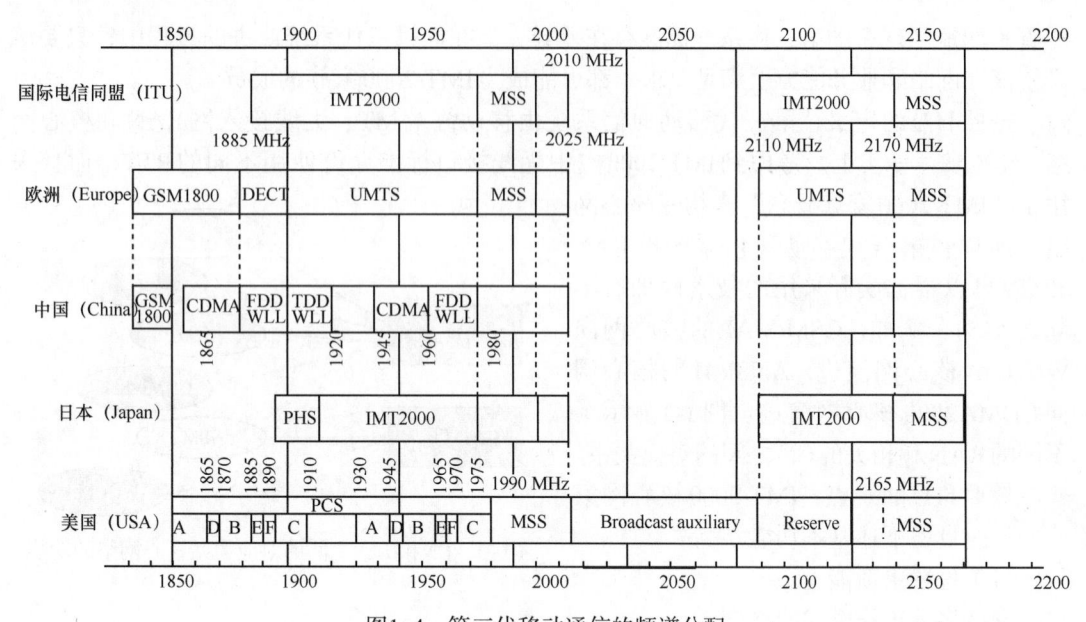

图1-4　第三代移动通信的频谱分配

2000年世界无线电大会针对未来数据发展的需求问题，对3G频带作了扩展：806～960MHz、1710～1885MHz、2500～2690MHz。

目前，TDD的频带在各个国家之间还没有统一。在欧洲，UTRA TDD的可用频带：1900～1920&2010～2025MHz，共35MHz的频带。

中国第三代公众移动通信系统的工作频段如下。

（1）主要工作

频分双工（FDD）方式：1920～1980MHz/2110～2170MHz；

时分双工（TDD）方式：1880～1920MHz、2010～2025MHz。

（2）补充工作

频分双工（FDD）方式：1755～1785MHz/1850～1880MHz；

时分双工（TDD）方式：2300～2400MHz，与无线电定位业务共用，均为主要业务，共用标准另行制定。

（3）卫星移动通信系统工作

1980～2010MHz/2170～2200MHz。

## 1.2.5　2G向3G移动通信系统的演进

### 1.2.5.1　GSM向WCDMA的演进策略

3GPP和3GPP2制定的演进策略总体上都是渐进式的，GSM向WCDMA的演进也不例外，其目的如下。

**1. 保证现有投资和运营商的利益**

从发展的角度看，由现有的第二代移动通信系统向IMT-2000演进的过程是一个至关重要的问题。它关系到现有网络的再使用和多种第二代数字网络体制向同一规范发展这两个主要问题。

对于电信网络的运营商来说，需要考虑如何充分利用现有的第二代网络以使第三代的网络投资更加有效。有效的投资就意味着更高的利润，这也是衡量每个公司运营状况的关键所在。对于第二代移动用户来说，随着生活方式的改变，现有的语音短信息服务已经不能满足信息时代的要求，从而成为IMT-2000的潜在用户。现有网络的再利用，使他们更加方便地在原有无线网上得到新业务，同时减少花费。

**2. 有利于现有技术的平滑过渡**

这个问题也正是1998至1999年欧美兼并浪潮波及无线通信领域的又一个例子，即与采用TDMA方式的GSM和DAMPS在向第三代演进时趋同（convergence）的倾向。由于目前我国第二代无线网络中GSM系统的主导地位，加之GSM和DAMPS的趋同（DAMPS向GSM靠近），可以认为GSM向UMTS/IMT-2000的过渡是第二代向第三代发展的主干。

结合上面的论述，GSM向WCDMA的演进策略应是 GSM→HSCSD（高速电路交换数据，速率14.4～64kbit/s）→GPRS（通用分组无线业务，速率144kbit/s）→IMT-2000 WCDMA（DS）。

（1）高速电路交换数据（HSCSD，High Speed Circuit Switched Data）

HSCSD是GSM网络的升级版本，HSCSD业务是将多个全速业务信道复用在一起，以提高无线接口数据传输速率的一种方式。GSM网络在引入HSCSD之后，可支持的用户数据速率将达38.4kbit/s或57.6kbit/s。HSCSD适合提供实时性强的业务，如电视会议。

HSCSD作为电路型数据业务，在无线接口上虽然也有无线资源的协商和调整（非透明业务），但对于一个连接来说，无论是否有实时数据的传送，至少需要保持一个时隙的无线连接。当数据业务量增加时，需增设新的基站或大量的无线信道。

（2）通用分组无线业务（GPRS）

GPRS和HSCSD一样，同属于GSM网络在Phase 2+以后引入的增强型数据业务，但二者很大的一点区别在于：HSCSD基于电路交换方式CSD，而GPRS基于分组交换方式Packet。这个区别决定了二者在用户范围上的完全不同：HSCSD适合于持续时间长的大数据传输，如文件传输、视频会议、实时性业务等；而GPRS适合于更广泛的突发性的数据访问，如互联网浏览、电子商务事务、收发电子邮件以及其他非实时性业务，业务应用范围较广。对于GPRS来说，用户只有需要发送信息时才会申请无线资源，其他时间MS随时保持PDP激活状态，而不需要任何无线资源。

分组交换的基本过程是把数据先分成若干个小的数据包，通过不同的路由，以存储转发的接力方式传送到目的端，再组装成完整的数据。在GSM无线系统中，无线信道资源非常宝贵，如采用电路交换，每条GSM信道只能提供9.6kbit/s或14.4kbit/s的传输速率。如果多个组合在一起最多8个时隙，虽可提供更高的速率，但只能被一个用户独占，在成本效率上显然缺乏可行性。而采用分组交换的GPRS则可灵活运用无线信道，让其为多个GPRS数据用户所共用，从而极大地提高了无线资源的利用率。理论上，GPRS可以将最多8个时隙组合在一起，给用户提供高达171.2kbit/s的带宽。同时，与GSM不同的是，它可同时供多个用户共享。从无线系统本身的特点来看，GPRS使GSM系统实现无线数据业务的能力产生了质的飞跃，从而提供了便利高效、低成本的无线分组数据业务。

虽然在网络建设上，GPRS相较于HSCSD对于网络的改动更大，但对于无线资源的利用来说却是占用最小的爱尔兰负荷，在最大程度上减少了BTS的投资，即使在不增加频率资源和小区的情况下也可以提供业务。运营者可以根据业务负荷和实际需要在语音和数据业务之间动态分配无线信道。

由于GPRS网络是通过软件升级和增加必要的硬件，利用GSM现有的无线系统实现分组数据传输，GSM在承载GPRS时可以不必中断其他业务，如语音业务等。所以业内人士普遍认为，GPRS是GSM向3G系统演进的重要一环，它的引入将大大延长GSM系统的生存周期，同时为3G的发展奠定基础。

（3）WCDMA宽带码分多址

WCDMA是以UMTS/IMT-2000为目标的成熟的新技术。它能够满足ITU所列出的所有要求，提供非常有效的高速数据，具有高质量的语音和图像业务。但是，在GSM向WCDMA的演进过程中，仅核心网部分是平滑的，而由于空中接口的巨大变化，无线接入网部分的演进是革命性的。

### 1.2.5.2 CDMA2000标准演进

CDMA2000技术的完整演进过程如图1-5所示。

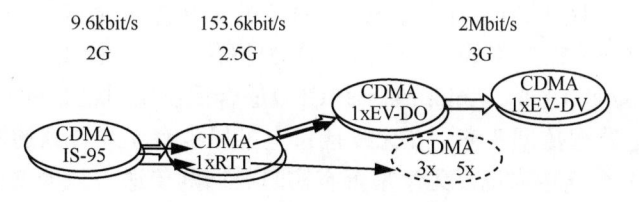

图1-5　2G向3G的演进路径

真正在全球得到广泛应用的第一个CDMA标准是IS-95A，这一标准支持8k语音编码服务、13k语音编码服务，其中13k语音编码服务质量已非常接近有线电话的语音质量。随着移动通信对数据业务需求的增长，1998年2月，美国Qualcomm公司宣布IS-95B标准用于CDMA基础平台。IS-95B提升了CDMA系统性能，并增加了用户移动通信设备的数据流量，提供对64kbit/s数据业务的支持。

对应CDMA2000技术的演进过程，CDMA各阶段系统的描述见表1-2。

表1-2　CDMA系统演进

| 系统 | 速率 | 业务 | 阶段 |
|---|---|---|---|
| CDMAOne（IS-95A，IS-95B） | 14.4kbit/s，64kbit/s | 语音 | 2G |
| CDMA2000 1x | 153.6kbit/s | 语音/数据 | 2.5G |
| CDMA2000 1x EV-DO | 2.4Mbit/s | 数据 | 3G |
| CDMA2000 1x EV-DV | 4Mbit/s以上 | 语音/数据 | 3G |

CDMA2000是由上一代CDMA系统直接发展而来的。CDMA2000从1x走向1x EV-DV的演进则相对较为平滑。CDMA2000 1x在向前延伸的过程中，无线子系统只需要在软硬件上做部分的变动，相对来说要平稳一些。

CDMA2000 1x是CDMA2000第三代无线通信系统的第一个阶段。CDMA2000 1x从CDMAOne演化而来，主要特点是与现有的TIA/EIA-95-B标准后向兼容，并可与IS-95A/B系统的频段共享或重叠。通过设置不同的无线配置，CDMA2000 1x可以同时支持1x终端和IS-95A/B终端。因此，IS-95A/B和CDMA2000 1x可以同时存在于同一载波中。

### 1.2.5.3 GPRS在技术演进中的作用

GPRS是从GSM移动通信网络到3G系统平滑过渡的很重要的一个步骤。GPRS有如下优点：

① 经济有效的分组数据传输技术；
② 支持移动上网浏览的功能；
③ 实现按比特收取用户通信费用；
④ 对GSM网络的改动较少，充分保护投资；
⑤ 可满足初期大部分用户对3G业务的需求；
⑥ 很快为运营商带来效益，提高竞争能力。

总之，GPRS作为2.5G的产品，可以迅速进入移动通信市场，能够有效地保护电信运营商的投资，满足用户对第三代业务不断增长的需求。为了充分保护运营商在GSM/GPRS网络上的投资，从GSM向3G系统的演进可按照以下过程进行演进：引入3G核心网络，第二、三两代核心网络混合组网，核心网之间通过IWF功能实现业务互通。GSM/GPRS向WCDMA演进如图1-6所示。

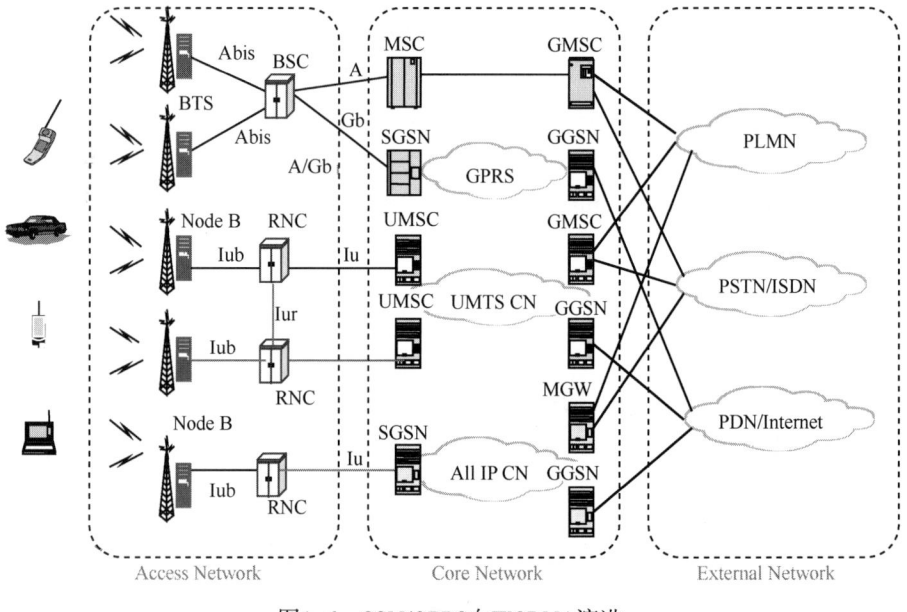

图1-6 GSM/GPRS向WCDMA演进

就具体的演进实现过程而言，在第二阶段中，新增的UMTS核心网CN叠加在GSM核心网上，它可充分利用已有的HLR/AUC等网络设施，并沿用移动信令网。这样不仅能保护GSM GPRS方面的投资，又能逐步构建可提供丰富3G业务的UMTS第三代移动通信网络。此外，在演进过程中，叠加UMTS的过渡方式还达到了优化网络资源配置、简化网络结构和便于操作维护的目的，充分体现出对GSM GPRS网络基础设施使用的继承性。

### 1.2.6　WCDMA核心网络结构的演进

3GPP协议版本分为R99/R4/R5/R6等多个阶段，其中R99协议于2000年3月冻结功能，R4协议于2001年3月冻结功能。目前R99、R4已经成熟商用，R5、R6协议还在进一步完善。

3GPP协议版本的演进如下所示。

① 3GPP R99的主要变化是在网络的接入部分，实现新的宽带无线接入UTRAN。核心网络的目标是实现最小变化，继承了传统的电路语音交换，尽可能地利用现存的GSM/GPRS网络的功能单元和功能模块。

② 3GPP R4的策略则相反：接入网络没有太大的变化，但核心网络得到显著的扩展。电路域实现了承载和控制的分离，引入了移动软交换的概念及相应的协议，如BICC、H.248，使之可以采用TrFO等新技术以节约传输带宽并提高通信质量。此外，R4还正式在无线接入网系统中引入了TD-SCDMA技术。

③ 3GPP R5版本在空中接口上引入了HSDPA技术，使传输速率提高到约10 Mbit/s。同时IMS域的引入则极大增强了移动通信系统的多媒体能力，智能网协议则升级到了CAMEL4。

④ 在3GPP R6版本中，将会实现WLAN与3G系统的融合，并加入了多媒体广播与多播业务。

WCDMA网络的规范是按R99→R4→R5→R6阶段演进的。演进过程中，核心网基本网络逻辑上的划分没有变化，都分为电路域和分组域。网元实体的变化主要体现为：R99的MSC到R4阶段逻辑上分为MGW和MSC Server，同时增加了传输信令网关T-SGW和漫游信令网关R-SGW，到R5阶段在R4的基础上增加了IMS多媒体子系统。

## ▶▶1.3　3G移动通信系统的特点及版本

### 1.3.1　3G移动通信的特点

#### 1.3.1.1　WCDMA移动通信系统的特点与优势

由于技术的进步，WCDMA与以前的GSM等移动通信方式相比，具有以下的技术特点：

1. 更大的系统容量

WCDMA由于自身的带宽较宽，抗衰性能好，上下行链路实现相干解调，大幅度提高链路容量。WCDMA系统采用快速功率技术，使发射机的发射功率总是处于最小的水平，从而减少了多址干扰。这些技术都提高了系统容量。

系统容量大，单用户设备成本降低，建设WCDMA网络的投资要比2G低。

2. 更多的业务种类

WCDMA系统可以提供和开展的业务种类非常丰富，分为两大类：CS域业务和PS域业务。

其中，CS域业务主要包括基本电信业务，如语音、特服、紧急呼叫、补充业务、点对点短消息业务、电路型承载业务、电路型多媒体业务、智能网业务。PS域业务主要包括PS域的短消息业务、移动QICQ、移动游戏、移动冲浪、视频点播、手机收发E-mail、智能网业务等。

### 3. 更高的数据速率

具有支持多媒体业务的能力，特别是支持Internet业务。

现有的移动通信系统主要以提供语音业务为主，一般能提供100～200kbit/s的数据业务，GSM演进到最高阶段能提供384kbit/s的数据业务。而第三代移动通信的业务能力将比第二代有明显的改进，支持语音、数据和多媒体业务，并且可根据需要提供宽带。

第三代移动通信无线传输技术满足以下3种要求：

① 快速移动环境：最高速率达144kbit/s；

② 室外到室内或步行环境：最高速率达384kbit/s；

③ 室内环境：最高速率达2Mbit/s。

### 4. 更好的无线传输

无线信道是一种较恶劣的通信介质。由于它的特性难以预测，因此一般根据实际测量的数据，以统计的方法来表征无线信道的模型。通常认为其具有莱斯或瑞利特性，其中瑞利衰落信道是最恶劣的移动无线信道。

要在衰落的信道中实现良好的性能，采用分集技术非常关键。在WCDMA中，仿真结果表明，衰落信道情况下，发射分集可以改善性能1～2dB，因此通过采用发射分集技术，可以更有效地保证无线传输的质量。

在无线传输中，频率选择性衰落和多径是一种普遍现象。WCDMA是宽带信号，信号带宽是5MHz。宽带信号可以更好地抗频率选择性衰落，保证传输性能。另外，如果发射信号带宽比信道的相干带宽更宽，那么接收机就能分离多径分量。由于WCDMA的带宽更宽，因此它具有更好的多径接收处理能力。

### 5. 更高的语音质量

采用AMR语音编码技术，R99版本的语音传输速率最高可达12.2kbit/s。WCDMA的带宽达到5MHz，使得其具有更大的扩频因子，从而带来更大的处理增益。同时宽带使其具有更强的多径分辨能力，改善RAKE接收机的性能。

另外，WCDMA采用发射分集技术，有效改善了下行链路的接收性能，并通过交织和卷积编码技术来有效保证传输误码率。

通过采用这些技术，使得WCDMA网络语音质量接近固定网的语音质量。

### 6. 更低的传送功率

采用CDMA技术，通过扩频将窄带信号转换为宽带信号后再进行发射。由于WCDMA的带宽可达5MHz，这使得其扩频因子可以更高，从而带来更大的接收机处理增益，使得WCDMA系统具有更高的接收灵敏度，终端需要的发射功率可以很低。

另外，通过采用快速功率控制技术，不仅可以降低发射功率，软切换提高业务信道接收增益，还可以降低终端发射功率的要求。

一般地，WCDMA终端的发射功率在室内为20mW，室外为300mW，电磁辐射少，对人身体影响很小，是一款绿色终端设备。同时，由于发射功率低，其待机时间很长。

### 1.3.1.2 TD-SCDMA移动通信系统的特点与优势

TD-SCDMA系统是我国研发的第三代移动通信系统，在技术上也有自己的特色。具体说明如下。

#### 1. TDD技术

TD-SCDMA系统采用的双工方式是TDD。TDD技术相对于FDD方式来说，有以下优点。

① 易于使用非对称频段，无需具有特定双工间隔的成对频段。

TDD技术不需要成对的频谱，可以利用FDD无法利用的不对称频谱，结合TD-SCDMA低码片速率的特点，在频谱利用上可以做到"见缝插针"。只要有一个载波的频段就可以使用，从而能够灵活地利用现有的频率资源。目前全球移动通信系统面临的一个重大问题就是频谱资源的极度紧张，在这种条件下，要找到符合要求的对称频段非常困难，因此TDD模式在频率资源紧张的形势下，受到了特别的重视。

② 适应用户业务需求，可灵活配置时隙，提高频谱利用率。

TDD技术调整上下行切换点来自适应调整系统资源从而增加系统下行容量，使系统更适于开展不对称业务。

③ 上行和下行使用同个载频，有利于智能天线技术的实现。

时分双工TDD技术是指上下行在相同的频带内传输，即上下行信道的传播特性一致，使智能天线技术、联合检测技术更容易实现。

④ 无需笨重的射频双工器，实现基站小型化，降低成本。

由于TDD技术上下行的频带相同，无需进行收发隔离，可以使用单片IC实现收发信机，降低了系统成本。

#### 2. 智能天线技术

智能天线技术的核心是自适应天线波束赋形技术。其原理是使一组天线和对应的收发信机按照一定的方式排列和激励，利用波的干涉原理产生强方向性的辐射方向图，将辐射方向图的主瓣自适应地指向用户来波方向（DOA，direction of arrival），旁瓣或零陷对准干扰信号到达方向，就能达到增加信号的载干比、扩大系统覆盖范围的目的。TD-SCDMA采用了这种技术，优势如下：

① 提高了基站接收机的灵敏度；

② 提高了基站发射机的等效发射功率；

③ 降低了系统的干扰；

④ 增加了CDMA系统的容量；

⑤ 改进了小区的覆盖；

⑥ 降低了无线基站的成本。

#### 3. 联合检测技术

TD-SCDMA系统采用了联合检测技术。联合检测的基本思想是利用所有与码间干扰（ISI）和多址干扰（MAI）相关的先验信息，在一步之内将所有用户的信号分离开来。其优势如下。

① 降低干扰：联合检测技术的使用可以降低甚至完全消除MAI干扰。

② 扩大容量：联合检测技术充分利用了MAI的所有用户信息，使得在相同RAWBER的前提下，所需的接收信号SNR可以大大降低，这样就大大提高了接收机性能并增加了系统容量。

③ 降低功控要求：由于联合检测技术可以削弱"远近效应"的影响，从而降低对功控模块的要求，简化功率控制系统的设计。通过检测功率控制的复杂性可降低到类似于GSM的常规无线移动系统的水平。

④ 削弱远近效应：由于联合检测技术能完全消除MAI干扰，因此产生的噪声量将与干扰信号的接收功率无关，从而大大减少"远近效应"对信号接收的影响。

### 4. 动态信道分配

移动通信系统中资源的合理分配和最佳利用问题统称为信道分配问题。资源在不同的系统中有不同的含义：在FDMA中，是指一固定的频率带宽；在TDMA中，是指一帧中特定的时隙；在CDMA中，是指某一类特殊的编码。信道分配问题就是如何有效利用这些资源，为尽可能多的用户提供尽可能好的服务。

由于TD-SCDMA系统采用时分双工，且使用了智能天线技术，因此，TD-SCDMA系统包括频率、时隙、码道和空间方向4个方面，一条物理信道由频率、时隙、码道的组合来标志。因此，TD-SCDMA系统中动态信道分配DCA的方法包含了以下4种：时域动态信道分配、频域动态信道分配、空域动态信道分配和码域动态信道分配。下面看一下各种分配方式的特点。

（1）时域动态信道分配

因为TD-SCDMA系统采用了TDMA技术，在一个TD-SCDMA载频上，使用7个常规时隙，减少了每个时隙中同时处于激活状态的用户数量。每载频多时隙，可以将受干扰最小的时隙动态分配给处于激活状态的用户。

（2）频域动态信道分配

频域DCA中每个小区使用多个无线信道（频道）。在给定频谱范围内，与5MHz的带宽相比，TD-SCDMA的1.6MHz带宽使其具有3倍以上的无线信道数(频道数)，可以把激活用户分配在不同的载波上，从而减小小区内用户之间的干扰。

（3）空域动态信道分配

因为TD-SCDMA系统采用了智能天线的技术，可以通过用户定位、波束赋形来减小小区内用户之间的干扰、增加系统容量。

（4）码域动态信道分配

在同一个时隙中，通过改变分配的码道来避免偶然出现的码道质量恶化的情况。

信道调整和整合的目的是通过资源调整，减少资源碎片以便接纳更多的用户。

### 5. 接力切换技术

接力切换是一种应用于同步码分多址（SCDMA）移动通信系统中的切换方法，是TD-SCDMA移动通信系统的核心技术之一。其设计思想是利用智能天线、上行同步等技术，在对UE的距离和方位进行定位的基础上，根据UE方位和距离信息作为辅助信息来判断目前UE是否移动到了可进行切换的相邻基站的临近区域。如果UE进入切换区，则RNC通知该基站做好切换的准备，从而达到快速、可靠和高效切换的目的。这个过程就像是田径比赛中的接力赛跑传递接力棒一样，因而形象地称之为"接力切换"。

与通常的硬切换相比，接力切换除了要进行硬切换所进行的测量外，还要对符合切换条件的相邻小区的同步时间参数进行测量、计算和保持。接力切换使用上行预同步技术，在切换过程中，UE从信号源小区接收下行数据，向目标小区发送上行数据，即上下行通信链路先后转移到目标小区。上行预同步的技术在移动台与信号源小区通信保持不变的情况下，与目标小区建立起开环同步关系，提前获取切换后的上行信道发送时间，从而达到减少切换时间、提高切换成功率、降低切换掉话率的目的。接力切换是介于硬切换和软切换之间的一种新的切换方法。

与软切换相比，两者都具有较高的切换成功率、较低的掉话率、较小的上行干扰等优点；不同之处在于接力切换不需要同时有多个基站为一个移动台提供服务，因而克服了软切换需要占用的信道资源多、信令复杂、增加下行链路干扰等缺点。

与硬切换相比，两者具有较高的资源利用率、简单的算法、较轻的信令负荷等优点；不同之处在于接力切换断开原基站与目标基站建立通信链路几乎是同时进行的，因而克服了传统硬切换掉话率高、切换成功率低的缺点。

传统的软切换、硬切换都是在不知道UE的准确位置下进行的，因而需要对所有邻小区进行测量，而接力切换只对UE移动方向的少数小区测量，具体的3种切换方式比较见表1-3。

表1-3　3种切换方式比较

|  | 硬切换 | 接力切换 | 软切换 |
| --- | --- | --- | --- |
| 切换成功率 | 低 | 高 | 高 |
| 资源占用 | 少 | 少 | 多 |
| 切换时延 | 短 | 短 | 长 |
| 对容量的影响 | 低 | 低 | 高 |
| 呼叫掉话率 | 高 | 低 | 低 |

### 1.3.1.3　CDMA2000移动通信系统的特点与优势

CDMA系统采用扩频通信技术，具有频率利用率高、抗干扰能力强、保密性强、容量大等优点，与其他公用陆地移动通信系统相比，在网络建设、维护和自身性能方面具有诸多优势。

**1. 频率复用系数高**

在GSM系统中，由于小区有频率干扰的问题，所以至少相邻小区的频率不同，一般频率复用系数为1/3，而在CDMA系统中，所有小区的频率可以是相同的，所以其频率复用系数是1，如图1-7所示。这就使得CDMA系统网络规划简单、工程设计简单、扩容方便。

**2. 覆盖范围大**

CDMA系统采用扩频通信技术，所能容忍的最大路径衰减比GSM多出

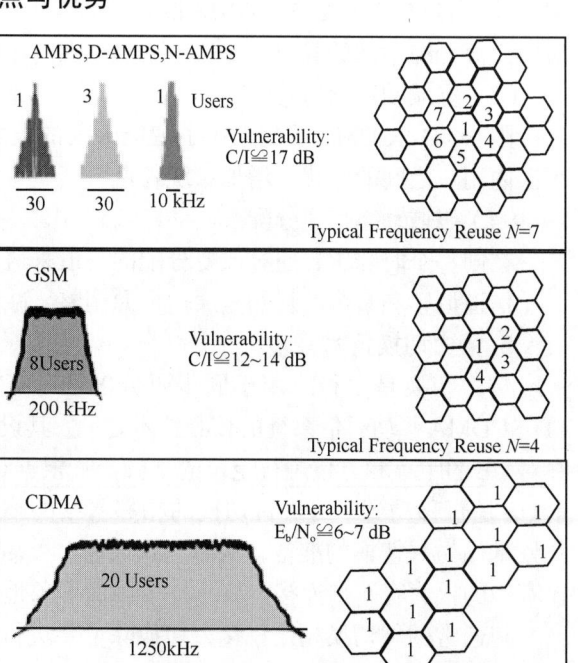

图1-7　频率复用对比

6～10dB，所以CDMA系统只需较少的基站即可提供与GSM系统相同的通话质量。所以，在相同覆盖条件下，如果覆盖相同区域，CDMA只需要较少的基站，大大地节约了运营商的投资成本。

例如：当覆盖范围是1000km$^2$时，GSM需要约200个基站，而CDMA只需约50个基站。

## 博士课堂

**该覆盖距离仅针对孤岛空载站型，实际覆盖距离应以链路预算距离为准。**

### 1.频谱利用率高，系统容量大

由于各个用户使用的频率相同，CDMA网络是一个自干扰系统，即每个用户的信号都是其他用户的干扰源。用户增加不会出现电话打不了的情况，只会使网上其他用户通话质量稍有降低，网络容量取决于其能忍受的干扰限度。

在CDMA网络中采取了功率控制技术，从而降低了系统的发射功率。CDMA的功率控制技术可使传输信号所携带的能量被控制在能够保持良好通话质量所需的最低水平上。较小的功率意味着更少的能量损耗，进而产生更小的干扰，提高了系统容量。如果每个基站可以提供更大的通话容量，就意味着只需部署较少的基站便能完成等同于原来的话务量。

同时，由于CDMA系统采用了扩频通信技术，CDMA系统能以较少的频谱资源和功率资源提供较大的系统容量。相同频谱情况下容量是模拟系统的8～10倍，是GSM的4～6倍。

### 2.隐蔽性好，保密性高，很难被盗打

扩频通信技术是世界上最新的无线通信技术，其特性之一就是语音保密性能好。再加上CDMA系统完善的鉴权保密技术，足以保证用户的利益不受到侵犯，用户在通信过程中不易被盗听。通过宽带频谱传输的信号是很难被侦测到的，就像在一个嘈杂的房间里人们很难听到某人轻微的叹息一样。即使偶然的偷听者也很难窃听到CDMA的通话内容，因为和模拟系统不同，一个简单的无线电接收器无法从某个频段全部的射频信号中分离出某路数字通话。CDMA采用了伪随机码PN作为地址码，加上独特的扰码方式，在防止串话、盗用等方面具有其他网络不可比拟的优点，进一步保证了CDMA网通信的保密性。CDMA的保密性原理如图1-8所示。

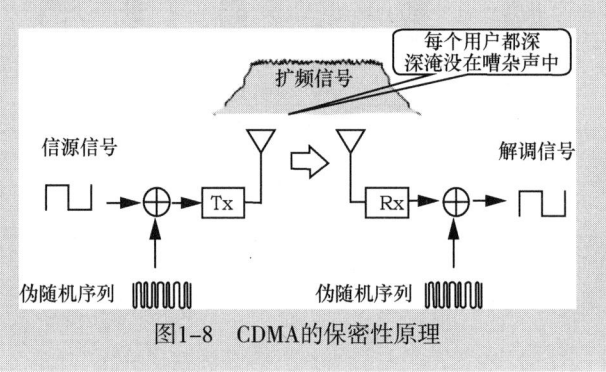

图1-8　CDMA的保密性原理

### 3. 采用独特的软切换技术，降低了掉话率

当用户在不同的蜂窝站点之间移动时，以往的系统所采用的硬切换方式，即先中断与原基站的联系，再在一指定时间内与新基站取得联系，掉话率比较高。在用户密集、基站密集的城市中，这种现象就尤为明显。因为在这样的地区每分钟会发生2～4次切换的情形。CDMA系统由于运用了独特的软切换技术，当用户从一个基站转向另一个基站时，用户不会中断与原来基站之间的通信，直至切换到新的基站上。即在切换时，用户同时与两个基站联络，增强了小区边缘的信号强度，防止通话变轻或质量恶化，大大降低了掉话的可能性，保证了长时间在移动中的通话质量。软切换可以使通话者从相邻的3～5个蜂窝站点接收到信号，在将收到的信号合并后不仅可以消除移交时通话间断的情况，还可以全面提高信号的质量（通过始终从收到的3～5个信号中选择最佳的信号）。实现软切换以后，切换引起掉话的概率大大降低，保证了通信的可靠性。

CDMA的软切换技术如图1-9所示。

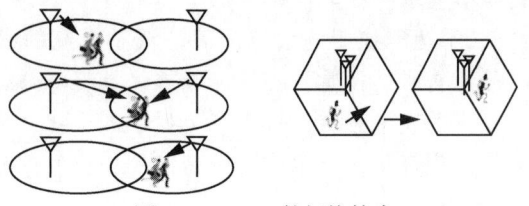

图1-9　CDMA软切换技术

### 4.话音质量高

CDMA系统的通话质量好于AMPS系统和TDMA系统。TDMA系统的信道结构最多只能支持4kbit的语音编码器，它不能支持8kbit以上的语音编码器。而CDMA系统采用高质量的语音编码器——8k QCELP（高通码激励线性预测编码）、8k EVRC（增强型变速率编解码）、13k QCELP语音编码技术，如图1-10所示，具有良好的背景噪声抑制功能。CDMA系统的声码器可以动态地调整数据传输速率，并根据适当的门限值选择不同的功率发射。同时门限值根据背景噪声的改变而改变，这样即使在背景噪声较大的情况下，也可以得到较好的通话质量。

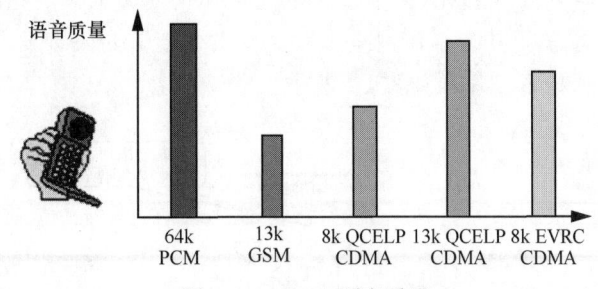

图1-10　CDMA话音质量

采用这种声码器会大大抑制了噪声，加上系统优越的通信质量，使得语音更清晰。由于语音清晰、背景噪声小等优势，其性能明显优于其他无线移动通信系统，语音质量可以与有线电话媲美。

CDMA系统采用宽带传输以及先进的功率控制技术，克服了信号多径衰落，避免信号时有时无的现象。同时还使用了较好的信道纠错编码，使得用户在时速高达200km的汽车上一样能够信号稳定地通话。

### 5. 手机发射功率低

采用完善的功率控制、话音激活技术，降低了手机发射功率，增加了系统容量，延长了电池使用时间，对人体健康的影响最小。

CDMA手机和GSM手机发射功率比较见表1-4。

表1-4　CDMA手机和GSM手机发射功率比较

| 技术体制 | 平均发射功率 | 最大发射功率 |
|---|---|---|
| GSM | 125mW | 2W |
| CDMA | 2mW | 200mW |

### 6. 全高速分组结构，平滑过渡到3G，降低运营商成本

另外，还有非常重要的一点就是CDMA的兼容性。首先，IS95系统可以平滑地升级到1x系统。不用更改任何硬件，只需升级软件就可以实现系统升级。其次就是IS95系统可以和1x系统共存，具有向后兼容的特点，平滑过渡到3G，降低运营商成本。

## 1.3.2　WCDMA移动通信系统的版本演进

WCDMA系统发展至今，经历了R99、R4、R5、R6、R7等多个版本，每个版本都在系统中添加了新的内容，或采用了新的技术，从而极大地提升了网络性能。至于R7之后的版本，可以将之归属于LTE的范畴，本书不再多做论述。接下来介绍一下各版本的特点。

### 1. R99版本

R99版本对GSM中的业务有了进一步的增强，传输速率、频率利用率和系统容量都有了大大地提高。99版本在业务方面除了支持基本的电信业务和承载业务外，还可支持所有的补充业务，另外它还支持基于定位的业务（LCS）、号码携带业务（MNP）、64kbit/s电路数据承载、电路域多媒体业务、开放业务结构等。

### 2. R4版本

相对于R99，R4无线接入网网络结构没有改变，改变的只是一些接口协议的特性和功能的增强，如引入直放站，解决复杂地形覆盖问题和扇区降低终端及基站的发射功率以提高容量，Node B同步减少系统邻近小区的交调干扰，降低传输网络的成本，Iub和Iur接口上的AAL2连接的QoS优化、RRM(无线资源管理)的优化,Iu接口上RAB(无线接入承载)的QoS协商，增强的RAB支持，Iub、Iur和Iu接口上的传输承载过程的修改。另外，主要引入IP传输，与原ATM传输共存；同时引入对TD-SCDMA的支持。

再看核心网的变化。R4版本中核心网结构的改变都发生在电路域中，电路域发生了革命性的变化，引入了呼叫控制和媒体交换/承载的分离的软交换机构架，但对于分组数据的处理改变很小。PS域的功能实体SGSN和GGSN没有改变，与外界的接口也没有改变。

当然R4版本也有自身的缺陷，主要体现在R4采用的全新协议和技术方面丧失了部分兼容性。

### 3. R5版本

第一个R5版本在2002年3月冻结，R5形成全套规范之后也已在2002年6月完全冻结。R5版本的演进在接入网与核心网中都有涉及，先来说明一下关于接入网的部分。

接入网中主要引入IP UTRAN和HSDPA的概念，IP可作为UTRAN的信令传输和用户数据承载。先看IP UTRAN。在R99和R4版本中，语音采用AMR编码，透过AAL2/ATM传送，数据通过AAL5/ATMN的方式传送，这二层均采用了ATM信元，利用ATM良好的QoS机制，解决小带宽下的精密颗粒度的动态带宽复用问题，提高传输效率。随着IP技术的发展，3GPP在UTRAN的承载网引入了IP的概念，AMR码流、数据业务和信令可透过UDP、SCTP，通过IP传送。二层机制可以是PPP、以太网或其他任何机制，大大扩充了二层传送机制的选项。基于IP的UTRAN具有网络资源利用率高、节省运营成本、满足因INTERNET和内联网的广泛使用引起的IP联网设备的降价要求、符合网络向全IP方向发展的趋势等优点，也是未来网络研究的主要方向。

HSDPA即高速下行分组接入，它支持高速的下行分组数据业务，引入自适应调制和编码技术，支持二层快速调度，通过混合的ARQ方式，支持数据的重传，提供高速数据业务。相较于传统的CDMA，HSDPA可支持软切换，通过功率控制补偿衰落来维持恒定的数据速率方式。HSDPA不支持软切换，采用PA也就是功率放大器始终持续满功率发射的方式，通过对PA功率的动态分配和共享方式，可支持384k～2M的数据速率，实现对高速数据业务的支持。3GPP定义的HSDPA规范，在R5时正式批准，纳入R5的规范。HSDPA可直接部署叠加在现有WCDMA网的接入网上，可支持和语音业务混用同一载波方式，也可透过单独的载波，支持HSDPA，提供高速数据业务。在R5阶段，HSDPA应用不同的技术实现手段，峰值数据速率可高达8～10Mbit/s。

另外，R5还采纳了混和ARQII/III以增强分组数据信号传输的可靠性和高效性，并支持RAB增强功能，还有对Iub/Iur的无线资源管理进行了优化，增强了UE定位功能，支持相同域内的不同RAN节点与不同CN节点的交叉连接。这些都是在接入网方面的演进改进。接下来我们介绍一下关于核心网的部分。

相对于R4，R5核心网增加了IMS(IP MULTIMEDIA SUBSYSTEM)，即IP多媒体子系统。IMS的特点是基于SIP和接入无关性，采用SIP为核心控制协议，且通过SIP进行业务管理，不仅可以使运营商更加快速灵活地开发多媒体业务，其接入无关性也为实现网络融合带来了契机。在IMS的帮助之下，已完成了各种业务的融合，实现了数据、语音、视频、多媒体等业务的融合，做到了多媒体业务端到端的IP融合。但由于标准刚刚定好，同时大量业务由于时间关系，不得不推后到R6版本再考虑，故IMS域目前还无法完全取代R4分组化的CS域，支持某些传统业务和满足管制规定方面的要求，换句话说，R5仍然需要R4分组化的CS域的部署，R5只是R4的补充和满足IP多媒体业务需求的一个版本。

所有R5规范均拥有一个"5.x.y"形式的版本号。未能及时添加到R5中的新特性将包含在后续的R6版本中。

### 4. R6版本

R6版本提出了HSUPA（即高速上行分组数据接入技术），这个技术在保持R5版本的下行速度不变的情况下，大幅度强化了HSDPA的最高上行速度，我们现在就把R6版本的WCDMA叫作HSUPA，R5和R6版本统称HSPA。

HSUPA是上行链路方向(从移动终端到无线接入网络的方向)针对分组业务的优化和演进。利用HSUPA技术,上行用户的峰值传输速率可以提高2～5倍,达5.76Mbit/s,HSUPA还可以使小区上行的吞吐量比R99的WCDMA高出20%～50%。

另外,在3GPP R6版本中,将会实现WLAN与3G系统的融合。以中国为例,2009年以来,中国运营商开始摸索适合自身特点的WLAN网络建设与运营模式,不断加速WLAN热点建设,网络建好了,运营效果却并不尽如人意。大部分中国运营商现有的WLAN网络建设是完全独立的,此种模式的WLAN热点利用率低,用户数使用时长和激活用户数比例低,用户使用习惯没有得到有效牵引,运营商自然很难达到提升用户体验和分流宏网络压力的目的,如何引导现有的数据卡手机终端和上网本用户优先选择WLAN业务进行接入,成为摆在中国运营商面前的一道难题。为了有效牵引用户的使用习惯,提升最终用户体验及分流宏网络压力,我们需要逐步实现WLAN和3G统一计费,统一认证,通过WLAN网络接入PS域业务,实现WLAN与3G切换等功能,最终达到WLAN网络与移动网络完全融合,WLAN与3G融合的主要工作。在实现WLAN与现网统一认证,实现WLAN接入移动PS业务,在R6版本中,开始了这一系列的尝试。

R6版本还加入了多媒体广播与多播业务。广播多播技术即MBMS是指通过共享一条传输链路,把多媒体数据广播或多播到移动终端。随着移动通信技术的快速发展、移动通信网络的广泛使用以及移动通信用户数量的迅猛增长,在移动通信网络中实现广播多播技术,已成为移动通信系统发展的热点之一。为了在移动通信系统中实现广播多播技术,第三代移动通信的标准化组织3GPP和3GPP2,已经开始这方面的研究和协议制定工作,并提出了相应的设计目标:占用的无线接入网和核心网的资源最小;在终端移动的条件下,流媒体业务接收顺畅;广播多播业务的发射功率最小化,以免影响其他无线链路的正常通信;系统分层设计,便于移动通信系统添加区域的广播或多播业务等。

在WCDMA R6版本中,还增加了一系列新的业务:WSS、PSS、MMS、IMS。其中,PSS是包交换业务流服务,IMS是实时IP多媒体服务,MMS是非实时多媒体消息服务,这些都属于多媒体业务流,WSS属于音频业务流。这些新业务的共同特点就是对多媒体的支持,这也正是WCDMA R6所强调的重点及其优势所在。实际上,MSS和PSS标准就是3GPP针对短消息(SMS)之后的庞大市场而专门制定的标准,可见其意义之重大。

WCDMA R6将为核心网提供全IP网络,这样就形成了一个支持音频和视频服务的IP多媒体网络。该网络能够保障所提供的音频和视频服务的服务质量(QoS),另外还支持音频和视频通信的无缝集成。

### 5. R7版本

到了R7版本,3G系统引进了HSPA+,这个版本在保持R6版本最高上行速度的情况下,强化了R6的最高下行速度,提升到21Mbit/s/28Mbit/s/42Mbit/s,甚至56Mbit/s/84Mbit/s。当然,之后还有R8的HSOPA、FDD-LTE等后续演进技术(这也说明了为什么WCDMA最成熟)。按照目前通俗的理解,HSDPA和HSUPA,还有HSPA+都可以算是WCDMA的"儿子",但是我们通常只把R99/R4的WCDMA版本叫WCDMA,其他版本就直接叫那个版本新加入的技术名字。因此,R7也可以被称为HSPA+。

另外,在R7协议新增了64QAM。之前使用的最先进的16QAM,每码片承载的数据是4bit,采用64QAM之后,每码片承载的数据可以达6bit,这也是数据速率大幅度提高的重要原因。

最后还有新的层2增强、增强fach功能等。

# 1.4 3G网络结构

## 1.4.1 R99版本网络结构

从3GPP R99标准的角度来看，UE和UTRAN(UMTS的陆地无线接入网络)有全新的协议构成，其设计基于WCDMA无线技术。而CN则采用了GSM/GPRS的定义，这样可以实现网络的平滑过度。

R99核心网基本结构如图1-11所示，图中粗线表示光纤，细线表示以太网线、E1线缆等。核心网分为电路域CS和分组域PS，电路域是基于GSM Phase2+的电路核心网的基础上演进而来的；分组域是基于GPRS核心网演进而来的。核心网内部为传统的TDM网络。电路域包括的网络单元有移动业务交换中心MSC、访问位置寄存器VLR、网关移动业务交换中心GMSC。分组域包括的网络单元有业务GPRS支持节点SGSN、网关GPRS支持节点GGSN。归属位置寄存器HLR、鉴权中心AuC和设备标识寄存器EIR、短消息中心为电路域和分组域共用的网元。从整个CN子系统来看，UMTS R99核心网与GSM、GPRS核心网之间的差别主要体现在Iu接口与A接口、CAMEL、业务上的差别等。和原GPRS系统相比，WCDMA显著提高了无线资源的利用率，并简化了核心网的部分协议栈，将处理工作下推给RNC。核心网的突破主要在于引进了具有AAL2和AAL5适配方式的ATM交换技术、IP技术，AMR编解码技术、TransCode技术和基于CS/PS域的Iu接口技术。同时，与第二代相比，核心网在CAMEL业务、LCS系统等方面都进行了功能增强性设计。

无线接入网络的网络单元包括无线网络控制器RNC和WCDMA的收发信基站Node B两个部分。

从核心网络结构图中可以看出，WCDMA系统主要有如下接口：USIM卡和ME之间的电气接口为Cu接口、WCDMA的无线接口为Uu接口、UTRAN和CN之间的接口为Iu接口、RNC之间的接口为Iur接口以及Node B和RNC的接口为Iub接口。

### 1. 移动交换中心MSC

移动交换中心MSC是CS域网络的核心，为CS域特有的设备，用于连接无线系统和固定网。它提供交换功能、负责完成移动用户寻呼接入、信道分配、呼叫接续、话务量控制、计费等功能，并提供面向系统其他功能实体和面向固定网的接口功能。作为网络的核心，MSC与其他网络单元协同工作，完成移动用户位置登记、越区切换和自动漫游、合法性检验及频道转接等功能。

MSC从VLR、HLR/AuC数据库获取处理移动用户的位置登记和呼叫请求所需的数据。反之，MSC也根据其最新获取的信息请求更新数据库的部分内容。

### 2. 拜访位置寄存器VLR

拜访位置寄存器VLR为CS域特有的设备，服务于其控制区域内的移动用户。它存储着进入其控制区域内已登记的移动用户的相关信息，为已登记的移动用户提供建立呼叫接

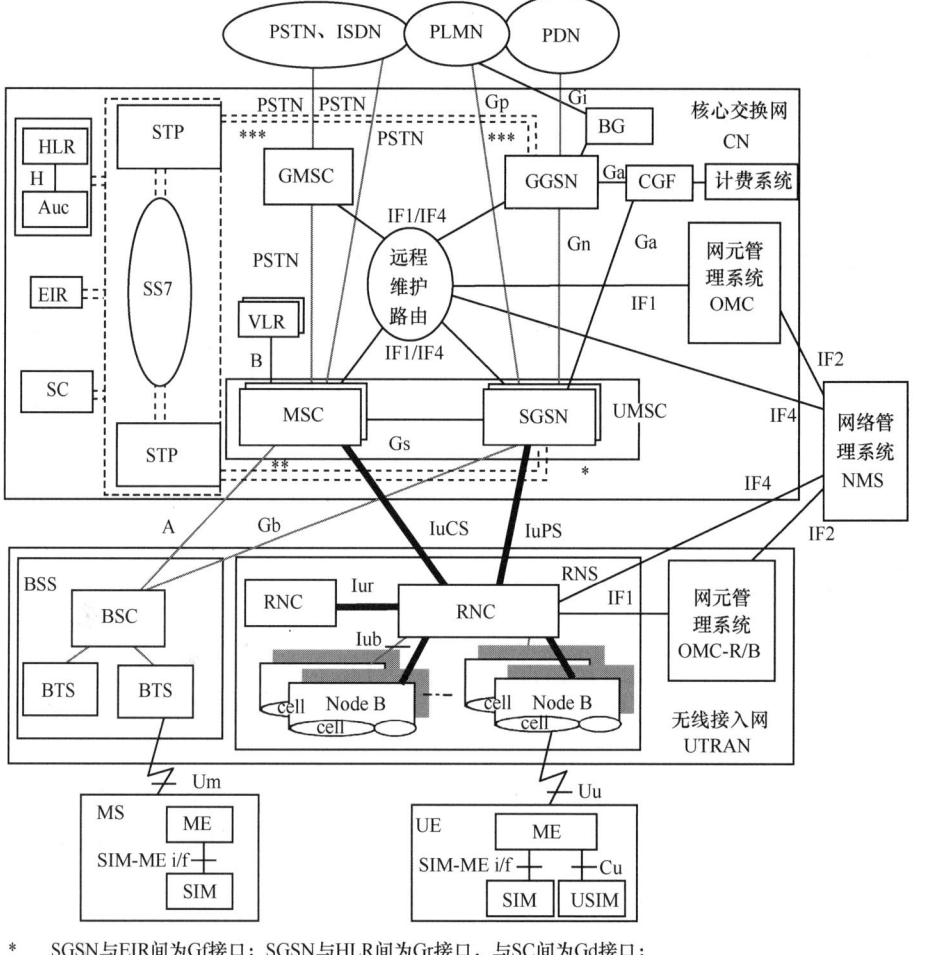

* SGSN与EIR间为Gf接口；SGSN与HLR间为Gr接口，与SC间为Gd接口；
** MSC与EIR间为F接口；SGSN与HLR间为D接口；
*** GMSC与HLR间为C接口；
**** GGSN与HLR间为Gc接口。

图1-11 R99核心网基本结构图

续的必要数据。VLR从该移动用户的归属位置寄存器HLR获取并存储必要的数据。当MS漫游出该VLR的控制范围时，则重新在另一个VLR登记，原VLR将取消临时记录的移动用户数据，因此，VLR可以看作一个动态的用户数据库。

### 3. 网关GMSC

网关GMSC即移动关口局，是WCDMA移动网CS域与外部网络之间的网关节点。GMSC是电路域特有的设备，是可选功能节点，是用于连接CS域与外部PSTN的实体。通过GMSC，可以完成CN的CS域与PSTN的互通。它的主要功能是完成VMSC功能中的呼入、呼叫的路由功能。在业务量较小时，物理上可与MSC合一。

### 4. GPRS支持节点SGSN

SGSN是GPRS支持节点，SGSN为PS域特有的设备，是PS域的核心。SGSN提供核心网与无线接入系统BSS、RNS的连接，在核心网中与GGSN/GMSC/HLR/ EIR/SCP等有接口。SGSN完成分组数据业务的移动性管理、会话管理等功能，管理MS在移动网络内的移动和通信业务，并提供计费信息。

**5. 网关GPRS支持节点GGSN**

GGSN是网关GPRS支持节点，GGSN也是分组域特有的设备，可以将GGSN理解为连接GPRS网络与外部网络的网关。GGSN提供在WCDMA移动网和外部数据网之间的路由和封装数据包。GGSN主要功能是同外部IP分组网络的接口功能，GGSN需要提供UE接入外部分组网络的关口功能。从外部网的观点来看，GGSN就好象是可寻址WCDMA移动网络中所有用户IP的路由器，需要同外部网络交换路由信息。GGSN通过Gn接口与SGSN相连，通过Gi接口与外部数据网络相连。

**6. 归属位置寄存器与鉴权中心HLR/AuC**

归属位置寄存器HLR为CS域和PS域共用的设备，是一个负责管理移动用户的数据库系统。它存储着所有在该HLR签约的移动用户的位置信息、业务数据、账户管理等信息，从而完成移动用户的数据管理，并可实时提供对用户位置信息的查询和修改，并实现各类业务操作，包括位置更新、呼叫处理、鉴权、补充业务等，完成移动通信网中用户移动性管理。

鉴权中心AuC也是CS域和PS域的共用设备，用于系统的安全性管理，是存储用户鉴权算法和加密密钥的实体，用来防止无权用户接入系统和保证通过无线接口的移动用户通信的安全。AuC将鉴权和加密数据通过HLR发往VLR、MSC以及SGSN，以保证通信的合法和安全。每个AuC和对应的HLR关联，只通过该HLR和外界通信。

**7. 移动设备识别寄存器EIR**

移动设备识别寄存器EIR存储着移动设备的国际移动设备识别码IMEI，通过核查白色清单、黑色清单或灰色清单这3种表格，在表格中分别列出准许使用的、出现故障需监视的、失窃不准使用的移动设备的IMEI号码，使得运营部门对于不管是失窃还是由于技术故障或误操作而危及网络正常运行的UE设备，都能采取及时的预防措施，以确保网络内所使用的移动设备的唯一性和安全性。

## 1.4.2 R4版本网络结构

R4版本中核心网结构的改变都发生在电路域中，电路域发生了革命性的变化，引入叫控制和媒体交换/承载的分离的软交换机构架，而对于分组数据的处理改变很小。PS域的功能实体SGSN和GGSN没有改变，与外界的接口也没有改变。CS域的功能实体仍然包括MSC、VLR、HLR、AuC、EIR等设备，相互之间的关系也没有改变，但为了支持全IP网发展的需要，R4版本CS域实体变化为：MSC分成两个不同的实体，实现业务与控制的分离，两者之间以媒体网关控制协议H.248交互。Server与Server之间都采用承载无关的呼叫控制协议：MSC服务器和媒体网关MGW。对应的GMSC也分成GMSC Server和MGW，新增漫游信令网关R-SGW和传输信令网关T-SGW。整体上信令网关数量远少于媒体网关数量。核心网内部即可用原来的TCM承载，也可采用IP/ATM相结合承载的网络结构。

在接入网侧R4的主要变化为以下两点：

① 引入IP传输，与原ATM传输共存；

② 引入对 TD-SCDMA 支持。

图 1-12 所示为 R4 版本的 PLMN 基本网络结构,图中所有功能实体都可以作为独立的物理设备。下面是设备与接口的功能。

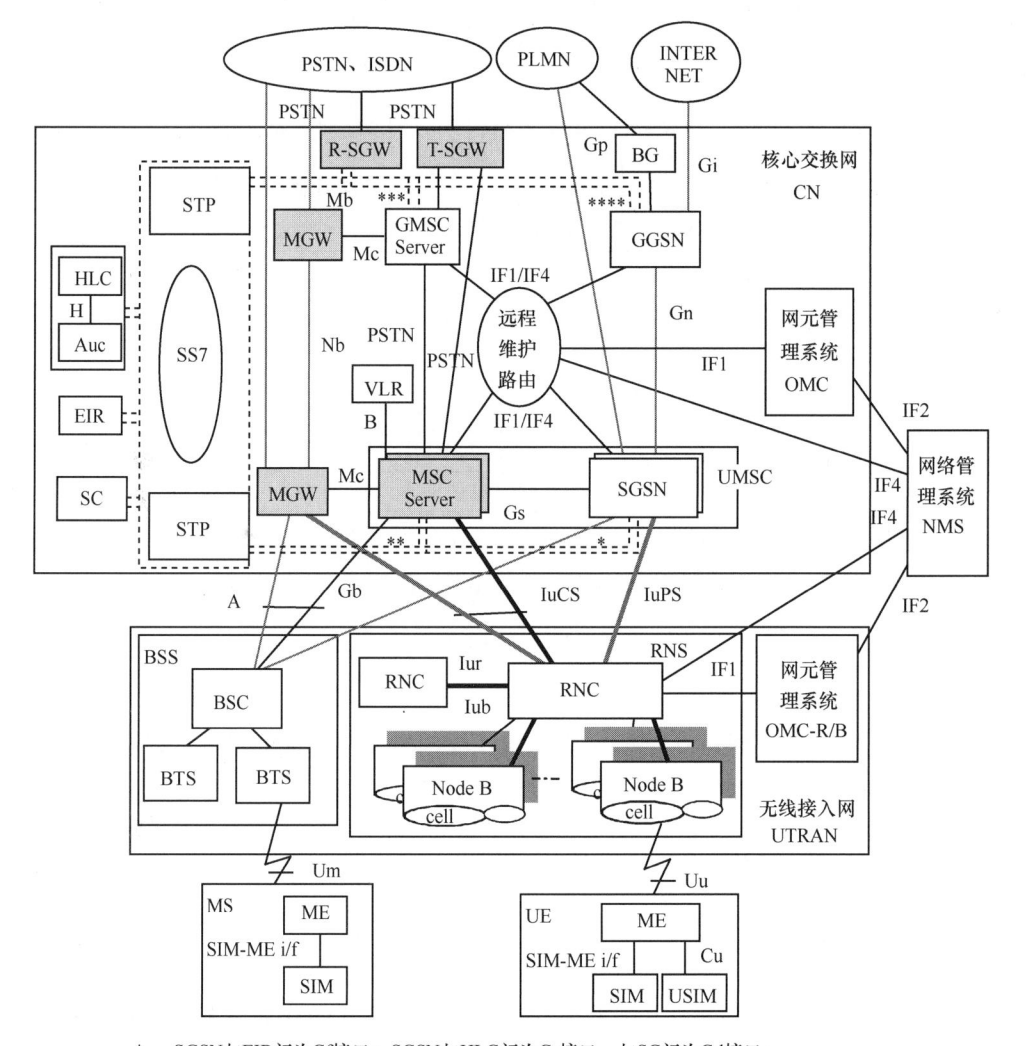

\*　　SGSN 与 EIR 间为 Gf 接口;SGSN 与 HLC 间为 Gr 接口,与 SC 间为 Gd 接口;

\*\*　　MSC 与 EIR 间为 F 接口;SGSN 与 HLC 间为 D 接口;

\*\*\*　GMSC 与 HLC 间为 C 接口;

\*\*\*\* GGSN 与 HLC 间为 Gc 接口。

图 1-12　R4 版本的 PLMN 基本网络结构图

### 1. 媒体网关 MGW

媒体网关 MGW 实现媒体路径层上与外部网络的互联,是 2G 电路交换网络与 3G 全 IP 网络的接口,应具有承载资源控制、回声抑制以及编码器的功能。MGW 与 MSC SERVER 间的 Mc 接口协议结构如图 1-13、图 1-14 所示。

### 2. 传输信令网关 T-SGW

传输信令网关 T-SWG 是连接 3G 核心网络与标准外部网络的信令 SS7 网关,用于转换与呼叫有关的信令，完成IP地址与PSTN/PLMN地址的映射转换，支持“Sigtran”协议，处理SCCP，不处理CAP、MAP。

呼叫处理
网关控制
网关控制
承载控制
MSC SERVER
MGW
呼叫信令
窄带、宽带七号
Sigtran协议
网关控制协议
Mc
网关控制协议
承载控制协议
七号信令传递

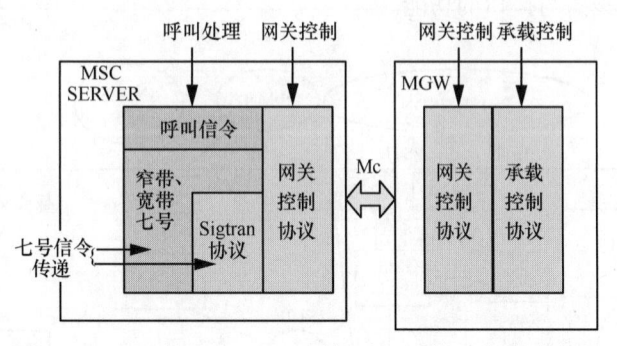

图1-13　MGW与MSC SERVER接口（Mc接口）协议结构图

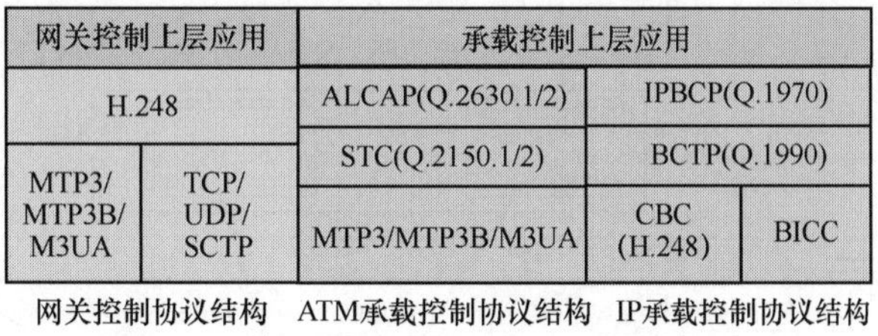

网关控制上层应用
承载控制上层应用
H.248
ALCAP(Q.2630.1/2)
IPBCP(Q.1970)
STC(Q.2150.1/2)
BCTP(Q.1990)
MTP3/MTP3B/M3UA
TCP/UDP/SCTP
MTP3/MTP3B/M3UA
CBC (H.248)
BICC
网关控制协议结构
ATM承载控制协议结构
IP承载控制协议结构

图1-14　网关控制协议与承载控制协议结构图

3. 漫游信令网关R-SGW

漫游信令网关R-SGW的作用是实现与使用SS7标准的旧移动网络互联的节点，需要完成IP信令与NO.7，一般与T-SWG共存于一个平台内。

## 1.4.3　R5版本网络结构

R5网络随ALL IP网络的出现，不但在核心网络实现IP，在无线接入部分也引入IP。为适应IP多媒体业务的出现，除原有的CS、PS域之外，在核心网内部新增了IP多媒体域IPM，如图1-15、图1-16所示。IPM对应IMS系统，使用IPv6作为基本的IP承载协议，引入大量新的功能实体，可连接多种无线接入技术。

R5版本的网络结构和接口形式和R4版本基本一致，主要差别在于当PLMN包括IM子系统时，HLR被HSS替代，接入网与核心网间没有Iu-CS接口。呼叫控制网络实体包括的媒体网关与信令网关，除R4网络已有的R-SGW、MGW、T-SGW，新增CSCF、MGCF、MRF，一起完成呼叫控制与信令功能，实现各种实时移动业务。

在接入网无线接口，采用HSDPA技术，数据速率达到10.8Mbit/s。同时接入网提供多种无线接入技术，且为多核心网共享，可以被多个核心网管理。

同时UE性能大大提升，支持会话发起SIP进行VoIP通话，实际变为SIP用户代理，具有比以前更强的业务控制能力。

R5也对SGSN、GGSN节点的功能进行了强化，表现为不仅能支持数据业务，而且能支持传统上属于电路交换的业务，即支持合适的QoS功能。

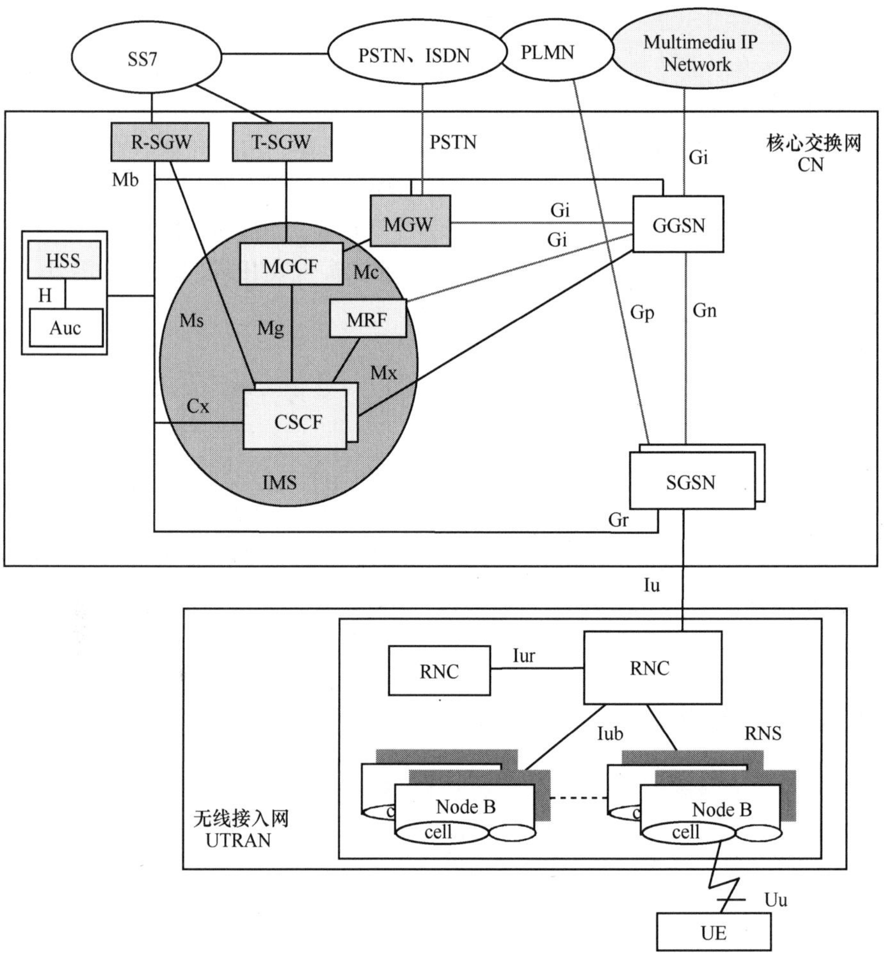

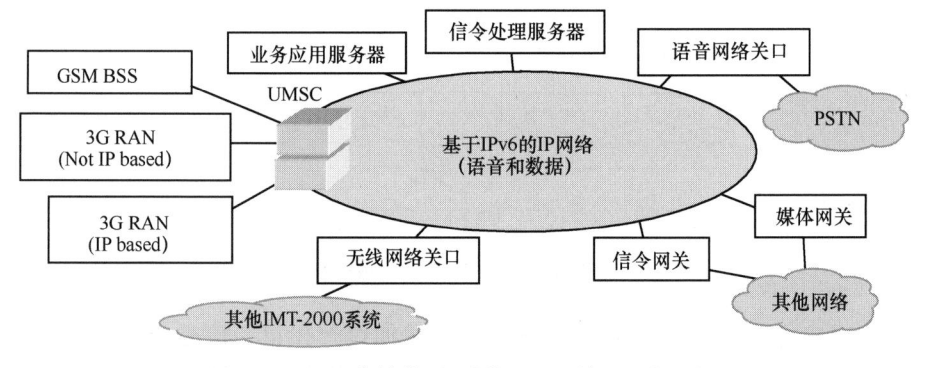

图1-15 R5网络结构图1

图1-16 R5网络结构图2（核心网和接入网统一）

## 1. 媒体网关控制器MGCF

媒体网关控制器MGCF用于控制MGW媒体通道的连接，选择入呼叫所使用的CSCF，以及3G全IP网络与2G网络的呼叫接续控制。

**2. 呼叫控制网关CSCF**

呼叫控制网关CSCF功能类似MSC，用于在全IP网络中完成呼叫接续与控制，对来自或发往用户的多媒体会话的建立、保持和释放进行管理，充当代理服务器或登记服务器作用。CSCF从功能上来划分可分为入呼叫控制网关ICGW，用于完成入呼叫的路由、地址转化等控制功能；呼叫控制CCF，用于完成呼叫控制、资源分配以及计费等功能；控制配置器SPD，通过与HSS交互，可以得到与控制配置信息；地址处理器AH，完成地址解析与转换功能。以CSCF为核心形成IP多媒体子系统，实现在IP网络上传输语音、数据、图像等各种媒体流。

**3. 会议电话桥分MRF**

MRF会议电话桥分功能，是用于完成多方通话以及多方会议的功能。

**4. 归属用户服务器HSS**

归属用户服务器HSS是网络中移动用户的主数据库，存储有支持网络实体完成呼叫/会话处理相关的业务信息。HSS和HLR一样，负责维护管理有关用户识别码、地址信息、安全信息、位置信息、签约服务等用户信息，区别是其接口采用基于类似IP的分组传输方式，而HLR使用基于七号信令系统的标准接口格式，同时HSS功能更强大，可处理更多的用户信息。

## 1.4.4　无线接入网结构

第三代移动通信系统的无线接入网由连接到核心网CN的多个无线网络子系统RNS组成，而每个RNS又包括一个无线网络控制器RNC和若干无线收发基站。

图1-17表明了无线接入网的逻辑结构。

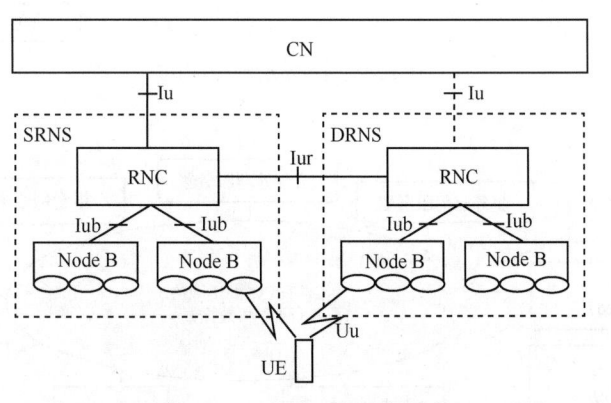

图1-17　无线接入网逻辑结构

在图1-17中，无线接入网RAN的每个RNS都通过Iu接口与核心网互连，RNS之间则通过Iur接口互连，而RNC与Node B之间的接口是Iub。RNS负责给它所管理的小区分配资源，并且为每个接入RAN的移动用户提供服务。如果需要，多个RNS也可以一起服务于接入RAN的同一移动用户UE。RNC的主要作用之一是进行切换判决，并向UE发送控制信号。为了支持系统的宏分集，RNC还应该具备合并/分路的功能。此外，每个无线收发控制器也有合并/分路的能力，以支持小区内的收发分集。

在实际的第三代系统中，无线网络子系统RNS就是基站系统BSS，基站控制器由RNC代替，Node B可被认为是基站无线收发子系统BTS。因此，基站分成Node B和RNC两个部分。Node B主要具备与无线传输相关的功能，如射频耦合、滤波、变频、放大、增益控制，以及调制/解调、扩频/解扩、信道编码/解码、信道复用/去复用等。RNC则具备与无线传输无关的功能，包括呼叫处理、资源分配、代码转换、路由选择等。

### 1.4.4.1 RNC子系统

RNC即无线网络控制器，用于控制UTRAN的无线资源。它通常通过Iu接口与电路域MSC和分组域SGSN以及广播域BC相连，在移动台和UTRAN之间的无线资源控制RRC协议在此终止。它在逻辑上对应GSM网络中的基站控制器BSC。

RNC完成无线接口的第二层和高层功能，亦即L2链路层和L3层的功能。RNC的L2层又可分为链路接入控制子层LAC和介质访问控制子层MAC两个部分。LAC子层通过无线接口在对等的高层L3之间提供数据传输，并支持不同可靠性的传输能力，以满足高层实体对各种业务应用的需要。为此，它采用了一些不同的协议使每个高层实体的QoS要求与MAC子层的特性相匹配。在需要有更高QoS的情况下，LAC子层可利用ARQ差错控制协议来提高端到端数据传输的可靠性。总之，LAC子层的任务是把L3层的业务功能映射到MAC子层的逻辑信道上。

MAC子层提供管理物理层信道资源的控制功能，并同时协调不同LAC业务实体对这些资源的使用需求，以解决LAC业务实体之间的信道争用问题。此外，MAC子层还负责处理LAC业务实体提出的QoS等级请求，例如，在竞争的LAC业务实体之间确定优先服务级别或信道动态分配等。

L3层包括分组数据控制、电路数据控制、呼叫处理与连接控制、移动管理和无线资源控制等功能。路由选择控制可实现各种业务的数据流在Iu，Iur接口和Iub接口的各个信道上不受限制地传送，代码转换则完成语音编码和PCM编码之间的功能转换。

控制Node B的RNC称为该Node B的控制RNC（CRNC），CRNC负责对其控制的小区的无线资源进行管理。

如果在一个移动台与UTRAN的连接中用到了超过一个RNS的无线资源，那么这些涉及的RNS可以分为服务RNS和漂移RNS，如下所示。

① 服务RNS（SRNS）：管理UE和UTRAN之间的无线连接。它是对应于该UE的Iu接口的终止点。无线接入承载的参数映射到传输信道的参数，是否进行越区切换，开环功率控制等基本的无线资源管理都是由SRNS中的SRNC（服务RNC）来完成的。一个与UTRAN相连的UE有且只有一个SRNC。

② 漂移RNS（DRNS）：除了SRNS以外，UE所用到的RNS称为DRNS。其对应的RNC则是DRNC。一个用户可以没有，也可以有一个或多个DRNS。

通常在实际的RNC中包含了所有CRNC、SRNC和DRNC的功能。

### 1.4.4.2 Node B子系统

Node B完成无线接口的第一层功能，主要完成与无线传输相关的功能，如射频耦合、滤波、变频、放大、增益控制，以及调制/解调、扩频/解扩、信道编码/解码、信道复用/去复用等。

Node B包括射频前端和收发信机,而射频前端又可分为发信前端和接收前端两个部分。发信前端由发送天馈、双定向耦合器、带通滤波、线性功放和功率检测等单元组成。接收前端主要包括收信天线系统、测试耦合器、带通滤波器、低噪声放大器等部分。整个射频前端的组成如图1-18所示。

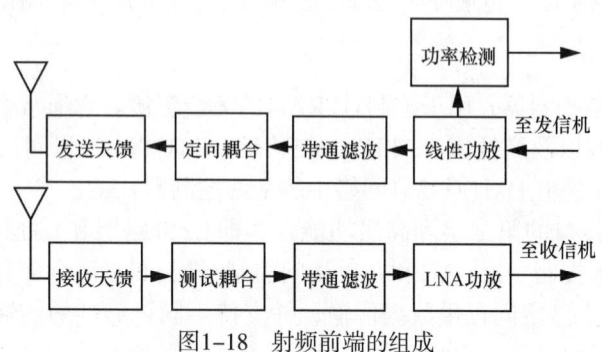

图1-18　射频前端的组成

收发信机分为发信机、收信机和收发信频率合成器三大部分。发信机主要由中频上变频器、自动功率控制APC、射频上变频器和基带处理单元组成。来自基带处理单元的低中频已调信号,先经中频上变频、带通滤波、APC放大,再经射频上变频和射频滤波,然后被送往发信前端。自动功率控制功能是通过对功率放大器的可变增益进行控制来实现的,它用来调整基站的覆盖范围。

发信基带处理单元完成多个信道发送所需的处理功能,例如帧形成、卷积与交织、扩频编码、信道增益控制、前向开/闭环功控、调制等。

收信机主要包括接收带通滤波器、射频下变频器、中频滤波器、自动增益控制AGC电路、中频下变频和收信基带处理部分。由接收前端送来的射频接收信号经过混频/滤波,变换成第一中频,然后进行AGC放大;AGC放大器的输入电压同时可作为接收信号的场强指示。AGC放大输出的幅度恒定的一中频信号经过中频混频,再变换为二中频信号,最后送给基带接收单元去处理。

基带接收处理单元的主要功能是搜索捕获、解调/解扩、多经分离、信道估计、RAKE接收、反向信道的TPC和TFI控制信息提取等。

频率合成器的任务是为收发信机的时间频率单元提供标准的时钟参考信号。它在CPU的控制下,通过控制接口设定RF和IF的频率合成环路的分频比,使射频和中频在预定的频率上工作。其过程如图1-19所示。

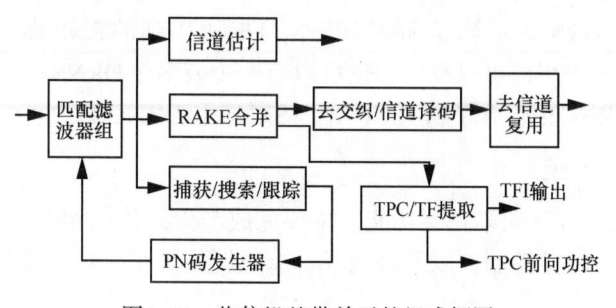

图1-19　收信机基带单元的组成框图

## 大开眼界

中国电信网上营业厅推出的移动业务品牌——"天翼",中文名字取"添翼"的谐音,寓意您选择天翼后如虎添翼,能更畅快地体验移动信息服务,享受更高品质、更自由的信息新生活。"天翼"的英文名称"e surfing",译为"信息冲浪",充分体现了移动互联网的定位,让您体验上网冲浪的无穷乐趣。天翼的Logo是由"e"变形而来的,仿佛一朵祥云,带来吉祥安康的祝福。"天翼"强调"互联网时代的移动通信"的核心定位,面向语音、数据等综合业务需求高的中高端企业、家庭及个人客户群,提供无所不在的移动互联网应用和便捷的话音沟通服务。

## 博士课堂

请查阅3G移动通信系统相关技术、历史,制作PPT。

## 知识总结

本项目以移动通信的发展历程为引入点,带大家认知移动通信,并形成一定的简单概念。在之后的小节中逐步细述移动通信发展历程中商用的制式,以及这些制式的技术特点。理解了这些技术特点,对未来通信的发展趋势也会有一定的思路。

之后着重讲解了3G时代的WCDMA、TD-SCDMA、CDMA2000 3种制式的对比,并对各制式的技术特征、相互之间的优势与劣势进行详细的剖析。

然后展开对3G发展所历经的版本变更的细述,并对各版本技术更新的必要性、先进性进行整合、解析。

最后的无线网络结构图的分解,有助于大家对移动通信由纯理论的认知到实体性的掌握,而网络结构中各子系统,包括RNC与Node B的分工与作用也是需要掌握的重点。通过学习,大家应该能对无线设备的工作模式有一个基本的认识。

## 思考与练习

1. 简述IMT-2000中对3G速率的要求。
2. 发展第三代移动通信的主要目的是什么?
3. 画出R99网络结构图,并标出主要接口。
4. R5相较于R4,在核心网和接入网有哪些变化?
5. WCDMA的技术特点有哪些?

## 实践活动

### 调研WCDMA产业化现状

一、实践目的

1. 熟悉我国WCDMA的产业化情况。

2. 了解WCDMA作为我国3G主流技术之一所带来的影响。

二、实践要求

各学员通过调研、搜集网络数据等方式完成。

三、实践内容

1. 调研我国WCDMA技术产业联盟情况。

2. 调研中国移动WCDMA发展情况，补充下面的内容。

时间：

用户数：

设备总投资：

供应商：

3. 分组讨论：针对WCDMA作为我国3G主流技术之一所带来的影响，学员从正反两个角度进行讨论，提出WCDMA产业化的利与弊。

# 项目2 无线接口关键技术详解

**项目引入**

小孙学完了移动通信的发展史，正在回顾移动网络的框架，张工进来了。

张工："小孙，我看你前面这一段掌握得差不多了。我今天教你第三代移动通信的一些关键技术吧。"

小孙："好的，我都迫不及待了。"

**学习目标**

1. 分析：无线环境的特点。
2. 掌握：扩频技术，扩频码与扰码，功率控制技术，切换技术。
3. 复述：信号的处理流程。

## 2.1 无线网络环境介绍

随着现代通信的发展，尤其是移动通信综合利用了有线和无线的传输方式，实现商业化后，满足了人们在活动中与固定终端或其他移动载体上的对象进行通信联络的要求，移动通信有受时空限制少和实时性好的特点，从而得到了广泛的应用和迅速的发展。下面我们首先来了解一下无线环境的特点。

### 2.1.1 移动无线环境的特点

移动通信以其可移动性而具有强大的生命力。由于移动通信是通过无线空间这一介质作为传播路径，这就决定了传播路径的开放性，但是也使得移动通信的无线电传播环境比有线通信更加复杂。一方面，携带信息的电磁波的传输是扩散的；另一方面，地理环境复杂多变，用户随机移动且不可预测，这些都造成了无线电波传输的损耗。

因此，对无线电传播环境的了解，对于整个移动系统的发展至关重要。基站天线、移动用户天线和这两端天线之间的传播路径，我们称之为无线移动信道。从某种意义上来说，对移动无线传播环境的研究就是对无线移动信道的研究。

传播路径可分为直射传播和非直射传播。一般情况下，在基站和移动台之间不存在直射信号，此时接收到的信号是发射信号经过若干次反射、绕射或散射后的叠加。而在某些空旷地区或基站天线较高时可能存在直线传播路径。

由于高大建筑物或远处高山等阻挡物的存在，常常会导致发射信号经过不同的传播路径到达接收端。这就是所谓的多径传播效应。多径信号经过不同的路径到达接收端时，具有不同的时延和入射角，这将导致接收信号的时延扩展和角度扩展。

另外，移动用户在传播路径方向上的运动将使接收信号产生多普勒扩展效应，其结果是导致接收信号在频域的扩展，同时改变了信号电平的变化率。

归纳起来，由于地理环境的复杂性和多样性，用户移动的随机性、多径传播现象等因素，使得移动通信系统的信道变得十分复杂。

总之，传播的开放性、接收环境的复杂性和通信用户的随机移动性，这3个主要特点共同构成了移动通信的主要特点。

对电磁传播的方式和损耗情况总结如下。

① 直射波：它指在视距覆盖区内无遮挡的传播，直射波传播的信号最强。

② 多径反射波：它指从不同建筑物或其他物体反射后到达接收点的传播信号，其信号强度次之。

③ 绕射波：它指从较大的山丘或建筑物绕射后到达接收点的传播信号，其强度与反射波相当。

④ 散射波：它指由空气中离子受激后二次发射所引起的慢反射后到达接收点的传播信号，其信号强度最弱。

上述移动信道的主要特点和电磁传播的主要方式，决定了将会对接收点产生如下所示的影响和结果。归纳起来，在传播上会产生3类不同的损耗和3种效应。

## 2.1.2　3种损耗

① 路径传播损耗：又称为衰耗，它是指电磁波在宏观大范围，即公里级空间传播时所产生的损耗，它反映了传播在空间距离的接收信号电平的变化趋势。

② 大尺度衰落损耗：它是由于在电波传播路径上受到建筑物及山丘等的阻挡所产生的阴影效应而产生的损耗。它反映了中等范围内数百波长量级接收电平的均值变化而产生的损耗。一般遵从对数正态分布，其变化率较慢又称为大尺度衰落。

③ 小尺度衰落损耗：它主要是由于多径传播而产生的衰落，它反映微观小范围内数十波长量级接收电平的均值变化而产生的损耗。一般遵从瑞利或莱斯分布，其变化率比慢衰耗快，所以称为小尺度衰落。它又可以划分为空间选择性衰落，频率选择性衰落时间选择性衰落。选择性是指在不同的空间、频率、时间情况下，其衰落特性是不一样的。

## 2.1.3　3种效应

① 阴影效应：由大型建筑物和其他物体的阻挡而形成的在传播接收区域上的半

盲区。

② 远近效应：由于接收用户的随机移动性，移动用户与基站间的距离也是随机变化的。若各移动用户发射功率一样，那么到达基站的信号强弱会不同，离基站近，则信号强；离基站远，则信号弱。通信系统的非线性则进一步加重，出现强者更强、弱者更弱和以强压弱的现象，通常称这类现象为远近效应。

③ 多普勒效应：它是由于接收的移动信号高速运动而引起传播频率扩散而产生的，其扩散程度与用户运动速度成正比。

### 2.1.4　电磁传播的分析

人们通过理论分析和长期的实际观测，建立了基站与移动台之间的无线信道的统计模型。该模型认为，电波传播的损耗主要由以下3个部分构成。

路径损耗、大尺度衰落和小尺度衰落。

无论是大尺度衰落还是小尺度衰落，从其产生的物理机理来看，都离不开电磁波传播的3种基本机制：发射、绕射和散射。因此，对移动无线电传播环境的分析是从这3种基本传播机制开始的。为了尽量克服3种选择性衰落，可以分别采用不同的手段。

表2-1为在典型地理环境下，多径衰落在时域、频域和空间上产生的典型扩散值。

表2-1　典型扩散值

| 地理环境 | 时延扩散 | 角度扩散 | 多普勒频率扩散 |
| --- | --- | --- | --- |
| 室内 | 0.1 μs | 360 | 5 Hz |
| 农村 | 0.5 μs | 1 | 190 Hz |
| 都市 | 5 μs | 20 | 120 Hz |
| 丘陵 | 20 μs | 30 | 190 Hz |
| 小区 | 0.2 s | 120 | 10 Hz |

克服3类选择性衰落（时间、频率、空间）。

为了克服空间选择性衰落可采用空间分集接收手段，但是分集接收机间的间隔要满足大于基本条件的要求；为了克服频率选择性衰落可采用RAKE接收方式，设计RAKE接收时，必须满足其频率相关区间间隔要求，才有多径分集效果；为了克服时间选择性衰落可采用信道交织技术，但是交织区间一定要满足要求。

## ▶▶2.2　认知移动信息处理基本流程

在通信过程中，信号要经过哪些处理过程才能从发送端到接收端，下面我们就先学习移动信息处理流程。

### 2.2.1　移动信息处理流程

WCDMA系统编码调制过程如图2-1所示，我们先看上面一行，信号在发射端的处理过程。为了在空中可靠、高效地传播，我们要进行编码和交织；基带调制是发生在数字域上的调制，信号调制的目的是把需要传输的原始信息在时域、频域或者码域上进行处理，以达到用尽量小的带宽传输尽量多的信息的目的。

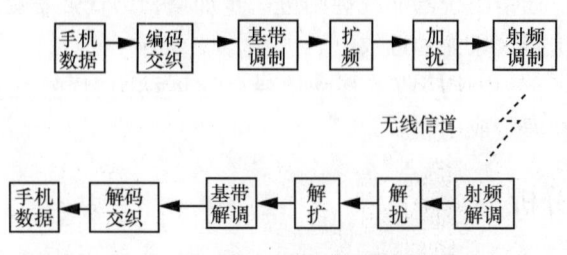

图2-1 WCDMA系统编码调制过程

在3G系统中，扩频技术作为一项不同于其他代通信系统的技术，有着很多的特点，例如抗干扰能力强、保密性好、易于同频使用等，我们会在后面专门予以介绍。为了信号的安全性以及从性能方面考虑，我们还需要进行加扰。

最后，为了适合在空中传播，我们必须进行射频调制后才能发送。从射频角度来说，这个也可以叫作频谱搬移，其目的是把基带调制的信号搬移到射频频率上，这样信号才能够以无线的方式发射出去。

而图2-1中的下面一行是信号在接收端的处理过程，刚好是发射端处理过程的逆过程。

## 2.2.2 信道编码技术

### 2.2.2.1 信道编码的目的

信道编码的目的是在原数据流中加入冗余信息，使接收机能够检测和纠正由传输媒介带来的信号误差，同时提高数据的传输速率。

以下行数据流为例，WCDMA系统编码调制过程如图2-2所示。从图中可以看出，传输信道的数据经过信道编码（使用卷积码或Turbo码）、速率匹配、交织等过程形成无线帧，经过CCTrCH形成物理帧后扩频加扰，然后传送出去。

### 2.2.2.2 信道编码采用的码

下面介绍信道编码采用的卷积码和Turbo码。

卷积码是由$k$个信息比特编码成$n(n>k)$比特的码组，编码出的$n$比特的码组值不仅与当前码字中的$k$个信息比特值有关，而且与其前面$N-1$个码字中的$k$个信息比特值有关，也即当前码组内的$n$个码元它们的值取决于$N$个码组内的全部信息码元，$N$可称为卷积码编码的约束长度。

通常，卷积码的标记法采用（$n,k,N-1$）。它的编码效率为$\eta = k/n$。

卷积码编码器一般由若干移位寄存器及几个模2和加法器组成的。通常，移位寄存器数目等于$N-1$，模2和加法器数目等于$n$值。

由于串行输入的$k$个信息码元生成$n$个卷积码元后，一般仍以串行数据流形式输出，所以在输出端加入了一个并串转换开关。以（2,1,2）卷积编码器为例，如图2-3所示。

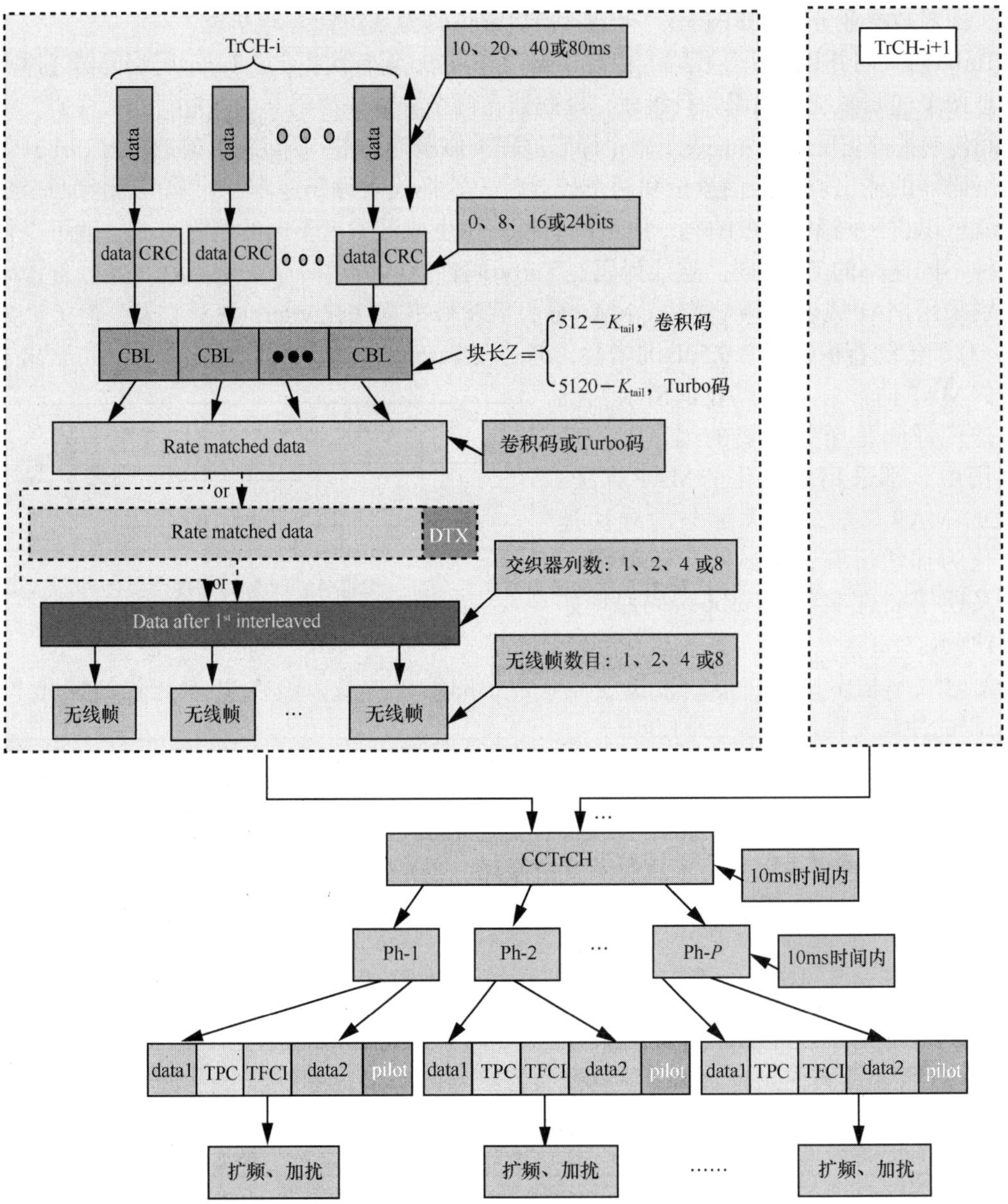

图2-2 WCDMA系统编码调制过程

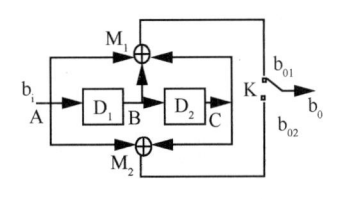

图2-3 （2,1,2）卷积编码器

3G与2G最主要的不同是需要提供更高速率、更多形式的数据业务，所以对其中的纠错编码体制提出了更高的要求。语音、短消息等业务仍然采用与GSM和CDMA相似的卷积码，而对数据业务，3GPP协议中已经确定Turbo码为其纠错编码方案。

Turbo码又叫并行级联卷积码，由C.Berro等在1993年首次提出。Turbo码编码器通过交织器把两个递归系统卷积码并行级联，译码器在两个分量码译码器之间进行迭代译码，译码之间传递去掉正反馈的外信息，整个译码过程类似涡轮工作，所以被形象地称为Turbo码。

编码器的输出端包括信息位和两个校验位，这样代表编码速率1/3，轮流删除两个校验位就可以得到码率是1/2的码，用不同的校验位生成器或者不同的删除方式，就可以得到各种不同速率的Turbo码。迭代译码是Turbo码性能优异的一个关键因素，其分量译码器分别采用MAP或者SOVA算法。MAP最大后验概率算法比Viterbi算法在复杂度上高出3倍。对于传统卷积码只有0.5dB的增益，但是在Turbo码译码器中，它对每个比特给出了最大的MAP估计，这一点在低SNR情况下的迭代译码是至关重要的因素。一般在应用中，都采用对数化的MAP算法，即LOG-MAP算法，将大部分的乘法运算转化为加法运算，既减小了运算复杂度，又便于硬件实现。Turbo编码原理如图2-4所示。

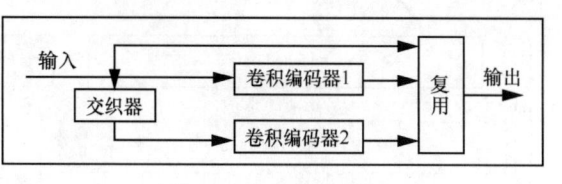

图2-4　Turbo编码原理

无论效率是多少，在短约束长度，非常长的编码块长，10～20次迭代的情况下，Turbo码的性能离容量界都不到1.0dB。

Turbo码的主要缺点：由于长编码块和迭代译码导致的译码时延长，不适应对实时性要求较高的业务，如视频点播、IP电话等，对硬件设备的处理速度要求高的业务。

### 2.2.2.3　信道编码方法

使用无纠错编码、卷积编码和Turbo编码后BER的比较见表2-2。

表2-2　不同编码方式下误码率的比较

| 编码方式 | BER | 说明 |
| --- | --- | --- |
| 无纠错编码 | $<10^{-2} \sim 10^{-1}$ | 不能满足通信需要 |
| 卷积编码 | $<10^{-3}$ | 满足语音通信需要 |
| Turbo编码 | $<10^{-6}$ | 满足数据通信需要 |

信道编码技术通过给原数据添加冗余信息，从而获得纠错能力。目前使用较多的是卷积编码和Turbo编码。

使用编码增加了无效负荷和传输时间，但可以纠正非连续的少量错误，信道编码如图2-5所示。

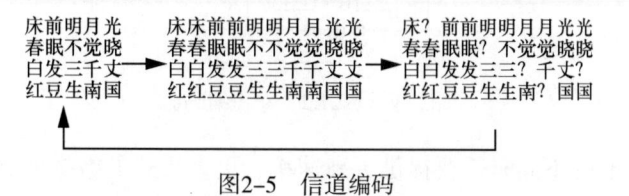

图2-5　信道编码

### 2.2.3　交织技术学习

在实际应用中，比特差错经常成串发生，这是由于持续时间较长的衰落谷点会影响到几个连续的比特，而信道编码仅在检测和校正单个差错和不太长的差错串时才最有效。为了纠正这些成串发生的比特差错及一些突发错误，可以运用交织技术来分散这些误差，使长串的比特差错变成短串差错，从而可以用前向码对其纠错。

交织技术对已编码的信号按一定规则重新排列，解交织后突发性错误在时间上被分散，使其类似于独立发生的随机错误，从而前向纠错编码可以有效地进行纠错，前向纠错码加交积的作用可以理解为扩展了前向纠错的可抗长度字节。纠错能力强的编码一般要求的交织深度相对较低。纠错能力弱的则要求更深的交织深度。交织原理图如图2-6所示。

1 2 3 4 5 6 7 8 9 10 11 12 13 14 15 16 17 18 19 …
原码序列
交织
1 6 11 16 21 22 2 7 12 17 22 3 8 13 18 23 4 9 16 …
传输
1 6 11 16 21 22 2 7 12 17 22 3 8 13 18 23 4 9 16 …
被扰码片
解交织
1 2 3 4 5 6 7 8 9 10 11 12 13 14 15 16 17 18 19 …
错码被分散

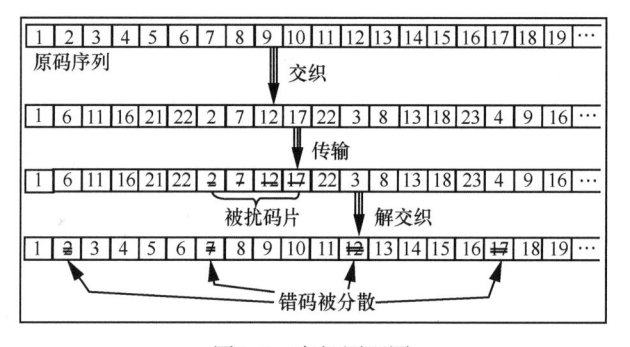

图2-6　交织原理图

因为信道编码对于连续出现的错误不能纠错，相关信道编码不能纠正的错误如图2-7所示。

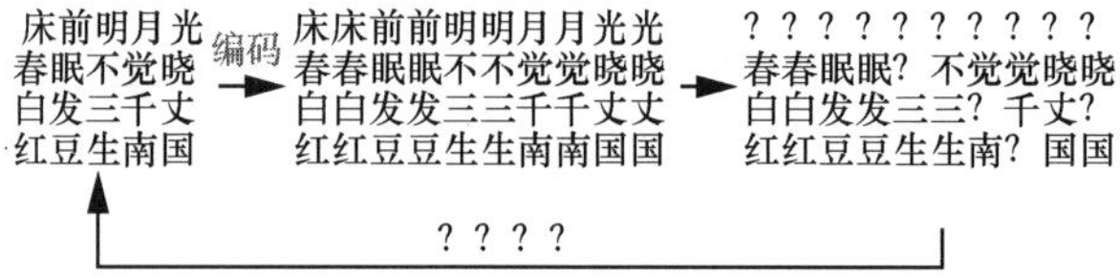

床前明月光
春眠不觉晓
白发三千丈
红豆生南国
编码
床床前前明明月月光光
春春眠眠不不觉觉晓晓
白白发发三三千千丈丈
红红豆豆生生南南国国
? ? ? ? ? ? ? ? ? ?
春春眠眠? 不觉觉晓晓
白白发发三三? 千丈?
红红豆豆生生南? 国国
? ? ? ?

图2-7　信道编码不能纠正的错误

由于在无线通信中，空中信道环境非常恶劣且复杂，所以出现这种情况的可能性非常大，因此出现了交织技术。

交织技术是改变数据流的传输顺序，将突发的错误随机化，提高纠错编码的有效性。其基本过程如图2-8所示。

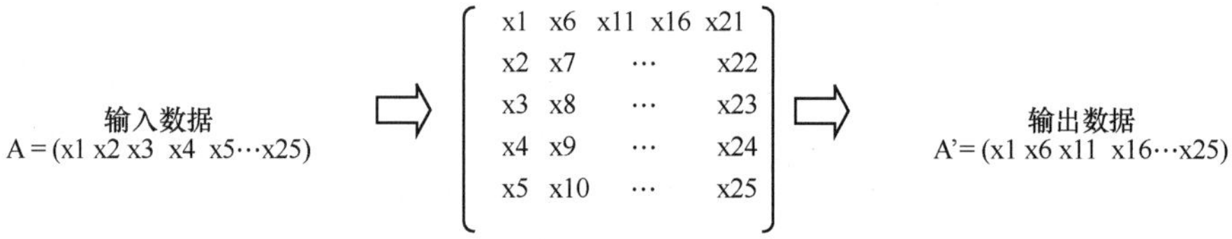

输入数据
A = (x1 x2 x3 x4 x5…x25)
x1 x6 x11 x16 x21
x2 x7 … x22
x3 x8 … x23
x4 x9 … x24
x5 x10 … x25
输出数据
A' = (x1 x6 x11 x16…x25)

图2-8　交织的过程

其中图2-7所示的是一个实际的例子。从图2-9交织技术的举例中可以看出，使用交织技术后，连续的错误通过去交织后变成了离散的错误，从而提高了纠错编码的有效性。

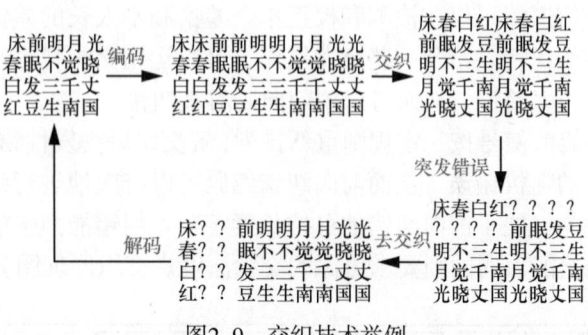

图2-9 交织技术举例

但是，由于改变了数据流的传输顺序，系统必须要等整个数据块接收后才能纠错，这加大了处理延时，因此交织深度应根据不同的业务要求有不同的选择。

另外，在特殊情况下，若干个随机独立的差错有可能交织为突发差错。

## 2.3 扩频技术介绍

扩频通信技术，即扩展频谱通信（Spread Spectrum Communication），它与光纤通信、卫星通信一同被誉为进入信息时代的三大高技术通信传输方式。

频谱扩展的方式主要有以下几种。

① 直序扩频（DSSS），使用高速伪随机码对要传输的低速数据进行扩频调制。

② 跳频，利用伪随机码控制载波频率在一个更宽的频带内变化。

③ 跳时，数据的传输时隙是伪随机的。

衡量扩频系统最重要的一个指标就是扩频增益，又称为处理增益。正是因为扩频系统本身具有的特征使其性能具有一系列的优势：低截获概率；抗干扰能力强；高精度测距；多址接入和保密性强。也正是这些特性使其获得了广泛的应用。

### 2.3.1 扩频技术的现状

扩频通信技术最初是在军事抗干扰通信中发展起来的，后来又在移动通信中得到了广泛的应用。一般而言，跳频系统主要在军事通信中对抗故意干扰，在卫星通信中也用于保密通信，而直扩系统则主要是一种民用技术。而真正使扩频通信技术成为当今通信领域研究热点的原因是码分多址（CDMA）的应用。

扩频技术为共享频谱提供了可能。使用扩频技术能够实现码分多址，即在多用户通信系统中所有用户共享同一频段，但是通过给每个用户分配不同的扩频码实现多址通信。利用扩频码的自相关特性能够实现对给定用户信号的正确接收，将其他用户的信号看作干扰，利用扩频码的相关特性，能够有效抑制用户之间的干扰。此外，由于扩频用户具有类似白噪声的宽带特性，它对其他共享频段的传统用户的干扰也达到最小。

直序扩频系统，在移动通信系统中的应用已经成为扩频技术的主流。在目前所有第三代移动通信系统标准中，都采用了某种形式的CDMA。因此CDMA技术成为目前扩频技术中研究最多的对象，其中又以码捕获技术和多用户检测（MUD）技术代表了目前扩频技术研究的现状。

## 2.3.2　扩频通信原理

我们知道，传输任何信息都需要一定的带宽，称为信息带宽。例如，语音信息的带宽大约为20～20000Hz、普通电视图像信息带宽大约为6MHz。为了充分利用频率资源，通常都是尽量压缩传输带宽。例如电话是基带传输，人们通常把带宽限制在3400Hz左右；例如使用调幅信号传输，因为调制过程中将产生上下两个边带，信号带宽需要达到信息带宽的两倍，而在实际传输中，人们采用压缩限幅技术，把广播语音的带宽限制在大约为 $2 \times 4500Hz=9kHz$ 左右；例如采用边带压缩技术，把普通电视信号包括语音信号一起限制在 $1.2 \times 6.5MHz=8MHz$ 左右。即使在普通的调频通信上，人们最大也只把信号带宽放宽到信息带宽的十几倍左右，这些都采用了窄带通信技术。扩频通信属于宽带通信技术，通常的扩频信号带宽与信息带宽之比将高达几百甚至几千倍。有人要问为什么要这么做，这样是不是太浪费频率资源了？这些问题可以用信息论和抗干扰理论来解释。

## 2.3.3　扩频通信的定义

扩频通信（Spread Spectrum Communication），即扩展频谱通信技术，它的基本特点是其传输信息所用信号的带宽远大于信息本身的带宽。除此之外，扩频通信还具有如下特征。
①扩频通信是一种数字传输方式。
②带宽的展宽是利用与被传信息无关的扩频函数对被传信息进行调制实现的。
③在接收端使用相同的扩频函数对扩频信号进行相关解调，还原出被传信息。

## 2.3.4　扩频通信的理论基础

扩频通信的基本思想和理论依据是香农（Shannon）公式。
香农在信息论的研究中得出了信道容量的公式：
$$C=B \times \log_2(1+S/N)$$
$C$：信道容量，单位 bit/s；$B$：信号频带宽度，单位 Hz；$S$：信号平均功率，单位 W；$N$：噪声平均功率，单位 W。

这个公式指出：如果信道容量 $C$ 不变，则信号带宽 $B$ 和信噪比 $S/N$ 是可以互换的。只要增加信号带宽，就可以在较低信噪比的情况下，以相同的信息速率来可靠地传输信息。甚至在信号被噪声淹没的情况下，只要相应地增加信号带宽，仍然能保持可靠的通信。也就是说，可以用扩频的方法以宽带传输信息来换取信噪比上的好处。

## 2.3.5　扩频与解扩频过程

扩频通信技术是一种信息传输方式。在发送端采用扩频码调制，使信号所占的频带宽度远大于所传信息必需的带宽；在接收端采用相同的扩频码进行相干解调来恢复所传信息数据。图2-10表明了整个扩频与解扩频的过程。

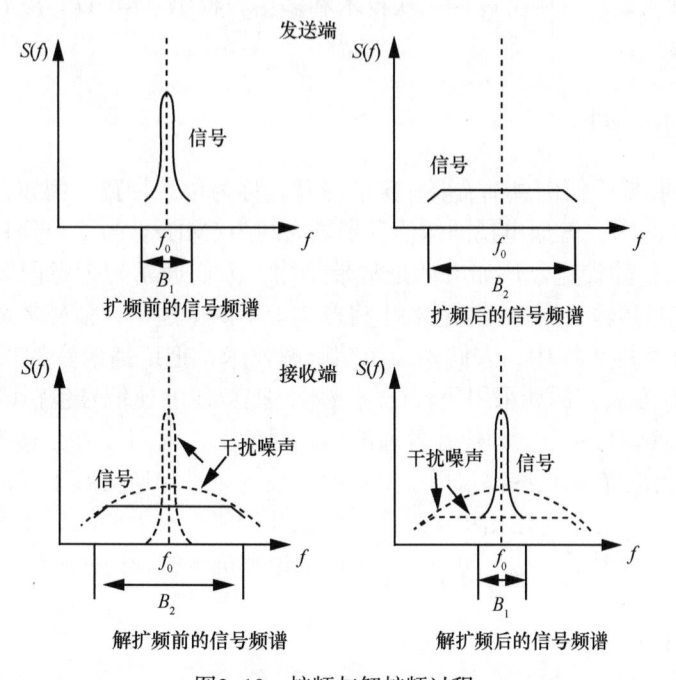

图2-10　扩频与解扩频过程

① 信息数据经过常规的数据调制，变成窄带信号（假定带宽为$B_1$）。

② 窄带信号经扩频编码发生器产生的伪随机编码PN扩频调制，形成功率谱密度极低的宽带扩频信号（假定带宽为$B_2$，$B_2$远大于$B_1$）。窄带信号以PN码所规定的规律分散到宽带上后，被发射出去。

③ 在信号传输过程中会产生一些干扰噪声（窄带噪声、宽带噪声）。

④ 在接收端，宽带信号经与发射时相同的伪随机编码扩频解调，恢复成常规的窄带信号，即依照PN码的规律从宽带中提取与发射对应的成份积分起来，形成普通的窄带信号，再用常规的通信处理方式将窄带信号解调成信息数据。干扰噪声则被解扩成跟信号不相关的宽带信号。

现在假设用户数据速率为$R$，用户数据为101101，按照1映射成-1，0映射成+1的规则，将用户数据映射成-1+1-1-1+1-1，再与扩频码相乘。在本例中，扩频码为01101001，将每个用户数据比特与这个包括8个码片的码序列相乘。可以看出，最后得到扩展后的数据速率为$8 \times R$，并且与扩频码有相同的随机特性。在这种情况下，我们说其扩频因子为8。

扩频后得到的宽带信号将通过无线信道传送到接收端。接收端解扩时，把码片序列乘以相同的扩频码（解扩码），就能恢复出原始用户数据。

从图2-11中可以看出，在扩频过程中，将信号速率以8倍速率因子扩展，会导致用户数据信号的带宽也随之扩展。而解扩就是将信号速率恢复到原始速率。

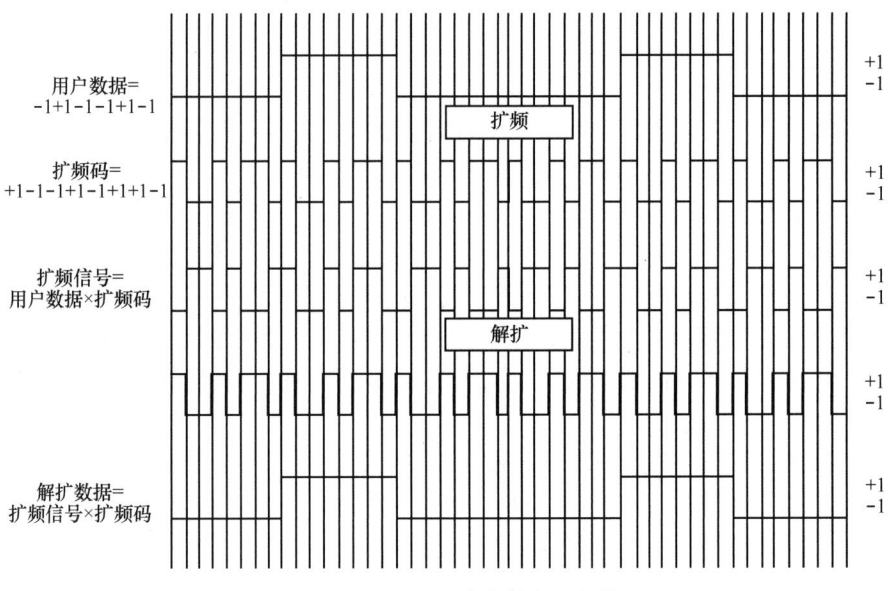

图2-11　DS-CDMA中的扩频和解扩

## 2.3.6　扩频增益和抗干扰容限

扩频通信系统有两个重要的概念：处理增益、抗干扰容限。

处理增益表明扩频通信系统信噪比改善的程度，是系统抗干扰的一个性能指标。

一般把扩频信号带宽 $W$ 与信息带宽 $\Delta F$ 之比称为处理增益 $G_p$，即：

$$G_p = \frac{W}{\Delta F}$$

理论分析表明，各种扩频通信系统的抗干扰性能与信息频谱扩展前后的扩频信号带宽比例有关。

仅仅知道了扩频通信系统的处理增益，还不能充分说明系统在干扰环境下的工作性能。因为系统的正常工作还需要在扣除系统其他一些损耗之后，保证输出端有一定的信噪比。所以我们引入抗干扰容限 $M_J$，其定义如下：

$$M_J = G_p - [(\frac{S}{N})_o + L_s]$$

式中 $(\frac{S}{N})_o$ 为输出端的信噪比；

$L_s$ 为系统损耗。

由此可见，抗干扰容限 $M_J$ 与扩频处理增益 $G_p$ 成正比，扩频处理增益提高后，抗干扰容限大大提高，甚至信号在一定的噪声湮没下也能正常通信。通常的扩频设备总是将用户信息（待传输信息）的带宽扩展到数十倍、上百倍甚至上千倍，以尽可能地提高处理增益。

### 2.3.7　扩频通信的主要特点

扩频通信具有许多窄带通信难以替代的优良性能，使得它能迅速推广到各种公用和专用通信网络之中。扩频通信简单来说主要有以下几项优点。

（1）抗干扰性强，误码率低

如上所述，扩频通信系统由于在发送端扩展信号频谱，在接收端解扩还原信息，产生了扩频增益，从而大大地提高了抗干扰容限。干扰信号与扩频伪随机码不相关，被扩展到很宽的频带上后，进入与有用信号同频带内的干扰功率大大降低，从而增加了输出信号/干扰比，因此具有很强的抗干扰能力。抗干扰能力与频带的扩展倍数成正比，频谱扩展得越宽，抗干扰的能力越强。

根据扩频增益不同，甚至在负的信噪比条件下，也可以将信号从噪声的淹没中提取出来。在目前商用的通信系统中，扩频通信是唯一能够工作于负信噪比条件下的通信方式。也就是说，抗干扰性能强是扩频通信的最突出的优点。

（2）易于同频使用，提高了无线频谱利用率

无线频谱十分宝贵，虽然从长波到微波都已得到开发利用，仍然满足不了社会的需求。为此，世界各地都设计了频谱管理机构，用户只能使用申请获得的频率，依靠频道划分来防止信道之间发生干扰。

由于扩频通信采用了相关接收这一高技术，信号发送功率极低（<1W，一般为 $1 \sim 100\,\mathrm{mW}$），且可工作在信道噪声和热噪声背景中，易于在同一地区重复使用同一频率，也可以与现今各种窄带通信共享同一频率资源。

（3）抗多径干扰

在无线通信中，抗多径干扰问题一直是难以解决的问题，利用扩频编码之间的相关特性；在接收端可以用相关技术从多径信号中提取分离出最强的有用信号，也可把多个路径来的同一码序列的波形相加使之得以加强，从而达到有效的抗多径干扰能力。

（4）保密性好

扩频通信系统将传送的信息扩展到很宽的频带上去，其功率密度随频谱的展宽而降低，甚至可以将信号淹没在噪声中，因此，其保密性很强。要截获、窃听或侦察这样的信号是非常困难的，除非采用与发送端所用的扩频码且与之同步后进行相关检测，否则对扩频信号的截获、窃听或侦察无能为力。

（5）扩频通信绝大部分是数字电路，设备高度集成、安装简便、易于维护，也十分小巧可靠，便于安装、便于扩展，平均无故障率时间也很长。

## ▶▶2.4　认识Walsh码与OVSF码

### 2.4.1　扩频码和扰码

WCDMA系统中采用直接序列扩频通信技术。在发送端，有用信号经扩频处理后，频谱被展宽；在接收端，利用伪码的相关性做解扩处理后，有用信号频谱被恢复成窄带谱。

扩频码需要有区分度,也就是所谓的正交。合适的扩频码应该具备以下特性。

① 互相关特性:用自身的扩频码可以解扩出信号,而其他的扩频码不可以解扩出信号。

② 自相关特性:自身的时延不影响解扩出信号。

③ 易于产生。

④ 具有随机性。

⑤ 具有尽可能长的周期以对抗干扰。

目前,WCDMA 使用的扩频码为 OVSF 码。

## 2.4.2　Walsh码和OVSF码

Walsh 码是正交扩频码,根据 Walsh 函数集而产生。Walsh 函数是一类取值于 +1 与 −1 的二元正交函数系。它有多种等价定义方法,最常用的是 Handmard 编号法。Walsh 函数集是完备的非正弦型正交函数集,常用作用户的地址码。

$2N$ 阶的 Walsh 函数可以采用以下递推公式进行区分:

$$H_1 = 0 \qquad H_2 = \begin{Bmatrix} 0 & 0 \\ 0 & 1 \end{Bmatrix}$$

$$H_4 = \begin{Bmatrix} 0000 \\ 0101 \\ 0011 \\ 0110 \end{Bmatrix} \qquad H_{2N} = \begin{Bmatrix} H_N H_N \\ H_N \overline{H_N} \end{Bmatrix}$$

其中 $N$ 为 2 的幂,$\overline{H_N}$ 表示对 $H_N$ 取反。

Walsh 函数集的特点是正交和归一化。正交是同阶两个不同的 Walsh 函数相乘,在指定的区间上积分,其结果为 0;归一化是两个相同的 Walsh 函数相乘,在指定的区间上积分,其平均值为 +1。

生成 Walsh 序列有多种方法,通常是利用 Handmard 矩阵来产生 Walsh 序列。利用 Handmard 矩阵产生 Walsh 序列的过程是迭代的方法。

不同步时,Walsh 函数自相关性与互相关性均不理想,并随同步误差值增大,恶化十分明显。

在 WCDMA 系统中,每个用户都分配不同的扩频码,这样可以区分不同的用户/信道。

假设有 3 个用户/信道,其发出的信号为 $b_1$、$b_2$、$b_3$,这 3 个用户/信道的信号分别用 $c_1$、$c_2$、$c_3$ 的扩频码扩频,最后发射出的信号是 $y=b_1c_1+b_2c_2+b_3c_3$。简单起见,假设信号传输过程中无干扰,则接收端:

- 用 $c_1$ 解扩后,可以得到信号

　$z_1=y \times c_1=c_1 \times (b_1c_1+b_2c_2+b_3c_3)=b_1+(b_2c_2c_1+b_3c_3c_1)$

- 用 $c_2$ 解扩后,可以得到信号

　$z_2=y \times c_2=c_2 \times (b_1c_1+b_2c_2+b_3c_3)=b_2+(b_1c_1c_2+b_3c_3c_2)$

- 用 $c_3$ 解扩后,可以得到信号

$$z_3 = y \times c_3 = c_3 \times (b_1 c_1 + b_2 c_2 + b_3 c_3) = b_3 + (b_1 c_1 c_3 + b_2 c_2 c_3)$$

以上3式中，括号内的部分是其他用户/信道信号对本信号的干扰。但如果采用正交化的码，就可以完全避免这种干扰。正交码是码自乘结果为1而同其他码相乘结果为0的码，故可以得到：

$$z_1 = y \times c_1 = c_1 \times (b_1 c_1 + b_2 c_2 + b_3 c_3) = b_1 + (b_2 c_2 c_1 + b_3 c_3 c_1) = b_1 + 0 + 0 = b_1$$

$$z_2 = y \times c_2 = c_2 \times (b_1 c_1 + b_2 c_2 + b_3 c_3) = b_2 + (b_1 c_1 c_2 + b_3 c_3 c_2) = b_2 + 0 + 0 = b_2$$

$$z_3 = y \times c_3 = c_3 \times (b_1 c_1 + b_2 c_2 + b_3 c_3) = b_3 + (b_1 c_1 c_3 + b_2 c_2 c_3) = b_3 + 0 + 0 = b_3$$

WCDMA系统中采用了正交可变扩频因子码（OVSF，Orthogonal Variable Spreading Factor），用以区分不同的信道（所以也叫信道化码），该码可以用如图2-12所示的码树来定义。

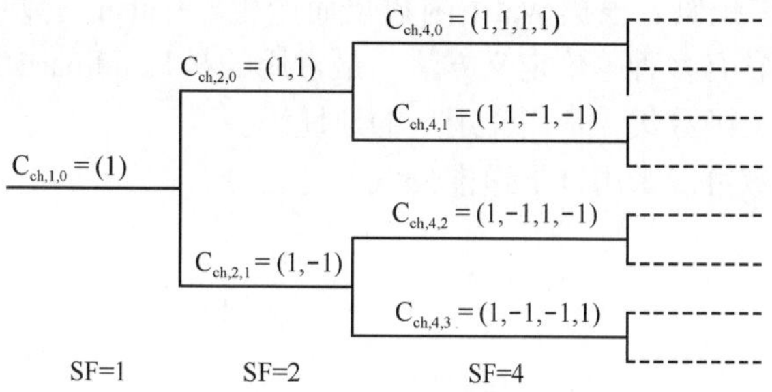

图2-12　用于产生正OVSF码的码树

# ▶▶2.5　加扰与调制简介

## 2.5.1　加扰技术

在采用扩频码对信号进行扩频的同时，一般出于性能、安全等方面的考虑，还需要对信号进行加扰。

PN码具有类似噪声序列的性质，是一种貌似随机但实际上有规律的周期性二进制序列。最广为人知的二位元P-N Code是最大长度位移暂存器序列，简称m序列。

由于m序列容易产生，规律性强，且有许多优良的性能，在扩频通信中最早获得广泛的应用。顾名思义，m序列是由多级移位寄存器或其他延迟元件通过线性反馈产生的最长的码序列。在二进制移位寄存器发生器中，若$n$为级数，则所能产生的最大长度的码序列为$2^n - 1$位。

m序列的正交性不如Walsh码，这体现在同一级数m序列的互相关特性上。m序列的互相关性大于0，这也是使用Walsh码而不直接使用m序列的重要原因。m序列自相关性很强，当级数很大的时候，不同相位的m序列可以看成是正交的。

m序列虽然性能优良，但同样长度的m序列个数不同，且序列之间的互相关值并不都是可以使用的。R·Gold提出了一种基于m序列的码序列，称为Gold码序列。这种序列有较优良的自相关和互相关特性，构造简单，产生的序列数多，因而获得了广泛的应用。把两个m序列发生器产生的优选对序列模二相加，则产生一个新的码序列，即Gold序列。

Gold序列的主要性质有以下特点。

① Gold序列具有三值自相关特性。

② 两个m序列优选对不同移位相加产生的新序列都是Gold序列。因为总共有$2n-1$个不同的相对位移，加上原来的两个m序列本身，所以，两个m级移位寄存器可以产生$2n+1$个Gold序列。因此，Gold序列的序列数比m序列数多得多。

## 2.5.2　调制技术

3GPP Release 4中规定，WCDMA上下行链路调制的速率都为3.84 Mbit/s，通过扩频产生的复数值码片序列都用PSK方式进行调制（上行BPSK，下行QPSK）。上、下行链路的调制如图2-13、图2-14所示。

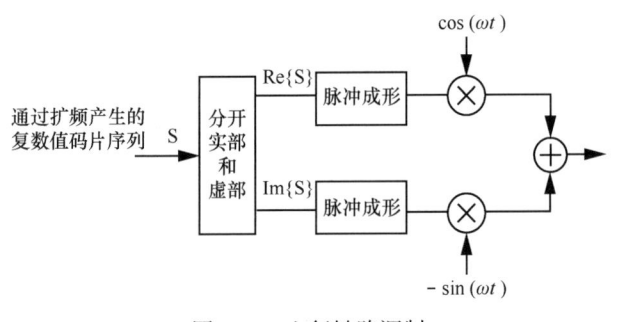

图2-13　上行链路调制

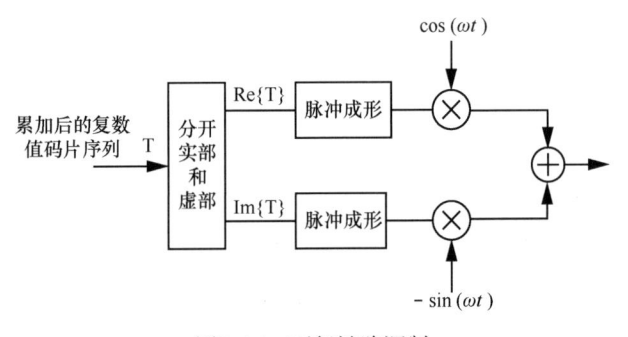

图2-14　下行链路调制

另外，在3GPP R6及以后的版本中规定，HSDPA使用的HS-PDSCH可以使用QPSK或者16 QAM的调制方式。

作为第三代移动通信的WCDMA的设计目标是不仅能够提供比第二代移动通信系统更大的系统容量和更好的通信质量，而且要能在全球范围内更好地实现无缝漫游和为用户提供包括语音、数据和移动多媒体在内的业务。与第二代移动通信相比，WCDMA系统应用了许多关键技术，如功率控制、RAKE接收、多用户检测、智能天线。以下分别进行介绍。

# ▶2.6 认知功控技术

功率控制是 WCDMA 系统中的一个重要方面，假设一个小区的用户都以相同的功率发射，则靠近基站的移动台到达基站的信号强，远离基站的移动台到达基站的信号弱，这样就会导致强信号掩盖弱信号，这就是所谓的"远近效应"。由于 WCDMA 是一个自干扰系统，所有用户使用同一个频率，远近效应更加严重。同时对于 WCDMA 系统来说，基站的下行是属于功率受限的。为了在发射功率小的情况下确保满足要求的通话质量，这就要求基站和移动台都能够根据通信距离的不同、链路质量的好坏，实时地调整发射机所需的功率，这就是"功率控制"。

从不同的角度考虑有不同的功率控制方法。例如，若从通信的上行、下行链路角度来考虑，一般可以分为上行链路功率控制和下行链路功率控制。下行链路功率控制的目的是节约基站的功率资源，而上行链路功率控制的目的是克服远近效应，上行链路功率控制算法最具代表性。

在 WCDMA 系统中功率控制主要包括以下两个部分：
① 开环功率控制；
② 闭环功率控制。

## 2.6.1 开环功率控制

当移动台发起呼叫时，需要进行开环功率控制，从广播信道得到导频信道的发射功率，再测量自己收到的功率，相减后得到下行路损值。根据互易原理，由下行路损值近似估计上行的路损值，计算移动台的发射功率如图 2-15 所示。

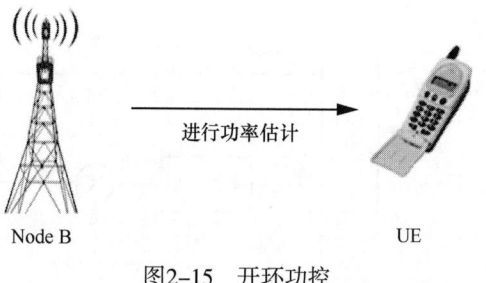

进行功率估计

Node B                UE

图2-15　开环功控

计算发射功率时，需要考虑业务的信噪比要求（业务质量要求）、扩频增益和上行路损值。由于上下行频率相差 190 MHz，比相关带宽（200 kHz 左右）大得多，因此开环估计是近似的。

## 2.6.2 闭环功率控制

开环功率控制仅仅在起呼的时候需要，在建立链路后，则需要在专用信道进行精确的闭环功率控制，尤其在上行链路（多对一模式）中，使相同业务到达基站的接收功率完全相同，无论移动台离基站的距离远近，这就是克服远近效应的过程。

闭环功控还分内环功率控制和外环功率控制。

### 1．内环功率控制

内环功率控制是快速闭环功率控制，WCDMA最快速度可达1500次/秒，而TD-SCDMA的功控频率是200Hz，CDMA2000的功控频率是800Hz，三者原理与过程相同。内环功控在基站与移动台之间的物理层进行，当物理层测量接收的信噪比低于目标值时，就发出增加功率的命令；当物理层测量接收的信噪比高于目标值时，就发出降低功率的命令；当信噪比与目标值相差不多时，就发出不调整功率的命令；WCDMA系统一个时隙（0.67 ms）给出一次功率控制命令，TD-SCDMA系统也是一个时隙（5ms）给出一次功率控制命令。功率控制命令分3种状态：增加功率、降低功率、保持功率。一次增减功率的步长一般为1 dB。其内环功控过程如图2-16所示。

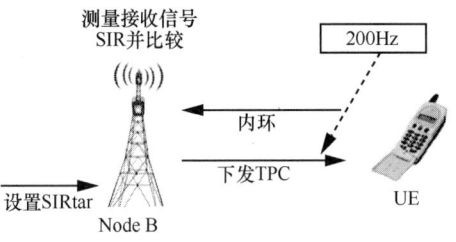

图2-16　TD-SCDMA内环功控

### 2．外环功率控制

外环功率控制是慢速闭环功率控制，一般在一个TTI（10 ms、20 ms、40 ms、80 ms）的量级。外环功率控制是在物理层之上的功率控制，通过CRC检验是否出错，统计接收的数据误块率BLER（对应误码率BER），改变内环功率控制的信噪比目标值，使接收信号质量满足业务质量的要求。外环功控示意如图2-17所示。

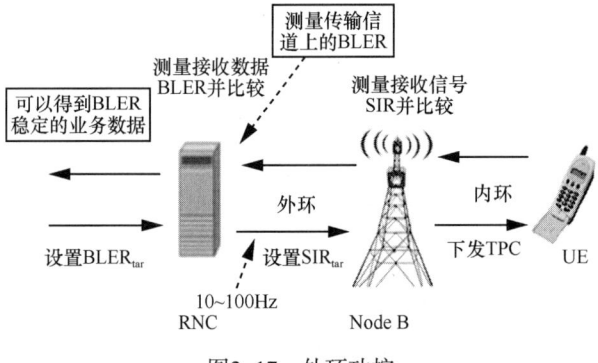

图2-17　外环功控

### 3．内、外环功率控制的关系

外环功率控制是慢变化的粗调节（RNC到Node B）；内环功率控制是快变化的细调节（Node B到UE）。

为什么需要分内环功率控制和外环功率控制呢？原因是在信噪比测量中，很难精确测量信噪比的绝对值。且信噪比与误码率（误块率）的关系随环境的变化而变化，是非线性的。例如，在一种多径的传播环境中，要求百分之一的误块率，信噪比是5dB；在另外一种多径环境下，同样要求百分之一的误块率，可能需要5.5dB的信噪比，而业务质量主要由误块率决定，是直接的关系，与信噪比是间接的关系。

## 2.7　认知Rake接收技术及多用户检测技术、分集技术

### 2.7.1　Rake接收技术

在CDMA系统中，信道带宽远大于信道的平坦衰落宽度。采用传统的调制技术需要用均衡器来消除符号间的干扰，而在采用CDMA技术的系统中，在无线信道传输中出现的时延扩展，可以被认为是信号的再次传输，如果这些多径信号相互间的时延超过了一个码片的宽度，那么，他们将被CDMA接收机看作是非相关的噪声，而不再需要均衡了。

扩频信号非常适合多径信道传输。在多径信道中，传输信号被障碍物如建筑物和山等反射，接收机就会接收到多个不同时延的码片信号。如果码片信号之间的时延超过一个码片，接收机就可以分别对它们进行解调。实际上，从每个多径信号的角度看，其他多径信号都是干扰，并被处理增益抑制，但是，对于RAKE接收机则可以通过对多个信号进行分别处理合成而获得。因此，CDMA的信号很容易实现多路分集。从频率范围看，传输信号的带宽大于信号相关带宽，并且信号频率是可选择的。多径传播导致的多径延迟如图2-18所示。

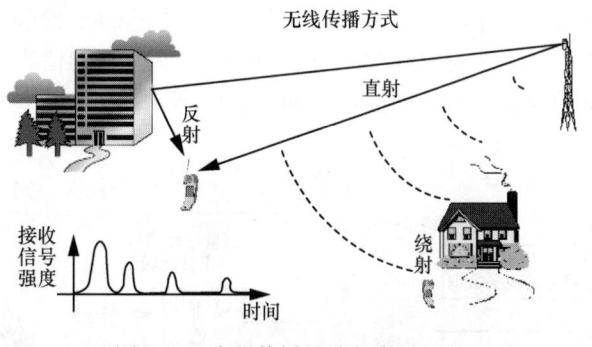

图2-18　多径传播导致的多径延迟

由于在多径信号中含有可以利用的信息，所以CDMA接收机可以通过合并多径信号来改善接收信号的信噪比。RAKE接收机就是通过多个相关检测器接收多径信号中各路信号，并把它们合并在一起。RAKE接收机包含多个相关器，每个相关器接收一个多路信号。

经扩频和调制后，信号被发送，每个信道具有不同的时延和衰落因子，分别对应不同的传播环境。经过多径信道传输，RAKE接收机利用相关器检测出多径信号中最强的$M$个支路信号，然后对每个RAKE支路的输出进行加权合并，以提供优于单路信号的接收信噪比，在此基础上进行判决。

如图2-19所示，假设RAKE接收机有$M$个支路其输出分别为$z_1$、$z_2$、$\cdots$、$z_M$，对应的加权因子分别为$a_1$、$a_2$、$\cdots$、$a_M$，加权因子可以根据各支路的输出功率或信噪比决定。各支路加权后信号的合并可以根据实际情况采取不同的方法进行合并。

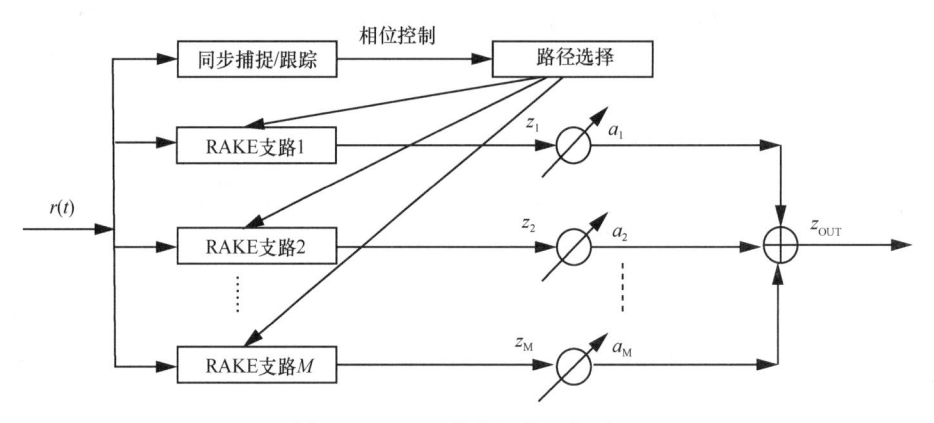

图2-19　RAKE接收机的工作原理

在接收端，将$M$条相互独立的支路进行合并后，可以得到分集增益。对于具体的合并技术来说，通常有3类，即选择性（Selection Diversity）、最大比合并（Maximal Ratio Combining）和等增益合并（Equal Gain Combining）。

### 1.选择性合并

所有接收的信号送入选择逻辑，选择逻辑从所有接收信号中选择具有最高基带信噪比的基带信号作为输出。

### 2.最大比合并

这种方法是对$M$路信号进行加权，再进行同相合并。最大比合并的输出信噪比等于各路信噪比之和。所以，即使各路信号都很差，以至于没有一路信号可以被单独解调时，最大比方法仍能合成一个达到解调所需信噪比要求的信号，在所有已知的线性分集合并方法中，这种方法的抗衰落性能是最佳的。

### 3.等增益合并

在某些情况下，用最大比合并的方式产生可变的加权因子并不方便，因而出现了等增益合并的方法。这种方法也是把各支路信号进行同相后再相加，只不过加权时各路的加权因子相同。这样，接收机仍然可以利用同时接收到的各路信号，并且接收机从大量不能够正确解调的信号中合成一个可以正确解调信号的概率仍很大，其性能只比最大比合并略差，但比选择性合并好不少。

带DLL的相关器是一个具有迟早门锁相环的解调相关器。它由两个相关器（早和晚）组成，和解调相关分别相差正负1/2（或1/4）个码片。迟早门的相关结果相减可以用于调整码相位，延迟环路的性能取决于环路带宽。延迟估计的作用是通过匹配滤波器获取不同时间延迟位置上的信号能量分布，识别具有较大能量的多径位置，并将它们的时间量分配到RAKE接收机的不同接收径上。

由于信道中快速衰落和噪声的影响，实际接收的各径的相位与原来发射信号的相位有很大的变化，因此在合并以前要按照信道估计的结果进行相位的旋转，实际的CDMA系统中的信道估计是根据发射信号中携带的导频符号完成的。

RAKE接收就是完成多径分离合并功能。与IS-95 A的不同之处是，WCDMA具有高三倍的多径分辨能力。另外，在WCDMA系统中，可以利用用户发射的导频信息，在反向链路进行相干合并，WCDMA理论分析显示，若在反向链路采用8个径的RAKE接收，75%以上的信号能量将被利用。RAKE接收对于多址干扰的抑制能力取决于不同用户特征码之间的互相关性。RAKE接收机框图如图2-20所示。

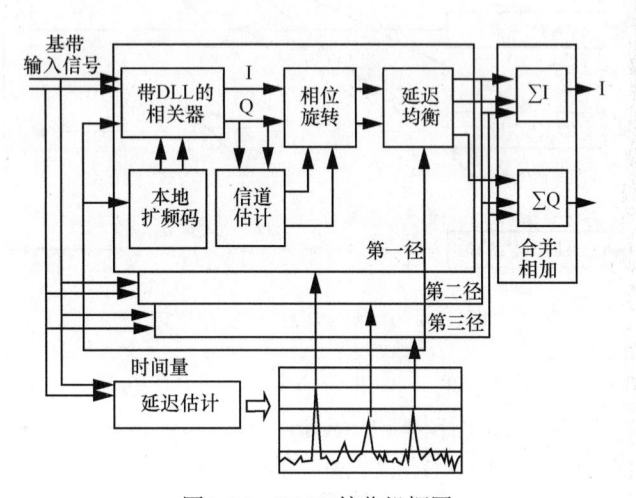

图2-20　RAKE接收机框图

## 2.7.2　多用户检测技术

多用户检测技术（MUD）是通过去除小区内干扰来改进系统性能、增加系统容量的技术。多用户检测技术还能有效缓解直扩CDMA系统中的远近效应。

由于信道的非正交性和不同用户的扩频码字的非正交性，导致用户间存在相互干扰，多用户检测的作用就是去除多用户之间的相互干扰。一般而言，对于上行的多用户检测，只能去除小区内各用户之间的干扰，而小区间的干扰由于缺乏必要的信息（例如相邻小区的用户情况）是难以消除的。对于下行的多用户检测，只能去除公共信道（例如导频、广播信道等）的干扰。

以两用户的情况为例，在信道和扩频码字完全正交的情况下，两个BPSK用户$S_1$和$S_2$的星座图是左边的情况，而经过非正交信道和非正交的扩频码字后的星座图是右边的情况。此时多用户检测的作用就是去除两个用户信号间的相互干扰，他们分别向坐标线$S_1$和$S_2$投影，得到去除第二用户干扰后的信号向量。此时，通过多用户检测算法，判决的分界线也重新定义了。在这种新的分界线上，显然可以到达更好的判决效果。多用户检测的效果如图2-21所示。

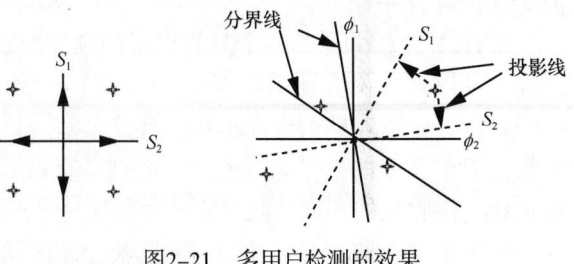

图2-21　多用户检测的效果

　　按照上面的解释，多用户检测的系统模型可以用图2-22来表示：每个用户发射数据比特$b_1$，$b_2$，…，$b_N$，通过扩频码字进行频率扩展，在空中经过非正交的衰落信道，并加入噪声$n(t)$，接收端接收的用户信号与同步的扩频码字相关，相关器由乘法器和积分清洗器组成，解扩后的结果通过多用户检测的算法去除用户之间的干扰，得到用户的信号估计值$\hat{b}_1$，$\hat{b}_2$，…，$\hat{b}_N$。

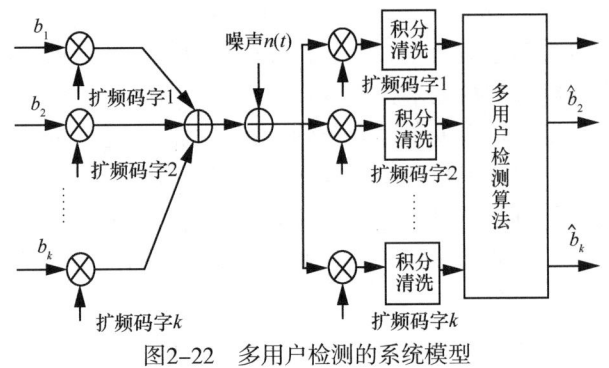

图2-22　多用户检测的系统模型

　　从图2-22可以看出，多用户检测的性能取决于相关器的同步扩频码字跟踪、各个用户信号的检测性能、相对能量的大小、信道估计的准确性等传统接收机的性能。

　　从上行多用户检测来看，由于只能去除小区内干扰，假定小区间干扰的能量占据了小区内干扰能量的$f$倍，那么去除小区内用户干扰，容量的增加是（$1+f$）/$f$。按照传播功率随距离4次幂线性衰减计算，小区间的干扰是小区内干扰的55%。因此在理想情况下，多用户检测提高减少干扰的能量是2.8倍。但是在实际情况下，多用户检测的有效性还不到100%，多用户检测的有效性取决于检测方法和一些传统接收机的估计精度，同时还受到小区内用户业务模型的影响。

　　例如，在小区内如果有一些高速数据用户，那么采用干扰消除的多用户检测方法去掉这些高速数据用户对其他用户的较大的干扰功率，显然能够有效地提高系统的容量。多用户检测的想法最早在1979年由Schneider提出，1983年Kohno et.al发表了基于干扰消除算法的接收器的研究成果。1984年Verdu提出和分析了最优多用户检测器和最大序列检测器，但由于其实现的复杂性，大家转而研究次优的多用户检测器。

　　比较典型的多用户检测算法有线性解相关算法和干扰抵消算法。线性解相关算法通过估计用户之间的相关矩阵同时检测多个用户的信息；干扰抵消算法则先将干扰信号扣除掉，再进行信号检测。

　　多用户检测可以提高系统的容量，克服远近效应的影响。但关于多用户检测还需要考虑以下几点因素。

　　① 多用户检测算法运算复杂，实现比较困难。

　　② 多用户检测仅可用于改善上行链路的性能，只适合在基站使用。

　　③ 多用户检测无法克服小区外干扰。

　　④ 适用于WCDMA的多用户检测算法较少。

　　就WCDMA上行多用户检测而言，目前最有可能实用化的技术就是并行的干扰消除，因为它需要的资源相对较少，仅仅是传统接收机的3～5倍，而数据通路的延迟也相对较小。

WCDMA下行的多用户检测技术则主要集中在消除下行公共导频、共享信道、广播信道，以及消除同频相邻基站的公共信道的干扰方面。

今后多用户检测努力的方向是降低复杂度和针对WCDMA系统进行设计。

### 2.7.3 分集技术

无线信道的环境变化莫测，其中的衰落特性会降低通信系统的性能。为了对抗衰落，可以采用多种措施，例如信道编解码技术、抗衰落接收技术或者扩频技术。分集接收技术被认为是明显有效而且经济的抗衰落技术。

我们知道，无线信道中接收的信号是由到达接收机的多径分量的合成组成的。如果在接收端同时获得几个不同路径的信号，将这些信号适当合并成总的接收信号，就能够大大减少衰落的影响。这就是分集的基本思路。分集的字面含义就是分散得到几个合成信号并集中（合并）这些信号。只要几个信号之间的统计是独立的，那么经适当合并后就能使系统性能大为改善。

互相独立或者基本独立的一些接收信号，一般可以利用不同路径或者不同频率、不同角度、不同极化等分集接收手段来获取。

① 空间分集：在接收或者发射端架设几副天线，各天线的位置间要求有足够的间距（一般在10个信号波长以上），以保证各天线上发射或者获得的信号基本相互独立。图2-23就是一个双天线发射分集的提高接收信号质量的例子，通过双天线发射分集，增加了接收机获得的独立接收路径，取得了合并增益。

② 时间分集：指采用一定的时延来发送同一消息或者在系统所能承受的时延范围内在不同的时间发送消息的一部分，只要各次发送时间的间隔足够大，则各次发送出现的衰落将是相互独立统计的。时间分集正是利用这些衰落在统计上互不相关的特点，即从时间上衰落统计特性的差异来实现抗时间选择性衰落的功能。

③ 频率分集：用多个不同的载频传送同样的信息，如果各载频的频差间隔比较远，其频差超过信道相关带宽，则各载频传输的信号也互不相关。

④ 极化分集：分别接收水平极化和垂直极化波形成的分集方法。

图2-23所示为正交发射分集的原理，图中两个天线的发射数据是不同的，天线1发射的是偶数位置上的数据，天线2发射的是奇数位置上的数据，利用两个天线上发射数据的不相关性，通过不同天线路径到达接收机天线的数据具备了相应的分集作用，降低了数据传输的的功率。同时由于发射天线上单天线发射数据的比特率降低，使得数据传输的可靠性增加。因此发射天线分集可以提高系统的数据传输速率。

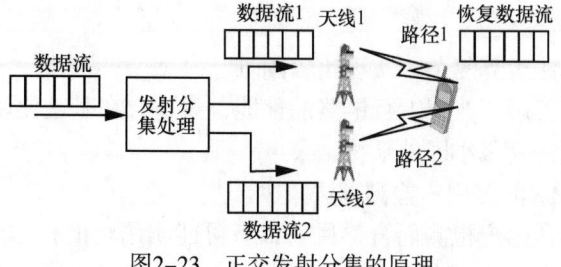

图2-23 正交发射分集的原理

其他的分集方法还有时间分集，它是利用不同时间上传播的信号的不相关性进行合并。分集方法相互是不排斥的，实际使用中可以组合。

分集信号的合并可以采用不同的方法。

① 最佳选取：从几个分散信号中选取信噪比最好的一个作为接收信号。

② 等增益相加：将几个分散信号以相同的支路增益进行直接相加，相加后的信号作为接收信号。

③ 最大比值相加：控制各合并支路增益，使它们分别与本支路的信噪比成正比，然后再相加获得接收信号。

上面的方法对合并后的信噪比（$r$）的改善（分集增益）各不相同，但总地来说，分集接收方法对无线信道接收效果的改善是非常明显的。

图2-24给出了不同合并方法的接收效果改善情况，可以看出当分集数 $k$ 较大时，选择合并的改善效果比较差，而等增益合并和最大比值合并的效果相差不大，仅仅在1dB左右。

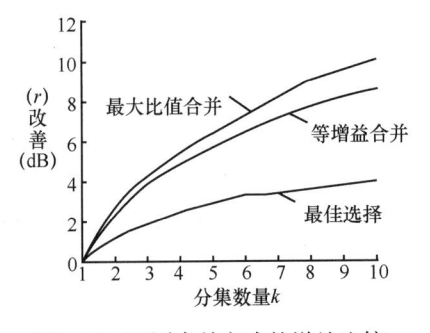

图2-24 不同合并方式的增益比较

发射分集技术是从接收分集技术的基础上发展而来。它使用多个独立的天线或相关天线阵列，通过非相关衰减信道发射相同的信息以实现空间分集增益，这种增益主要通过在位置或极化方向上分离天线而获得。在WCDMA系统中，利用双极化天线可以实现发射极化分集。

## 2.8 切换技术介绍

### 2.8.1 切换分类

蜂窝结构的移动通信系统中，当移动台从一个区域移动到另一个区域时，为保持移动用电话不中断通信需要进行的无线资源再分配称为切换技术。

根据切换发生时移动台与源基站和目标基站连接的不同，切换可分为以下主要类型：硬切换、软切换和更软切换。

其中，硬切换是当呼叫从一个小区交换到另一个小区或者从一个载波交换到另一个载波时发生，它是一个时刻只有一个业务信道可用时发生的切换。硬切换采取的是连接之前先断开的方式。在与新的业务信道建立连接之前先断开与旧的业务信道的连接。切换过程中，移动用户仅与新旧基站其中一个连通，从一个基站切换到另一个基站过程中，通信链路有短暂的中断时间。

软切换则是在载波频率相同的基站覆盖小区之间的信道切换。切换过程中，移动用户可能同时与两个基站进行通信，从一个基站到另一个基站的切换过程中，没有通信中断的现象。

软切换是一种状态，由多个基站同时支持一个呼叫，而更软切换是在同一小区的扇区间发生的软切换。硬切换事件必然是短暂的；相反，移动台经常在相当长的呼叫时间内处于软切换状态。

在所有接入技术中都有硬切换（例如AMPS、TACS、GSM和CDMA），而软切换是CDMA所特有的。与GSM的硬切换相比，软切换是CDMA系统的技术特色，提高了切换的成功率。但在实际的CDMA网络中，硬切换也是不可避免的。只要将硬切换保持一定的比例，并将其分布在话务量小的区域，并不会对网络质量产生明显影响。

此外，还有TD-SCDMA技术所独有的接力切换技术。这种技术综合了硬切换与软切换的优点，是一种崭新的切换技术。

### 2.8.1.1　软切换

#### 1. 基本原理

软切换是指在载波频率相同的小区之间的一种切换。当UE开始与一个新的小区建立联系时，并不中断与原小区的联系。在软切换状态下，UE与多于一个小区建立无线链路。

#### 2. 基本概念

① 激活集（Active Set）：指与UE存在连接关系的小区集合,用户信息从这些小区发射。

② 监测集（Monitor Set）：不在激活集中，但是根据UTRAN分配的相邻小区列表而被UE监测的小区集合。

③ 检测集（Detected Set）：既不在激活集中，也不在监测集中的小区集合。

#### 3. 软切换的分类

软切换的分类有以下3种。

① 同一Node B下的不同扇区间的软切换，通常称为更软切换。

② 同一RNC下不同Node B之间的切换。

③ 同一MSC下不同RNC之间的切换。

#### 4. 软切换判决事件

① Event1A：有小区进入报告范围。

② Event1B：有小区离开报告范围。

③ Event1C：有小区的信号优于激活集最差小区。

④ Event1D：最优小区改变。

⑤ Event1E：有小区的信号好于某一绝对门限值。

⑥ Event1F：有小区的信号差于某一绝对门限值。

事件报告的方式有两种：事件触发与周期性触发。

#### 5. 软切换过程

软切换过程总体来讲，共有3步。

（1）测量

RNC向UE发送测量控制消息，其中包括测量结果上报方式、测量对象、测量物理量、上报物理量和一些控制参数。UE按照要求测量，并上报测量结果。一般测量的量为公共

导频的 $E_c/N_o$。

（2）判决

RNC根据测量的结果对不同的小区分别进行存储，按照事件判决方法进行初始判决，对于事件的处理如下。

当有1A事件上报时，在目标小区能够接纳的情况下，发送激活集更新命令，将其加入激活集小区。

当有1B事件上报时，发送激活集更新命令，将触发1B的小区从激活集中删除。

当有1C事件上报时，在目标小区能够接纳的情况下，向UE发送激活集更新命令，替代将发生激活集的小区。

当有1D事件上报时，如果该小区不在激活集小区中，则将目标小区在能够接纳的情况下，发送激活集命令更新，将其加入激活集小区。

（3）执行

RNC向UE发送激活集更新的命令，UE进行切换。

### 2.8.1.2　硬切换

#### 1．基本原理

硬切换是指UE与原小区的无线链路断开后，才与新小区建立联系。在硬切换的过程中任何时刻都只有一条无线链路。

#### 2．分类

硬切换可以分为以下4种：

① 同频的硬切换；

② 频间的硬切换；

③ 系统间的硬切换（指与GSM、GPRS间的切换）；

④ 模式间的硬切换（指与TDD模式间的切换）。

#### 3．硬切换判决事件

① Event2A：最佳载频发生变化（即有非当前载频信号质量高于当前载频的信号质量）。

② Event2B：当前使用载频的信号质量低于一门限值，并且有一个未使用频率的估计质量高于一门限值。

③ Event2C：某个未使用载频信号质量高于某一门限值。

④ Event2D：当前载频的信号质量低于某个门限值。

⑤ Event2E：某个非当前载频的信号质量低于某个门限值。

⑥ Event2F：当前载频的信号质量评估高于某个门限值。

#### 4．硬切换过程

基本上也是分为测量、判决、执行3个步骤。判决依据的事件处理如下。

当有2A事件上报时，则将在虚拟激活集小区都能够接纳的情况下，发送重配置命令，将改变UE的使用频点，并重新发送测量控制命令。

当有2D事件上报时，则将打开压缩模式进行频间事件2A和2F的测量。

当有2F事件上报时，则将关闭压缩模式停止进行事件2A的测量，改为对事件2D的测量。

当有3A或3C事件上报时，则将UE切至异系统小区。

当进行频间和系统间测量时，一般采用压缩模式，在发送、接收过程中会有短暂的几毫秒的间断，用来进行对其他频率的测量；这样做并不会丢失数据，而是将数据在时域上压缩。

### 2.8.1.3 接力切换

#### 1. 接力切换的概念与过程

接力切换的概念见本书项目1的1.3.1.2节内容。

接力切换的优点是将软切换的高成功率和硬切换的高信道利用率综合起来，应用于不同载频的TD-SCDMA基站之间，甚至是TD-SCDMA系统与其他移动通信系统如GSM、IS95的基站之间，实现不中断通信、不丢失信息的理想的越区切换。

同步码分多址通信系统中的接力切换基本过程如图2-25所示。

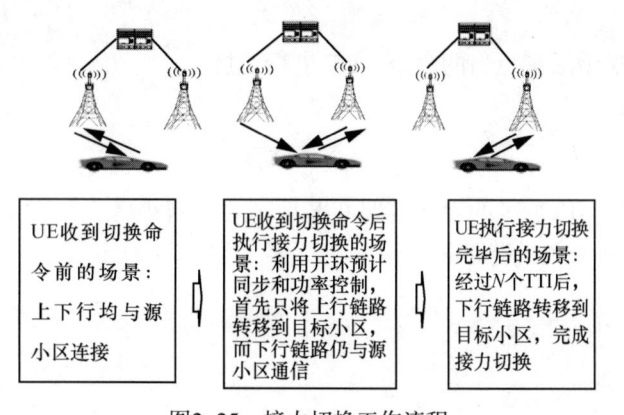

图2-25　接力切换工作流程

#### 2. 接力切换的优点

与通常的硬切换相比，接力切换除了要进行硬切换所进行的测量外，还要对符合切换条件的相邻小区的同步时间参数进行测量、计算和保持。接力切换使用上行预同步技术，在切换过程中，UE从源小区接收下行数据，向目标小区发送上行数据，即上下行通信链路先后转移到目标小区。上行预同步的技术在移动台与原小区通信保持不变的情况下，与目标小区建立起开环同步关系，提前获取切换后的上行信道发送时间，从而达到减少切换时间、提高切换的成功率、降低切换掉话率的目的。接力切换是介于硬切换和软切换之间的一种新的切换方法。

表2-3是对3种切换方式的比较，我们可以清楚地看到接力切换的优势。

表2-3　3种切换方式的比较

|  | 硬切换 | 接力切换 | 软切换 |
|---|---|---|---|
| 切换成功率 | 低 | 高 | 高 |
| 资源占用 | 少 | 少 | 多 |
| 切换时延 | 短 | 短 | 长 |
| 对容量的影响 | 低 | 低 | 高 |
| 呼叫掉话率 | 高 | 低 | 低 |

与软切换相比，两者都具有较高的切换成功率、较低的掉话率、较小的上行干扰等优点；不同之处在于接力切换不需要多个基站同时为一个移动台提供服务，因而克服了软切换需要占用的信道资源多、信令复杂、增加下行链路干扰等缺点。

与硬切换相比，两者具有较高的资源利用率、简单的算法、较轻的信令负荷等优点；不同之处在于接力切换断开原基站和与目标基站建立通信链路几乎是同时进行的，因而克服了传统硬切换掉话率高、切换成功率低的缺点。

传统的软切换、硬切换都是在不知道UE的准确位置下进行的，因而需要对所有邻小区进行测量，而接力切换只对UE移动方向的少数小区进行测量。

## 2.8.2 切换事件

3GPP TS 25.331中定义的与切换相关的事件如下。

- 频内软切换相关事件：1A ～ 1F

测量值一般为导频信道的$E_c/N_0$，用于反映某小区质量的好坏。3GPP定义了一系列的频内测量事件，在满足定义的条件时，UE会上报对应的事件，频内软切换相关事件见表2-4。

表2-4 频内软切换相关事件

| 事件 | 解释 |
| --- | --- |
| 1A | 目标小区质量变好，进入相对激活集质量的一个报告范围 |
| 1B | 目标小区质量变差，离开相对激活集质量的一个报告范围 |
| 1C | 一个非激活集小区质量好于某个激活集小区质量 |
| 1D | 最好小区发生变化 |
| 1E | 目标小区质量变好，高于一个绝对门限 |
| 1F | 目标小区质量变好，低于一个绝对门限 |

- 频间硬切换相关事件：2A ～ 2F

测量值一般用$E_c/N_0$，通过对不同频点小区的测量而最后反映出载频质量的好坏。在满足定义的条件时，UE会上报对应的事件，频间硬切换相关事件见表2-5。

表2-5 频间硬切换相关事件

| 事件 | 解释 |
| --- | --- |
| 2A | 最好频点发生改变 |
| 2B | 当前工作载频低于一个绝对门限且非工作载频高于一个绝对门限 |
| 2C | 非工作载频质量高于一个绝对门限 |
| 2D | 工作载频质量低于一个绝对门限 |
| 2E | 非工作载频质量低于一个绝对门限 |
| 2F | 工作载频质量高于一个绝对门限 |

- 系统间切换相关事件：3A ～ 3D

对于GSM系统，测量值为RSSI。在满足定义的条件时，UE会上报对应的事件，系统间切换相关事件见表2-6。

表2-6　系统间切换相关事件

| 事件 | 解释 |
| --- | --- |
| 3A | UTRAN工作载频的质量低于一个绝对门限且其他无线系统的质量高于一个绝对门限 |
| 3B | 其他无线系统的质量低于一个绝对门限 |
| 3C | 其他无线系统的质量高于一个绝对门限 |
| 3D | 其他系统的最好小区发生改变 |

### 2.8.3　切换算法

切换算法本质上是一个多输入多输出的系统，切换判决算法判决路径如图2-26所示。依据不同的触发原因，经过判决后产生不同的行为。后面章节则按照不同的触发原因对切换算法进行说明。

从图2-26中可以看出，切换判决算法内部分支较多，同时多输入可能会导致切换判决的并行处理，增加了判决的复杂性，所以必须采用某种措施对算法进行简化。

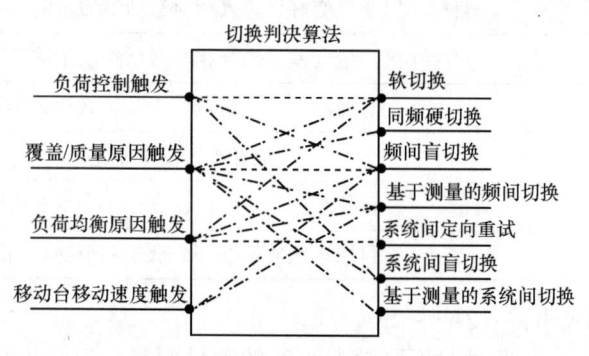

图2-26　切换判决算法判决路径

从算法的输入分析，负荷控制触发的切换主要是保证系统的安全，其优先级应该最高；覆盖/质量原因导致的切换是为了保证用户的服务质量，优先级次之；负荷均衡以及移动台移动速度触发的切换目的都是为了优化网络，优先级分别为再次之和最低。如果规定高优先级切换过程中屏蔽低优先级切换，而低优先级切换过程中可由高优先级切换中止并抢占，就可以将并发的切换判决串行化，大大降低了切换判决算法的复杂性。

 说明

切换进行过程指等待测量报告的过程，即除测量报告外，其他切换条件都已满足，只需要得到满足切换条件的测量值即可切换。

### 2.8.3.1　基于负荷控制原因触发的切换

根据Node B的公共测量报告,如果上报的RTWP或TCP超过了预设的上行或下行门限,则负荷控制模块会启动,将一部分用户切到同频、异频或异系统邻区以降低系统的负荷,保证系统的安全。

#### 1.软切换

当某小区的负荷超过了负荷控制门限,则触发基于负荷控制的切换。系统首先选择在该小区中处于宏分集状态的用户,按照用户和业务的优先级从低到高排序,从这个队列中选择级别最低的用户,分批次强制切换掉其在本小区中的无线链路。切换判决算法的输出是一个软切换—链路删除的操作,该判决是系统过载后的第一反应,优先级最高。

#### 2.频间盲切换

如果经过如2.8.1.1节描述的软切换处理后小区仍然过载,且本小区有一个同覆盖的异频邻区,则系统分批次强制将本小区中的用户切换到同覆盖的异频邻区中。

异频盲切换的优先级低于软切换的考虑是这样的:同覆盖的小区间一般会启动负荷均衡,负荷均衡保证了同覆盖的两个异频小区间负荷不会相差太大,当其中一个过载时,其同覆盖的异频邻区负荷也相当高了,很容易由于负荷的原因导致接纳失败而无法切换。

对于非同覆盖的频间邻区,如果要进行频间切换,必须打开频间测量,而频间测量往往需要激活压缩模式,增加小区负荷的开销,加重系统的负担,因此过载情况下不考虑非同覆盖频间切换。

#### 3.系统间盲切换

系统间切换的优先级最低是考虑到2G系统的承载能力有限,对于3G特有的业务,其向2G的切换也就意味着业务的失败,同时系统间切换的成功率相对系统内切换更低一些,所以经过频间盲切换的处理后,最后再考虑系统间切换。

出于与频间盲切换同样的原因,过载情况下不考虑非同覆盖的系统间切换。

### 2.8.3.2　基于覆盖原因触发的切换

用户移动的任意性和小区覆盖的有限性决定了用户必然会存在移动出某一个小区覆盖范围的情况,这样就需要基于覆盖的切换。切换有可能为同频、异频或系统间的切换。无线通信系统中发生量最大的切换就是覆盖切换。

#### 1.软切换

用户移动到同频小区之间,频内测量已经打开,如果邻区上报1A事件,则系统将邻区加入激活集。如果当前激活集小区上报1B事件,则系统将邻区从激活集中删除。如果邻区上报1C事件,则系统进行软切换替换的判决,用邻区替换掉激活集最差小区。

#### 2.同频硬切换

在某些场景下,即使是同频邻区间的切换,也不能通过软切换而必须通过硬切换实现。为了保证切换成功率,同频硬切换使用1D事件而不使用1A事件进行判决,即最好小区发生改变时才进行同频硬切换,如果目标小区仅仅满足1A事件的触发门限则不做出同频硬切换的判决。

同频硬切换的发生场景包括如下几种情况。

① 激活集小区和目标小区分集模式不同。

② 频内测量报告消息中不包含目标小区OFF和TM的信息。

③ 无Iur接口的同频硬切换。

④ 激活集小区和目标小区是否支持多用户选择的属性不同。

⑤ UE下行实时速率是否大于软切换允许的最大门限。

### 3.频间盲切换

用户向小区边缘移动，所有激活集小区的质量都变差小于一个预设的门限，如果激活集最好小区有一个同覆盖的异频邻区，则通过盲切换将用户切换到这个同覆盖的异频邻区中。

此类切换主要应用于分层小区的结构中，如整个城市为频点f1的小区覆盖，在热点地区为了增加容量设置了频点为f2的小区，f2小区可以是和f1小区同样大小的宏小区，或者小于f1小区覆盖的微小区，且f2小区不能保证连续覆盖。在这样的场景下，驻留在f2小区的用户向f2小区的覆盖边缘移动，用户激活集中小区的信号质量越来越差，如果用户当前激活集最好小区有同覆盖的f1小区，则该用户可不打开频间测量，通过盲切换切换到f1小区，并通过f1小区中的软切换保证用户的移动性要求。

需要强调的是，如果目标小区与当前小区互为同覆盖且目标小区在其频点内为一孤岛，则不进行盲切换，这是由于切换后对用户的覆盖质量没有任何改善，且容易引起乒乓切换。

在保证切换成功率的前提下不打开频间测量，不激活频间测量对应的压缩模式，可以避免压缩模式激活过程中给系统增加负荷，提高了系统的容量和稳定性。

### 4.基于测量的频间切换

对于频间邻区不同覆盖的情况，无法确定用户所处位置异频小区的质量，必须打开频间测量。由于频间测量对应的压缩模式过程会增加系统的负荷，所以需要尽量减少压缩模式的开启时间。只有在用户激活集质量变差，低于一个绝对门限的前提下才能将频间测量打开，激活其对应的压缩模式；只要激活集质量变好，高于一个绝对门限，就关闭频间测量，去激活压缩模式。采用这种方法可以最大限度地减少压缩模式的开启时间，降低了系统的负荷，同时使频间测量更具针对性，提高了频间切换进行的必要性。

在进行测量的判决时，根据后台的配置，使用2A、2B或2C事件触发切换。

### 5.系统间盲切换

2G网的覆盖已经相当广泛并且还在不断地发展，3G网在相当长的一段时间内覆盖都不可能超过2G网，当用户移动到3G网络的覆盖边缘或盲点地区时，为保证用户的服务质量，进行3G到2G的切换是必然的选择。

系统间的盲切换也是建立在2G小区是3G小区同覆盖的基础之上进行的，如果用户激活集小区质量都低于一个绝对门限且没有合适的频间邻区进行切换，为保证用户的通话质量，系统会将该用户盲切换到当前激活集最好小区同覆盖的2G小区中。

### 6.基于测量的系统间切换

对于系统间邻区非同覆盖的情况，为保证切换成功率，必须通过系统间测量进行触发。由于系统间测量业务往往要打开压缩模式，基于与2.8.1.1节同样的考虑，只有在当前激活集小区质量低于一个门限时才能打开系统间测量；如果当前激活集小区质量变好，则要关闭系统间测量。

系统间切换使用3A事件进行判决，针对不同的业务采用不同的判决门限。

对于2G系统也能提供相应的服务业务，如AMR业务，其切换质量和切换掉话用户主观感受明显，保证其切换成功率是首要目标。而对于2G支持能力有限的业务，如PS域业务，3G到2G的PS切换往往伴随着QoS的降低，用户速率会大打折扣，在这种情况下，保证切换成功率的同时还要尽可能地使用户停留在3G网中，享受3G网络提供的优质服务。

由于不同业务的切换策略不同，需要针对不同的业务配置不同的3A事件门限和迟滞，尽量提高AMR类业务的切换成功率，而PS类业务兼顾切换成功率和在3G网的驻留时间。一般来讲，通过门限的设置，AMR类业务的系统间切换相对容易一些，PS类业务的系统间切换相对较难。

对于2G系统支持的并发业务，如果其中包含CS业务，系统间切换采用CS类业务的3A事件门限进行判决。

### 2.8.3.3 基于负荷均衡原因触发的切换

#### 1.软切换

负荷均衡触发的软切换一般是指在呼叫保持过程中，用户在小区间移动触发1A事件，如果该邻区负荷较高达到预设的负荷均衡门限且当前激活集最好小区负荷余量与该邻区负荷余量之差大于负荷均衡余量差值门限，则暂不将该邻区加入激活集。只有当该邻区触发了1D事件，如果不满足频间符合均衡的条件，为了保证业务的服务质量，才将该邻区加入激活集。

可以看出，负荷均衡条件满足时软切换的触发事件由1A变成了1D，一般1A和1D有几个dB的差距，这就意味着切换区向负荷较重的小区偏移，达到了负荷轻的小区覆盖变大，负荷重的小区覆盖减小的目的，实现了小区间的负荷均衡。

需要注意的是，此处的均衡是有条件的，在进行负荷均衡的同时不能影响业务的质量，也就是说均衡后并不一定能够保证小区负荷的均衡。

与1A事件类似，当1C事件触发时，如果触发1C事件的邻区负荷较高，超过了负荷均衡的门限，触发1C事件的激活集小区负荷余量与该邻区负荷余量之差大于负荷均衡余量差值门限，则暂不进行替换的操作，直到该邻区触发1D事件再将其加入激活集。如果在加入过程中激活集数目超过了最大激活集数目，则删除激活集中质量最差的链路，通过一个软切换替换的过程实现。

#### 2.频间盲切换

负荷均衡触发的频间盲切换一般是指：

在呼叫保持过程中，用户在小区间移动触发了1D事件，如果触发事件的小区是激活集小区，且该小区负荷较高超过了负荷均衡的门限，且该小区有一个同覆盖的频间邻区，该邻区的负荷余量与触发1D事件小区的负荷余量之差大于负荷均衡的负荷差值门限，则将该用户切换到异频邻区中；如果触发1D事件的小区是同频邻区，且该小区负荷较高超过了负荷均衡的门限，该小区有一个同覆盖的异频邻区，该异频邻区与触发1D事件的小区负荷余量差大于负荷均衡差值门限，则将用户硬切换到其邻区的同覆盖异频邻区中。

### 3.基于频间测量的频间切换

在呼叫保持过程中，由于用户的移动或小区负荷等原因而进行的基于频间测量的负荷均衡触发的切换。

【场景一】

在分层的小区结构中，从微小区向其同覆盖的宏小区负荷均衡可以通过如2.8.3.2节所述的盲切换流程进行，而从宏小区向微小区进行负荷均衡则不能通过同样的盲切换进行。因为宏小区的覆盖范围远大于微小区，RNC不能确定处于宏小区中的UE其对应的微小区质量如何（甚至就根本没有对应的微小区），所以执行从宏小区向微小区的负荷均衡必须打开频间测量。

从宏小区向微小区进行负荷均衡是由Node B的公共测量报告触发的。Node B上报了公共测量报告后，RNC根据如下3个条件是否同时满足来决定频间测量的开启。

① 宏小区负荷增大超过了系统内负荷均衡的门限。

② 频间邻区中存在 $a$ 个的邻区其负荷余量与宏小区的负荷余量之差大于频间负荷均衡负荷差值的门限，其中 $a$ 大于0。

③ 在这 $a$ 个频间邻区中没有同覆盖的频间邻区且其中 $a'$ 个频间邻区完全包含在当前宏小区之内，其中 $a'>0$。

在满足上述3个条件的前提下，RNC在该宏小区中选择不处于宏分集状态的用户（选择的方式可以按照用户和业务的优先级，从低到高进行选择，根据配置一次选择一个或多个），打开针对这 $a'$ 个邻区的频间测量。

需要说明以下两点。

① 按照上述方式打开频间测量后，并不一定能在 $a'$ 个小区中找到满足切换条件的小区，原因是用户当前所处的宏小区覆盖区域中可能就没有微小区。RNC周期性地检查宏小区的负荷情况，如果上述3个条件都满足，则RNC关闭那些基于负荷均衡开启的频间测量，选择新的用户重新打开频间测量，以保证负荷均衡执行的有效性。

② 此处选择不处于宏分集状态的用户是考虑到目标小区是完全包含在当前宏小区中的微小区，为了使频间测量开启更有针对性，对处于宏小区边缘宏分集状态的用户不打开频间测量。

【场景二】

室内覆盖和室外覆盖使用不同的频点，如室内使用频点f1，室外使用频点f2，同时为了增加容量，室外的f2频点小区有一个同覆盖的f3小区。由于f1和f2/f3都是邻区且不同覆盖，当用户从f1向f2/f3小区移动时，必然会打开频间测量，f2/f3小区的质量满足切换需要时，系统从同覆盖的f2/f3小区中选择一个负荷较轻的小区作为切换的目标小区。

### 4.系统间定向重试

对于2G小区是3G小区同覆盖的情况，除了由于负荷或覆盖原因引起的盲切换外，还可以进行定向重试，即RNC在业务的指派过程中发现当前用户驻留小区负荷较高，超过了系统间负荷均衡的门限，同时用户当前申请的业务为AMR业务，则RNC会要求CN进行定向重试，最后通过系统间切换命令消息将用户切换到同覆盖的2G系统中。

由于2G/3G系统间无法互通系统的负荷信息，系统间负荷均衡存在一定的盲目性，有可能目标小区的负荷也很高甚至不能接纳。因此负荷均衡触发的系统间切换只考虑接入过程中的系统间定向重试而不进行呼叫保持过程中的盲切换，因为盲切换失败会导致掉话，用户对掉话的感受较呼叫无法接通更差。

### 2.8.3.4　基于移动台移动速度的切换

在HCS结构的小区中，微小区用于吸纳低速移动的用户，宏小区用于吸纳高速移动的用户。如果用户在单位时间内最好小区改变的次数超过了高速移动的门限次数，则可以认为该用户高速移动。如果在一定的时间内用户最好小区改变的次数低于低速移动的门限次数，且最近发生最好小区改变的时间与当前时间的差超过了一个预设的时间差门限，则可认为用户是低速移动。通过合理分配高速和低速用户的分布，可以增加系统的容量，减少切换的次数，优化系统的性能。

**1.频间盲切换**

对于HCS结构的小区，如果判决用户的移动速度快，则需要将用户从微小区向宏小区切换；如果此时该微小区有同覆盖的宏小区，则通过频间盲切换将用户切换到小于且最接近于当前驻留小区HCS级别的宏小区中。HCS级别越高的小区其覆盖范围越小。

**2.基于测量的频间切换**

对于HCS结构的小区，如果判决用户的移动速度慢，需要将用户从宏小区向微小区切换，如果此时该宏小区包含多个HCS高级别的微小区，由于不是同覆盖的关系，需要打开频间测量，对宏小区包含的所有高级别的HCS小区进行测量，只有其质量满足切换要求才能进行HCS低级别小区向高级别HCS小区的切换。

### 知识总结

本项目首先介绍了无线环境的特点，然后讲解了移动信息的处理流程，包括信道编码与交织，重点需要掌握扩频技术，包括原理、过程、特点以及扩频码，接着介绍了加扰与调制，功率控制技术是一项所有移动通信系统中都有的技术，在3G里面包括开环功控和闭环功控，需熟练掌握。

紧接着介绍完Rake接收、多用户检测、分集技术后，最后讲解了切换技术，切换技术同样作为所有移动通信系统中都有的技术，也要求重点掌握，其中包括切换的分类、事件以及算法。

### 思考与练习

1. 介绍远近效应。
2. 扩频通信的特点有哪些？
3. 上下行功率控制的作用是什么？
4. 闭环内环和闭环外环功率控制分别是依据什么进行指令下发的？
5. RAKE接收机有3种合并方式，分别是什么？
6. 介绍分集技术的分类。
7. 介绍切换的分类，频内软切换相关事件。

**实践活动**

## 热点话题分析

一、话题分析

1．第三代移动通信技术包含哪几种主流的标准。

2．以 WCDMA 为主，对比 WCDMA 系统与 GSM 系统的区别。

二、分析要求

各学员通过复习所学知识、上网查找资料等方式完成。

三、分析内容

1．列举出 WCDMA 系统和 GSM 系统采用的多址技术。

2．列举出 WCDMA 系统和 GSM 系统采用的关键技术。

3．列举出中国 WCDMA 网络和 GSM 网络采用的频段。

4．分组讨论：WCDMA 系统与 GSM 系统在功率控制技术方面的不同；WCDMA 系统与 GSM 系统在切换技术方面的不同以及其他方面的不同，如网络结构以及接口的不同、网络规划的不同等。

 # 项目 3 无线信道探秘

## ▶▶3.1 UTRAN信道介绍

UTRAN的信道分为：逻辑信道、传输信道、物理信道。

在UTRAN空中接口的协议模型中，MAC层完成逻辑信道到传输信道的映射，PHY层完成传输信道到物理信道的映射。所以，逻辑信道和传输信道的位置如图3-1所示。

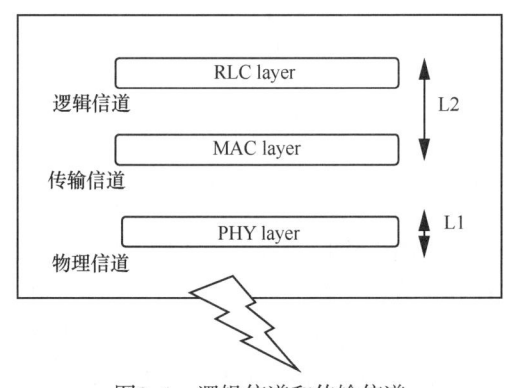

图3-1 逻辑信道和传输信道

### 3.1.1 逻辑信道

MAC层实现逻辑信道与传输信道的映射，为逻辑信道提供数据传输业务，对于由MAC提供的不同数据传送业务定义了一整套逻辑信道类型，每个逻辑信道由其所传送的信息类型所定义，逻辑信道的结构如图3-2所示。

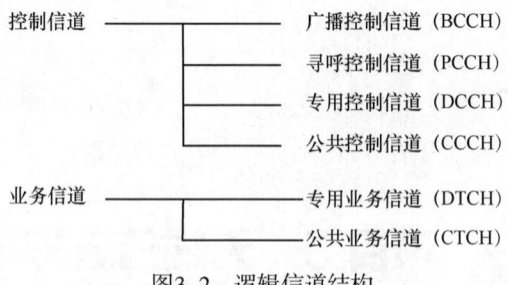

图3-2 逻辑信道结构

控制信道只用于控制平面信息的传送，包括广播控制信道（BCCH）、寻呼控制信道（PCCH）、公共控制信道（CCCH）、专用控制信道（DCCH）。

业务信道只用于用户平面信息的传送，包括专用业务信道（DTCH）和公共业务信道（CTCH）。

## 3.1.2　传输信道

传输信道是由底层提供给高层的服务，传输信道定义无线接口数据传输的方式和特性。传输信道分为专用信道和公共信道两大类，它们之间的主要区别在于公共信道可由小区内的所有用户或一组用户共同分配使用，而专用信道资源仅仅是为单个用户预留的，如图3-3所示。

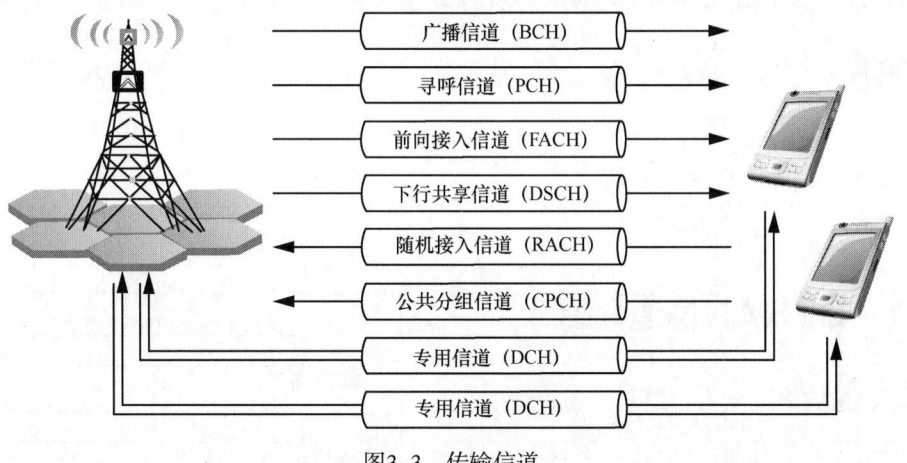

图3-3 传输信道

专用传输信道仅存在1种，即专用信道（DCH）。DCH用于发送特定用户物理层以上的所有信息，其中包括实际业务的数据以及高层控制信息。

公共传输信道共有6种：BCH、FACH、PCH、RACH、CPCH和DSCH。与2G系统不同的是，3G系统可以在公共信道和下行链路共享信道中传输分组数据。同时，公共信道不支持软切换，但一部分公共信道可以支持快速功率控制。

（1）广播信道（BCH）

广播信道是下行传输信道，用来发送UTRA网络或某一给定小区的特定信息。每个网络所需的最典型数据包括小区内可用的随机接入码、接入时隙、该小区中其他信道使用的发射分集方式。

（2）前向接入信道（FACH）

前向接入信道是下行传输信道，用于向终端发送控制信息的下行链路传输信道。也就是说，该信道用于基站接收到随机接入消息之后。系统可以在FACH中向终端发送分组数据。

一个小区中可以有多个FACH，但其中必须有一个具有较低的比特速率，以使该小区范围内的所有终端都能接收到，其他FACH可以具有较高的数据速率。

（3）寻呼信道（PCH）

寻呼信道是用于发送与寻呼过程相关数据的下行链路传输信道，用于网络与终端进行初始化。最简单的一个例子是向终端发起语音呼叫，网络使用终端所在区域内的小区的寻呼信道，向终端发送寻呼消息。寻呼消息可以在单个小区内发送，也可以在几百个小区内发送，这取决于系统配置。

（4）随机接入信道（RACH）

随机接入信道是用来发送来自终端的控制信息（如请求建立连接）的上行链路传输信道。它同样也可以用来发送终端到网络的少量分组数据。

（5）公共分组信道（CPCH）

公共分组信道是RACH的扩展，用来在上行链路方向发送基于分组的用户数据。

（6）下行共享信道（DSCH）

下行共享信道是用来发送专用用户数据和控制信息的传输信道，它可以由几个用户共享。

## 3.1.3 物理信道

物理信道是各种信息在无线接口传输时的最终体现形式，每种使用特定的载波频率、码（扩频码和扰码）以及载波相对相位的信道都可以理解为一类特定的信道。物理信道按传输方向可分为上行物理信道与下行物理信道。

### 3.1.3.1 上行物理信道

有两个上行专用物理信道——上行专用物理数据信道（DPDCH）和上行专用物理控制信道（DPCCH）以及两个上行公共物理信道——物理随机接入信道（PRACH）和物理公共分组信道（PCPCH），如图3-4所示。

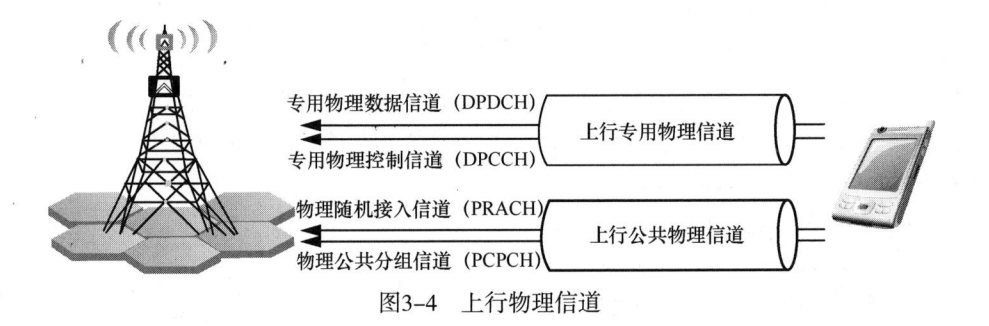

图3-4 上行物理信道

### 3.1.3.2 上行专用物理信道

上行专用物理信道分为上行专用物理数据信道（上行DPDCH）和上行专用物理控制信道（上行DPCCH）。DPDCH和DPCCH在每个无线帧内是I/Q码复用。

上行DPDCH用于传输专用传输信道（DCH）。在每个无线链路中可以有0个、1个或者几个上行DPDCH。

上行DPCCH用于传输L1产生的控制信息。L1的控制信息包括支持信道估计以进行相干检测的已知导频比特、发射功率控制指令（TPC）、反馈信息（FBI）以及一个可选的传输格式组合指示（TFCI）。TFCI将复用在上行DPDCH上的不同传输信道的瞬时参数通知给接收机，并与同一帧中要发射的数据相对应。在每个层一连接中有且仅有一个上行DPCCH。

图3-5是上行专用物理信道的帧结构。每个帧长10 ms，分成15个时隙，每个时隙长度为$T_{slot}$ = 2560 chip，对应一个功率控制周期，即一个功率控制周期为10/15ms。

图3-5中的参数$k$决定每个上行DPDCH/DPCCH时隙的比特数。它与物理信道的扩频因子$SF$有关，$SF = 256/2^k$。DPDCH的扩频因子的变化范围为256、128、64、32、16和4，上行DPCCH的扩频因子固定为256，即每个上行DPCCH时隙有10比特。

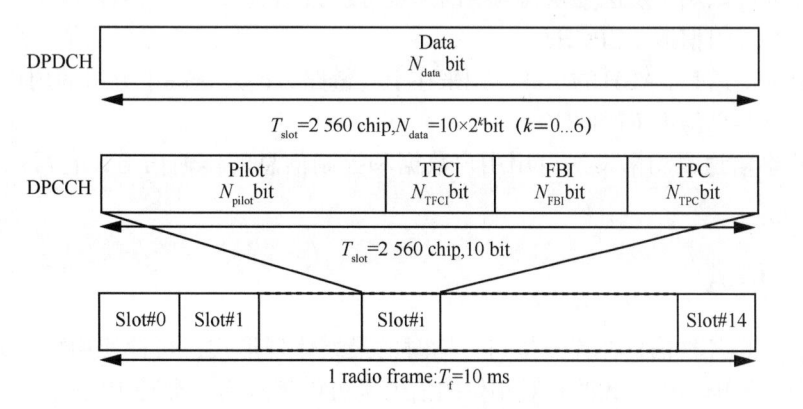

图3-5　上行专用物理信道帧结构

上行DPDCH确切的比特数和上行DPCCH的各个字段（$N_{pilot}$、$N_{TFCI}$、$N_{FBI}$和$N_{TPC}$）的比特数由高层按照业务类型的不同配置不同的时隙格式。

FBI比特用于支持在UE和UTRAN接入点之间（即小区收发信机）需要反馈的技术，它包括闭环模式发射分集和地点选择分集（SSDT）。FBI由S字段和D字段组成，其中S字段用于SSDT信令，D字段用于闭环模式发射分集信令。S字段由0、1和2比特组成。D字段由0或1比特组成。总的FBI字段的大小$N_{FBI}$在不同时隙格式情况下不同。

有两种类型的上行专用物理信道：包括TFCI的（如几个同时发生的业务）和不包括TFCI的（如固定速率业务）。UTRAN决定是否需要发射TFCI和是否要求所有的UE在上行链路中支持TFCI。

导频比特$N_{pilot}$为3、4、5、6、7和8。其中的FSW可以用于帧同步的确认。

TPC比特与发射机功率控制指令对应。

上行专用物理信道可以进行多码操作。当使用多码传输时，几个并行的DPDCH使用不同的信道化码进行发射。值得注意的是，每个连接只有一个DPCCH。

可以用一个功率控制前缀来初始化一个DCH。在功率控制前缀期，功率控制前缀的长度是高层参数$N_{\text{pcp}}$，由网络通过信令方式给出。在功率控制前缀期以后，UL DPCCH都应该使用相同的时隙格式。

### 3.1.3.3 上行公共物理信道

• 物理随机接入信道（PRACH）：随机接入信道的传输是基于带有快速捕获指示的时隙ALOHA方式。UE可以在一个预先定义的时间偏置开始传输，表示为接入时隙。每两帧有15个接入时隙，间隔为5120码片。当前小区中哪个接入时隙的信息可由高层信息给出的。PRACH分为前缀部分和消息部分。随机接入发射的结构如图3-6所示。随机接入发射包括一个或者多个长为4096码片的前缀和一个长为10ms或20ms的消息部分。

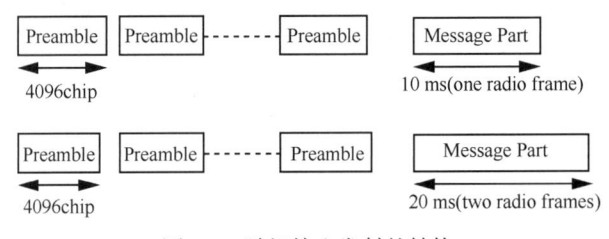

图3-6 随机接入发射的结构

随机接入的前缀部分长度为4096chip，是对长度为16chip的一个特征码（signture）的256次重复，总共有16个不同的特征码。

PRACH消息部分10ms被分作15个时隙，每个时隙的长度为$T_{\text{slot}} = 2560$chip。每个时隙包括两个部分：一个是数据部分，RACH传输信道映射到这部分；另一个是控制部分，用来传送L1控制信息。数据和控制部分是并行发射传输的。

一个10ms消息部分由一个无线帧组成，而一个20ms的消息部分是由两个连续的10ms无线帧组成。消息部分的长度可以使用的特征码和接入时隙决定，这是由高层配置的。数据部分包括$10 \times 2k$比特，其中$k = 0$、1、2、3。对消息数据部分来说分别对应着扩频因子256、128、64和32。控制部分包括8个已知的导频比特，用来支持用于相干检测的信道估计，以及2个TFCI比特，对消息控制部分来说这对应的扩频因子为256。

在随机接入消息中，TFCI比特的总数为$15 \times 2 = 30$比特。TFCI值对应于当前随机接入消息的一个特定的传送格式。在PRACH消息部分长度为20ms的情况下，TFCI将在第二个无线帧中重复。

• 物理公共分组信道（PCPCH）：CPCH的传输是基于快速捕获指示的DSMA-CD（Digital Sense Multiple Access-Collision Detection）方法。UE可在一些预先定义的与当前小区接收到的BCH的帧边界相对的时间偏置处开始传输。接入时隙的定时和结构与RACH相同。CPCH随机接入传输的结构如图3-7所示。CPCH随机接入传输包括一个或多个长为4096chip的接入前缀（A-P），一个长为4096chip的冲突检测前缀（CD-P），一个长度为0时隙或

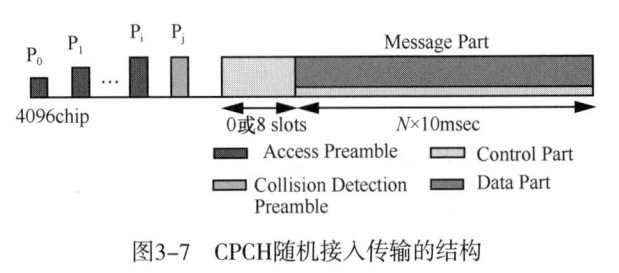

图3-7 CPCH随机接入传输的结构

8时隙的DPCCH功率控制前缀（PC-P）和一个可变长度为 $N \times 10\text{ms}$ 的消息部分。

CPCH接入前缀部分：与RACH前缀部分类似，使用了RACH前缀的特征序列，但使用的数量要比RACH前缀少。扰码的选择为组成RACH前缀扰码的Gold码中一个不同的码段，也可在共享特征码的情况下使用相同的扰码。

CPCH冲突检测前缀部分：与RACH前缀部分类似，使用了RACH前缀特征序列。扰码的选择为组成RACH和CPCH前缀扰码的Gold码中一个不同的码段。

CPCH功率控制前缀部分：功率控制前缀部分叫作CPCH功率控制前缀（PC-P）部分。功率控制前缀长度似一个高层参数，Lpe-preamble可以是0或8时隙。TFCI字段应用1比特填充。

CPCH消息部分：CPCH消息部分的结构与上行专用信道过程相同，每个消息包括最多N_Max_frames作为一个高层参数。每个10ms帧分成15个时隙，每个时隙长度为 $T_{\text{slot}} = 2560\text{chip}$。每个时隙包括两个部分：用来传送高层信息的数据部分和用于控制L1信息的控制部分。数据和控制部分是并行发射的。CPCH消息部分的控制部分扩频因子为256。

### 3.1.3.4　下行物理信道

下行物理信道有一个下行专用物理信道、一个共享物理信道和5个公共控制物理信道：

① 下行专用物理信道（DPCH）；

② 基本和辅助公共导频信道（CPICH）；

③ 基本和辅助公共控制物理信道（CCPCH）；

④ 同步信道（SCH）；

⑤ 物理下行共享信道（PDSCH）；

⑥ 捕获指示信道（AICH）；

⑦ 寻呼指示信道（PICH）。

下行物理信道如图3-8所示。

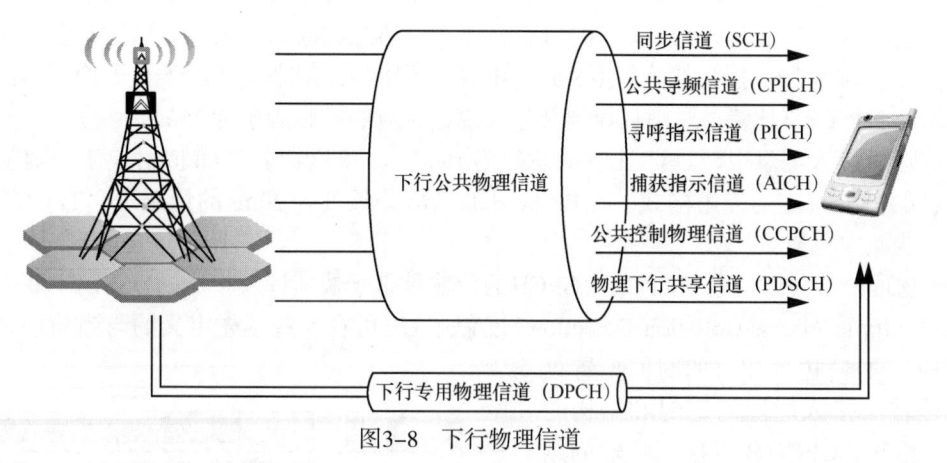

图3-8　下行物理信道

### 3.1.3.5　下行专用物理信道

下行专用物理信道只有一种类型，即下行DPCH。在一个DPCH内，专用数据在层2或更高层产生，即专用传输信道（DCH），是与L1产生的控制信息（包括已知的导频比特、

TPC指令和一个可选的TFCI）以时间分段复用的方式进行传输发射。因此下行DPCH可看作是一个下行DPDCH和下行DPCCH的时间复用。图3-9显示的是下行DPCH的帧结构。每个长10ms的帧被分成15个时隙，每个时隙长为$T_{slot}$ = 2560chip，对应一个功率控制周期。

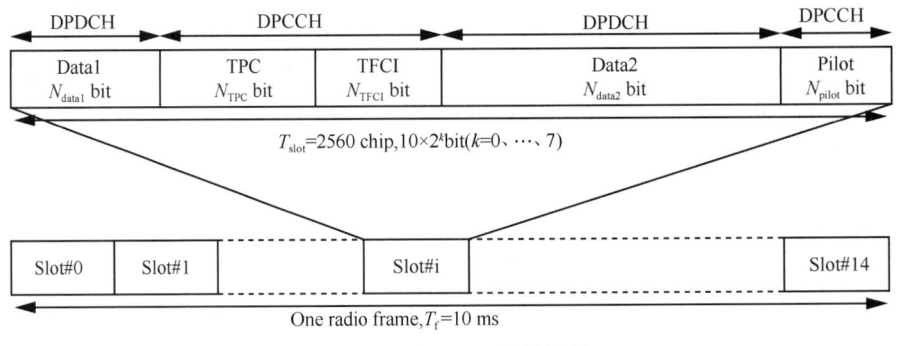

图3-9　下行DPCH的帧结构

图中的参数k确定了每个下行DPCH时隙的总比特数。它与物理信道的扩频因子有关，即 $SF = 512/2k$。因此扩频因子的变化范围为512～4。不同下行DPCH的实际比特数（$N_{pilot}$、$N_{TPC}$、$N_{TFCI}$、$N_{data1}$和$N_{data2}$），由高层配置不同时隙格式确定，支持17种不同的时隙格式。

有两种类型不同的下行专用物理信道：包括TFCI（如用于一些同时发生的业务）的物理信通和不包括TFCI的物理信道（如用于固定速率业务的）。由UTRAN决定TFCI是否应该被发射，对所有UEs而言，必须在下行链路上支持TFCI的使用。

下行DPCCH的导频比特模式$N_{pilot}$ = 2、4、8和16。

TPC符号与发射功率控制命令"0"或"1"的关系对应。

下行链路可以使用多码发射，即一个CCTrCH可以映射到几个并行的使用相同的扩频因子的下行DPCH上。在这种情况下，L1的控制信息仅放在第一个下行DPCH上，在对应的时间段内，属于次CCTrCH的其他的下行DPCH发射DTX比特。当映射到不同的DPCH的几个CCTrCH发射给同一个UE时，不同CCTrCH映射的DPCH可使用不同的扩频因子。在这种情况下，L1的控制信息仅放在第一个下行DPCH上，在对应的时间段内，属于此CCTrCH的其他下行DPCH发射DTX比特。

### 3.1.3.6　下行公共物理信道

公共导频信道（CPICH）为固定速率（30kbit/s，$SF = 256$）的下行物理信道，用于传送预定义的比特/符号序列。有两种类型的公共导频信道：基本和辅助CPICH。它们的用途不同，区别仅限于物理特性。

基本公共导频信道（P-CPICH）总是使用同一个信道化码，对基本扰码进行扰码，每个小区有且仅有一个CPICH，在整个小区内进行广播。P-CPICH是下面各个下行信道的相位基准：SCH、P-CCPCH、AICH、PICH、AP-AICH、CD/CA-ICH、CSICH和PCH映射的S-CCPCH。P-CPICH也是FACH映射S-CCPCH和下行DPCH缺省相位基准，如果P-CPICH不是RACH映射的S-CCPCH和下行DPCH的相位基准，需要高层通知UE。

辅助公共导频信道（S-CPICH）可使用 $SF=256$ 的信道化码中的任一个，可用基本或辅助扰码进行扰码，每个小区可有 0、1 或多个 S-CPICH，可以在全小区或小区的一部分进行发射，S-CPICH 可以是 S-CCPCH 和下行 DPCH 的基准。

公共控制物理信道分为基本公共控制物理信道（P-CCPCH）和辅助公共控制物理信道（S-CCPCH）。

P-CCPCH 为一个固定速率（30kbit/s，$SF=256$）的下行物理信道，用于传输 BCH。与下行 DPCH 帧结构的不同之处在于没有 TPC 指令、TFCI、导频比特。在每个时隙的第一个 256chip 内，P-CCPCH 不进行发射，在这段时间内，将发射基本 SCH 和辅助 SCH。

S-CCPCH 用于传送 RACH 和 PCH。有两种类型的 S-CCPCH：包括 TFCI 的 S-CCPCH 和不包括 TFCI 的 S-CCPCH，是否传输 TFCI 由 UTRAN 确定。因此对所有的 UE 来说，支持 TFCI 是必要的。S-CCPCH 可能的速率集与下行 DPCH 相同。每个下行 S-CCPCH 时隙的总比特数与其物理信道的扩频因子 $SF$ 有关，$SF = 256/2k$，扩频因子 $SF$ 的范围为 256～4。FACH 和 PCH 可以映射到相同的或不同的 S-CCPCH。

S-CCPCH 和一个下行专用物理信道的主要区别在于 CCPCH 不是内环功率控制。P-CCPCH 和 S-CCPCH 的主要区别在于 P-CCPCH 是一个预先定义的固定速率而 S-CCPCH 可以通过 TFCI 来支持可变速率。进一步讲，P-CCPCH 是在整个小区内连续发射的而 S-CCPCH 可以采用专用物理信道相同的方式以一个窄瓣波束的形式来发射。

同步信道（SCH）是一个用于小区搜索的下行链路信号，两个子信道，基本和辅助 SCH。基本和辅助 SCH 的 10ms 无线帧分成 15 个时隙，每个长为 2560chip。基本 SCH 包括一个长为 256chip 的调制码，基本同步码（PSC），每个时隙发射一次，系统中每个小区的 PSC 是相同的。辅助 SCH 重复发射一个有 15 个序列的调制码，每个调制码长 256chip，辅助同步码（SSC），与基本 SCH 并行进行传输。SSC 用 $cs_i$、$k$ 来表示，其中 $i=0$，1，…，63 时为扰码码组的序号，$k=0$，1，2，…，14 为时隙号。每个 SSC 是从长为 256 的 16 个不同码中挑选出来的一个码。在辅助 SCH 上的序列表示小区的下行码属于哪个码组。

物理下行共享信道（PDSCH）用于传送下行共享信道（DSCH），一个 PDSCH 对应于一个 PDSCH 根信道码或下面的一个信道码。PDSCH 的分配是在一个无线帧内，基于一个单独的 UE。在一个无线帧内，UTRAN 可以在相同的 PDSCH 根信道码下，基于码复用，给不同的 UE 分配不同的 PDSCH。在同一个无线帧中，具有相同扩频因子的多个并行的 PDSCH，可以被分配给一个单独的 UE。在相同的 PDSCH 根信道码下的所有 PDSCH 都是帧同步的。在不同的无线帧，每个 PDSCH 总是与一个下行 DPCH 随路。PDSCH 与随路的 DPCH 并不需要有相同的扩频因子，也不需要帧对齐。在随路的 DPCH 的 DPCCH 部分发射所有与 L1 相关的控制信息，集 PDSCH 不携带任何 L1 信息。为了告知 UE，在 DSCH 上有数据需要解码，将使用两种可能的信令方法，或者使用 TFCI 字段，或使用在随路的 DPCH 上携带的高层信令。使用基于 TFCI 的信令方法时，TFCI 除了告知 UE，PDSCH 的信道码外，还告知 UE 与 PDSCH 相关的瞬时传输格式参数。对 PDSCH 来说，允许的扩频因子的范围为 256～4。

RACH 接入捕获指示信道（AICH）：捕获指示信道（AICH）时，一个用于传输捕获指示（AI）的物理信道。捕获指示 Ais 对应于 PRACH 上的特征码。

AICH 的结构由重复的 15 个连续的接入时隙（AS）的序列组成，每个长为 5120chip。

每个接入时隙由两部分组成：一个是接入指示（AI）部分，由32个实数值符号a0，…，a31组成；另一个是持续1024比特的空闲部分，AICH化的扩频因子是256，AICH的相位参考是基本CPICH。

CPCH接入前缀捕获指示信道（AP-AICH）是一个固定速率（$SF = 256$）用来传送CPCH的AP捕获指示（API）的物理信道。AP捕获指示API对应于UE发射的AP特征码S。AP-AICH和AICH可以使用相同的或不同的信道码。AP-AICH的相位参考是基本CPICH，AP-AICH用一个长为4096chip的部分来发射AP捕获指示（API），后面的1024chip为空闲部分。

CPCH冲突检测/信道分配指示信道（CD/CD-ICH）：冲突检测信道分配指示信道（CD/CD-ICH）是一个固定速率（$SF=256$）的物理信道。当CA不活跃时，用来传送CD指示（CDI）；当CA活跃时，用来同时传送CD/CA指示（CDI/CAI）。CD/CA-ICH和AP-AICH可以使用相同的或不同的信道码。CD/CA-ICH用一个长为4096chip的部分来发射CDI/CAI，后面是一个长为1024chip的空闲部分。时隙的这个空闲部分是为CSICH或其他物理信道将来可能会使用而保留的。

寻呼指示信道（PICH）是一个固定速率（$SF=256$）的物理信道用于传输寻呼指示（PI），PICH总是与一个S-CCPCH随路，S-CCPCH为一个PCH传输信道的映射。

PICH的帧结构长为10ms，包括300比特（b0，b1，…，b299）。其中，288比特（b0，b1，…，b287）用于传输寻呼指示。余下的12比特未用。这部分是为将来可能会使用而保留的。$N$寻呼指示 {PI0，…，PI($N$-1)} 是在每个PICH帧内进行传输的，其中$N$=18，36，72或144。高层为特定的UE而计算的PI，映射到某个寻呼指示PIp，p是按照一个函数式计算的，此函数式是由高层计算的PI，PICH无线帧开始是P-CCPCH无线帧的SFN，每帧内寻呼指示的个数（$N$）构成为：

$$p = \left( PI + \left\lfloor \left( \left( 18 \times \left( SFN + \lfloor SFN/8 \rfloor + \lfloor SFN/64 \rfloor + \lfloor SFN/512 \rfloor \right) \right) \bmod 144 \right) \times \frac{N}{144} \right\rfloor \right) \bmod N$$

从 {PI0，…，PI（$N$-1）} 到PICH比特 {b0，…，b287} 的映射。如果在一个特定帧内的一个寻呼指示为"1"，它表示与此寻呼指示相关的UE将读取相关联的S-CCPCH的对应帧。

CPCH状态指示信道（CSICH）：CPCH状态指示信道（CSICH）是一个用于传送CPCH状态信息的固定速率（$SF=256$）的物理信道。CSICH总是和一个用于发射CPCH AP-AICH的物理信道相关联，并和此信道使用相同的信道码和扰码。CSICH帧由15个连续的接入时隙（AS）组成，每个AS长度为40比特。每个接入时隙由两部分组成：一部分是长为4096chip的空闲时刻；另一部分是由8比特b8i，…，b8（i+7）组成的状态指示（SI），其中I是接入时隙号。CSICH使用的调制与PICH相同。在每个CSICH帧内发射$N$个状态指示 {SI0，…，SI($N$-1)}，在CSICH帧内所有的接入时隙都应发射状态指示，甚至当一些特征码和接入时隙由CPCH和RACH共享时。

## 3.1.4　信道映射

信道映射分为逻辑信道 <=> 传输信道的映射和传输信道 <=> 物理信道的映射。

### 3.1.4.1　逻辑信道——传输信道的映射

逻辑信道和传输信道之间的映射关系如图3-10所示。

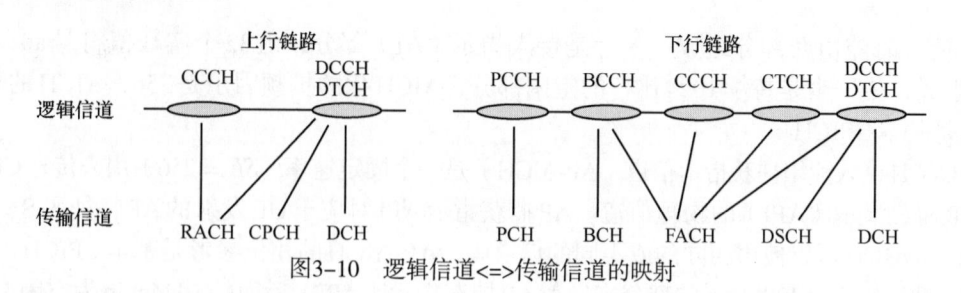

图3-10 逻辑信道<=>传输信道的映射

### 3.1.4.2 传输信道——物理信道

传输信道<=>物理信道的映射如图3-11所示。

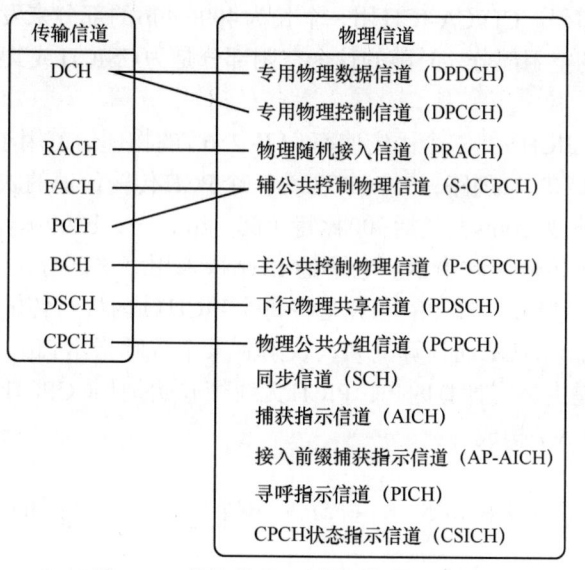

图3-11 传输信道<=>物理信道的映射

物理信道除了有对应的传输信道之外，还有只与物理层过程有关的信道。同步信道（SCH）、公共导频信道（CPICH）和捕获指示信道（AICH）对高层来说不是直接可见的，但从系统功能的角度来说，这些信道是必需的，每个基站都要发送这些信道。如果使用CPCH，还需要CSICH和CAICH两个信道。

## ▶▶3.2 码资源配置管理

### 3.2.1 上行扰码

#### 3.2.1.1 PRACH的扰码分配

**1. PRACH 消息部分的扰码**

PRACH消息部分的扰码共有8192个。每个扰码与其对应的扰码序列的关系为：

$$S_{\text{r-msg,n}}(i) = C_{\text{long,n}}(i + 4096), i = 0, 1, \cdots, 38399$$

从其关系表达式可以看出，消息部分的扰码从扰码序列的第4096个码片开始取，而前4096个码片作为PRACH的前缀扰码。也就是说，PRACH的前缀扰码与消息扰码用的是同一个扰码序列号。

### 2．PRACH前缀码

PRACH前缀码由前缀扰码和签名特征码生成：

$$C_{\text{pre,n,s}}(k) = S_{\text{r-pre,n}}(k) \times C_{\text{sig,s}}(k) \times e^{j(\frac{\pi}{4}+\frac{\pi}{2}k)}, k = 0, 1, 2, 3, \cdots, 4095$$

### 3．PRACH前缀扰码

PRACH前缀扰码由长扰码序列生成：

$$S_{\text{r-pre,n}}(i) = C_{\text{long,1,n}}(i), i = 0, 1, \cdots, 4095; n=0, 1, 2, \cdots, 8191$$

整个系统共有8192个前缀扰码，PRACH消息部分的扰码和前缀部分用的是同一扰码序列号$n$，消息部分的扰码的取值从扰码序列的第4096个码片开始。

8192个扰码分成512组，每组16个。扰码序列号与相应小区对应的主扰码序列号的关系为：$n=16\times m+k$　$m=0, 1, \cdots, 511; k=0, 1, \cdots, 15$。

### 4．PRACH前缀特征码

前缀特征码是由长度为16bit的$P_s(n)$（$n=0, \cdots, 15$）码的256次重复构成的：

$$C_{\text{sig,s}}(i) = P_s(i \text{ modulo } 16), i = 0, 1, \cdots, 4095$$

共有16种$P_s(i)$特征码，s是特征码的签名。

## 3.2.1.2　PCPCH 扰码分配

### 1．PCPCH 消息部分的扰码

PCPCH消息部分的扰码共有32768个。每个扰码与其对应的长、短码扰码序列的关系为：

$$S_{\text{c-msg,n}}(i) = C_{\text{long,n}}(i), i = 0, 1, \cdots, 38399$$

$$S_{\text{c-msg,n}}(i) = C_{\text{short,n}}(i), i = 0, 1, \cdots, 38399$$

这32 768个PCPCH扰码被分为512组，每组64个码。PCPCH的前缀部分的扰码与所在小区下行主扰码一一对应。其关系为：

$$n = 64\times m + k+8176$$

其中，$n$ =8192, 8193, $\cdots$, 40959为PCPCH的扰码序列号，$m = 0, 1, 2, \cdots, 511$为小区下行主扰码序列号，$k=16,17, \cdots, 79$为PCPCH在小区内所有PCPCH中的序列号。

### 2．PCPCH前缀码

PCPCH前缀码包括接入前缀码$C_{\text{c-acc,n,s}}(k)$和冲突检测前缀码$C_{\text{c-cd,n,s}}(k)$。

它们都是由前缀扰码$S_{\text{c-acc,n}}(k)$、$S_{\text{c-cd,n}}(k)$和签名特征码$C_{\text{sig,s}}(k)$生成，均为4096bit。

接入前缀码：$C_{\text{c-acc,n,s}}(k) = S_{\text{c-acc,n}}(k) \times C_{\text{sig,s}}(k) \times e^{j(\frac{\pi}{4}+\frac{\pi}{2}k)}, k = 0, 1, 2, 3, \cdots, 4095$；

冲突检测前缀码：$C_{\text{c-cd,n,s}}(k) = S_{\text{c-cd,n}}(k) \times C_{\text{sig,s}}(k) \times e^{j(\frac{\pi}{4}+\frac{\pi}{2}k)}, k = 0, 1, 2, 3, \cdots, 4095$。

### 3．PCPCH前缀扰码

PCPCH前缀扰码由长扰码序列生成。

（1）接入前缀扰码为：

$$S_{\text{c-acc,n}}(i) = C_{\text{long,1,n}}(i), i = 0, 1, \cdots, 4095$$

其中，$n = 0, \cdots, 40959$。这40960个PCPCH扰码被分为512组，每组80个码。接入前缀扰码与所在小区使用的下行主扰码有一一对应，其关系可表示为：

- 当$k = 1, \cdots, 15$时，$n = 16 \times m + k$；
- 当$k = 16, 17, \cdots, 79$时，$n = 64 \times m + (k-16) + 8192$

其中$m = 0, 1, 2, \cdots, 511$为小区下行主扰码序列号，$k = 0, \cdots, 79$为PCPCH在小区内所有PCPCH中的序列号。当PRACH和PCPCH同时出现时，序列号为$k = 1, \cdots, 15$的扰码仅能用于PCPCH的前缀扰码，$k = 16, 17, \cdots, 79$的扰码为PRACH与PCPCH共同使用。

（2）冲突检测前缀扰码为：

$$S_{\text{c-cd},n}(i) = C_{\text{long},1,n}(i), i = 0, 1, \cdots, 4095$$

其中，$n = 0, \cdots, 40959$。其与小区下行主扰码的对应关系于接入前缀扰码相同。与PRACH同时存在时，使用规则也与接入前缀扰码相同。

**4．PCPCH接入前缀和冲突检测前缀特征码**

PCPCH的接入前缀和冲突检测前缀的特征码都是由长度为16bit的$P_s(n)$（$n = 0, \cdots, 15$）码的256次重复构成的：

$$C_{\text{sig},s}(i) = P_s(i \bmod 16), i = 0, 1, \cdots, 4095$$

共有16种$P_s(i)$特征码，s是特征码的签名。

### 3.2.1.3 DPCH扰码分配

**1．普通呼叫的上行扰码分配**

对于DPCCH/DPDCH可用长扰码也可用短扰码来加扰。扰码长度为38400个码片。其与长扰码序列和短扰码序列对应的关系为：

$$S_{\text{dpch},n}(i) = C_{\text{long},n}(i), i = 0, 1, \cdots, 38399$$

$$S_{\text{dpch},n}(i) = C_{\text{short},n}(i), i = 0, 1, \cdots, 38399$$

WCDMA上行可用扰码个数为$2^{24}$，其中将$0 \sim 4095$的扰码分配给PRACH，将$4095 \sim 40959$的扰码分配给PCPCH，剩余的$2^{24}-40960$个扰码都可以用于DPCH。

在分配时，需要保证不同UE分配不同的上行扰码。由于扰码在RNC的范围内分配，对于不同的RNC，它们所用的上行扰码资源都是相同的，且都是$2^{24}-40960$个。为了保证不同RNC之间边缘地方的小区都使用不同的扰码序列号，在网络规划时，需要考虑不同RNC之间边缘地方的小区的下行主扰码不同。

**2．SRNC重定位时上行扰码的分配**

在SRNC重定位结束后，UE在原SRNC分配的资源释放了，分配给这个UE的上行扰码有可能重新分配给其他用户，这样会造成两个用户之间的上行干扰。因此在SRNC重定位完成后，新的SRNC应该根据普通呼叫的上行扰码分配策略对重定位过来的UE重新分配上行扰码。

**3．从其他系统切换到WCDMA系统时上行扰码的分配**

当从2G系统切换到WCDMA系统时，如果RNC使用Preconfiguration方式配置切换信令，3GPP协议规定此时可用的上行扰码号为$0 \sim 8191$。因此可以参照PRACH的上行扰码分配方法，把8192个扰码分成512组，每组16个，每个小区可用于其他系统切到3G用户的扰码数为16个，这16个扰码号都与下行主扰码相关：

Scramble code $=16 \times m+k$, $k=0,1,\cdots,15$, $m$ 为主扰码号。

因为在规划小区主扰码时就已经考虑相同的主扰码要在地理位置上远离，因此这样分配上行扰码就可以避免相邻RNC给处于相邻小区的UE分配相同的上行扰码号。因为每个小区的PRACH的上行扰码以及PCPCH的前缀扰码同上述描述的是相同的，且使用的都是长扰码，因此当RNC决定为其他系统切到3G的用户使用的是长扰码时，则需要从为该小区配置的这16个上行扰码中且未分配给PRACH（PCPCH前缀）使用的扰码号中进行分配。当切换完成后，RNC应该根据普通呼叫的上行扰码分配策略对切换过来的UE重新分配上行扰码。

### 3.2.2 上行信道化码

#### 3.2.2.1 上行PRACH化码分配

上行接入前缀签名特征码 $s$（$0 \leqslant s \leqslant 15$）共16个，分别由 $SF=16$ 的码树上的16个16bit的码序列的256次重复构成。PRACH的控制部分使用的扩频码为 $c_c = C_{ch,256,m}$，其中 $m=16 \times s+15$。PRACH的数据部分使用的扩频码为 $c_d = C_{ch, SF, m}$，其中 $SF$ 为数据部分的扩频因子，可以取 $32 \sim 256$，$m = SF \times s/16$。

#### 3.2.2.2 上行PCPCH化码分配

上行接入前缀签名特征码 $s$（$0 \leqslant s \leqslant 15$）共16个，分别由 $SF=16$ 的码树上的16个16 bit 的码序列的256次重复构成。上行冲突检测前缀特征码的构成与上行接入前缀特征码相同。PCPCH的控制部分使用的扩频码固定为 $c_c = C_{ch, 256, 0}$，PCPCH的功控前导使用与控制部分相同的扩频码。PCPCH的数据部分使用的扩频码为 $c_d = C_{ch, SF, k}$，其中 $SF$ 为数据部分的扩频因子，可以取 $4 \sim 256$，$k = SF/4$。

#### 3.2.2.3 上行DPCH化码分配

因为上行方向用扰码来区分不同的UE，因此上行方向每个UE可以单独使用一棵码树的全部信道化码。RNC根据业务的速率和其他QoS特性规定UE可以使用的最小SF，UE则根据每个TTI使用的传输格式组合TFC动态选择所用的SF和信道化码。如果使用多个信道化码，需要保证不同信道化码之间的正交性。上行DPCH化码分配遵循如下规则：

- DPCCH使用 $C_{ch,256,0}$ 的码扩频；
- 当只有1条DPDCH时，DPDCH使用的信道化码为 $C_{ch,SF,k}$，其中 $SF$ 为扩频因子，$k= SF / 4$；
- 当有多条DPDCH时，所有DPDCH的扩频因子都为4，$DPDCH_n$ 使用的信道化码为 $C_{ch,4,k}$，其中：

$$k = \begin{cases} 1 \text{ if } n \in \{1,\ 2\}; \\ 3 \text{ if } n \in \{3,\ 4\}; \\ 2 \text{ if } n \in \{5,\ 6\}. \end{cases}$$

#### 3.2.2.4 上行HS-DPCCH化码分配

因为上行方向HS-DPCCH的信道化码分配规则与上行方向DPCCH的信道数目相关，

其分配所遵循的规则见表3-1。

表3-1　HS-DPCCH化码分配规则

| Nmax-dpdch | Channelization code $C_{ch}$ |
|:---:|:---:|
| 1 | $C_{ch,256,64}$ |
| 2，4，6 | $C_{ch,256,1}$ |
| 3，5 | $C_{ch,256,32}$ |

其中，Nmax-dpdch表示上行方向TFCS集合中所有TFC所能支持的最大的DPDCH数目。当Nmax-dpdch为偶数时，HS-DPCCH映射到I分支（即实部）；当Nmax-dpdch为奇数时，HS-DPCCH映射到Q分支（即虚部）。

### 3.2.3　下行扰码

下行扰码共有24576个，编号 $n = 0,\cdots,24575$。这24576个扰码分为3个部分：

- $k=0,1,2,\cdots,8191$，对应的是8192个普通扰码，用于正常模式；
- $k+8192$，$k=0,1,2,\cdots,8191$，是在压缩模式下，当 $n<SF/2$ 时，所使用的可替代扰码，称为左辅扰码，共有8192个；
- $k+16384$，$k=0,1,2,\cdots,8191$ 是在压缩模式下，当 $n\geq SF/2$ 时，所使用的可替代扰码，称为右辅扰码，共有8192个；

其中，$n$ 是信道化码中所对应的 $n$ 值。

前8192个扰码分为512组，每组包括1个主扰码和跟随在主扰码之后的15个辅助扰码。

主扰码序列号：$n=16\times i$，$i=0,\cdots,511$

对应辅助扰码组扰码码号：$16\times i + k$，$k=1,\cdots,15$

512个主扰码又分为64组，每组8个，编号与序号关系，$J$ 组 $K$ 号主扰码为：

$$8\times J\times 16 + K\times 16 \quad J=0,\cdots,63，K=0,\cdots,7$$

压缩模式下，压缩帧的扰码是使用普通扰码还是使用候选扰码由高层信令通知。网络规划时为每个小区分配一个下行主扰码及其辅助扰码组。

下行扰码分配原则是，P-CCPCH、P-CPICH、PICH、AICH、AP_AICH、CD/CA_ICH、SCICH、S_CCPCH（carring PCH）必须使用小区主扰码加扰，其他下行物理信道可以使用小区主扰码也可使用本小区辅助扰码加扰。同时，一组HS-PDSCH和HS-SCCH是和下行扰码信息绑定的，即一个扰码对应一组HS-PDSCH和HS-SCCH。

下行方向，由主扰码来区分小区，信道化码来区分用户。主扰码的分配在网络规划时就已经分配好了，至于各小区的扰码应该怎么分，应考虑扰码之间的互相关性，最好能保证每个小区与相邻小区的互相关性最小。

### 3.2.4　下行信道化码

#### 3.2.4.1　3GPP对下行信道化码的一些规定

3GPP对下行信道化码的规定见表3-2。

表3-2　3GPP对下行信道化码的规定

| 物理信道 | 信道码$C_{ch,SF,K}$ | |
| --- | --- | --- |
| | $SF$ | $K$ |
| P-CPICH | 256 | 0 |
| S-CPICH | 256 | 动态分配 |
| P-CCPCH | 256 | 1 |
| S-CCPCH | $SF=\{256,\cdots,4\}$ | 动态分配 |
| PDSCH | $SF=\{256,\cdots,4\}$ | 动态分配 |
| AP-AICH + CSICH | 256 | 动态分配 |
| AICH | 256 | 动态分配 |
| PICH | 256 | 动态分配 |
| CD/CA-ICH | 256 | 动态分配 |
| DPCH | $SF=\{512,256,\cdots,4\}$ | 动态分配 |
| DPCH for CPCH | 512 | 动态分配 |

### 3.2.4.2　下行信道化码的分配

由于下行信道化码是一种数量有限的资源，并且基于正交性的要求，分配一个码将会阻塞同一码树分支上的其他扩频因子的码，因此提高码资源的利用率是下行信道化码分配的主要目标。具体地说，就是在分配一个信道化码时，要尽可能地减少对同一码树上的其他低扩频因子的码的阻塞，使这些码可以分配给其他用户。

例如，在图3-12的例子中，假设$C_{64,1}$已被分配，如图3-12（a）所示，它将阻塞同一码树分支上的$C_{32,0}$、$C_{16,0}$、$C_{8,0}$等低扩频因子的码。现在如果要分配另外一个$SF=64$的码，则可以有多种分配方案：

- 图3-12（b）的分配方案没有增加对低扩频因子码的阻塞；
- 图3-12（c）的分配方案阻塞掉1个$SF=32$的高速码；
- 图3-12（d）的方案阻塞掉1个$SF=32$的码和1个$SF=16$的码。

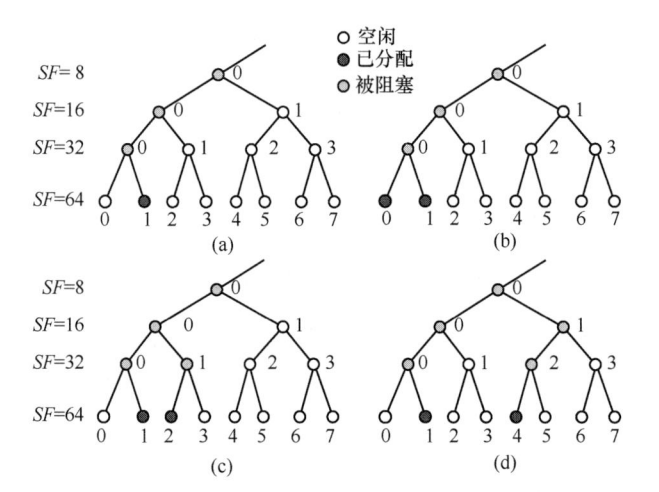

图3-12　下行信道化码的分配

　　显然，图3-12（b）的码表利用率最高，而图3-12（d）的码表利用率最低。下行信道化码的分配就是要根据一定的算法，寻找一种最优的分配方案，使得码分配后对其他高速码的阻塞最少，码表利用率最高。

　　ZTE RNC采用基于权值的下行信道化码分配算法，能够有效地提高码表利用率，提高系统容量。

### 3.2.4.3　下行信道化码的码表重整

　　基于提高码表利用率的码资源分配算法，都会使码的分配尽量集中在一棵码树分支上，从而将低扩频因子的高速码空余出来，避免被已分配的低速码阻塞。但码的释放是随机的，随着频繁的分配和释放，在某些时候可能会破坏这种低阻塞率的分布，已分配的码在码树上随机分布，很多高扩频因子的低速码阻塞了低扩频因子的高速码，降低了码表的利用率。

　　在这种情况下，有必要对码表进行重整，重新分配已占用的码，即重新安排其在码树上的位置，从而将被其阻塞的高速码空闲出来，提高系统的容量。以图3-13为例，图3-13（a）表示了一种低利用率、高阻塞率的码的分布情况，码$C_{64,2}$将$C_{32,1}$阻塞；$C_{32,3}$将$C_{16,1}$阻塞。经过码表重整，空余出两个码$C_{32,3}$和$C_{16,1}$，提高了码表利用率，如图3-13（b）所示。

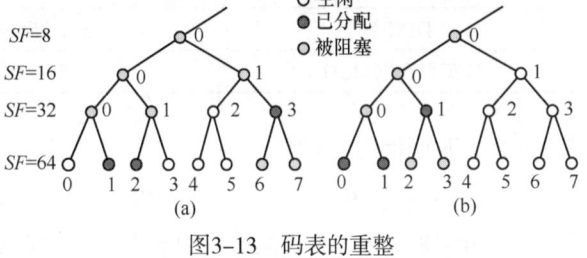

图3-13　码表的重整

　　由于码表的重整涉及对处于连接状态的呼叫进行重配，在小区内处于连接状态的用户数比较多时，进行码表重整可能会导致空中和地面接口的信令流量出现突发性的高峰，不利于系统的稳定。因此，码表重整不应频繁进行，并且重整时要选择好时机。一般在小区内用户数比较少时，或者码资源不足导致呼叫拥塞时，可以考虑进行码表重整。码表重整可以针对整个码树，也可以针对局部码表进行。

### 3.2.4.4　下行HS-PDSCH和HS-SCCH化码分配

#### 1. HS-PDSCH和HS-SCCH数目配置

　　（1）ZTE RNC对HS-PDSCH的信道数目的配置采用静态配置和动态配置两种方法。

　　① 静态配置方法要预先对小区覆盖范围内的平均数据吞吐量做统计并预估需要配置HS-PDSCH的信道数目，然后在后台配置。如果小区覆盖范围内的平均数据吞吐量发生了改变，则需要在后台对配置条数进行修改，此时，会触发前台对HS-PDSCH的信道数目和信道化码进行重配置。

　　② 动态配置方法是根据预先统计的小区吞吐量随时间的变化规律，或者根据实时数据吞吐量的变化情况来配置HS-PDSCH的信道数目和信道化码。

　　（2）ZTE RNC对HS-SCCH的信道数目的配置也采用静态配置和动态配置两种方法。

　　如何配置HS-SCCH数目与HS-PDSCH是否允许码分复用是相关的。若HS-PDSCH不允许码分复用，则只需配置一条HS-SCCH，相当于MAC-hs的每个调度周期只能有一个用户来使用HS-PDSCH；若HS-PDSCH允许码分复用，则需要配置多条HS-SCCH才能满足。

　　静态配置方法采用后台固定映射的关系来配置HS-SCCH的信道数目；动态配置方法

则根据HSDPA所承载的数据吞吐量(即HS-PDSCH数目),单个用户对最大数据速率的需求,当前小区的数据吞吐量,用户数和允许码分复用的UE个数等因素动态调整HS-SCCH的信道数目。

### 2. HS-PDSCH和HS-SCCH化码管理

下行HS-PDSCH化码分配遵循如下原则。

① DPCCH使用$SF=16$的码扩频,如果是$P$个扩频码,起始扩频码的偏移量为0,则被分配的扩频码为$C_{ch,16,O}\cdots C_{ch,16,O+P-1}$,即为连续分配。

② HS-SCCH使用$SF=128$的扩频码进行扩频,不需要连续分配。

ZTE RNC遵循以上原则为HS-PDSCH和HS-SCCH分配信道化码。

在对HS-PDSCH的信道化码进行动态更新时,若所需信道化码数量小于原来已占有的信道化码数量,则释放多余的信道化码;若原有信道化码数量不能满足要求,则周期性申请新的信道化码资源。当出现申请不成功时,则按照3.2.4.3节所述进行子码表重整,或者采取码树预订的方法尽量满足要求。

由于HS-SCCH的信道化码不需要连续分配,因此其分配方法与DPCH相同,如3.2.4.2节所述。在对HS-SCCH的信道化码进行动态更新时,若所需信道化码数量小于原来已占有的信道化码数量,则释放多余的信道化码;若原有信道化码数量不能满足要求,则周期性申请新的信道化码资源直到获得所需的信道化码资源。当出现申请不成功时,则不进行子码表重整。

## ▶▶3.3  初始接入过程认知

### 3.3.1  小区搜索过程

通常,终端在事先不知道小区任何信息的情况下搜索小区,需要经过时隙同步、帧同步、捕获主扰码3个步骤。这3个步骤涉及4个下行物理信道:主同步信道(P-SCH)、从同步信道(S-SCH)、主公共导频信道(P-CPICH)、主公共控制物理信道(P-CCPCH)。在小区搜索过程中,UE搜索到一个小区并确定该小区的下行扰码和其公共信道的帧同步。

#### 1. 时隙同步

一个无线帧为10ms、38400码片,又分为15个时隙。第一步的目的就是要获取各时隙的边界,从而与各物理信道实现时隙同步,这一步是通过捕获主同步信道来实现的。

UE使用SCH的基本同步码去获得该小区的时隙同步。典型的是使用一个匹配滤波器(或任何类似设备)来匹配对所有小区都为公共的基本同步码。小区的时隙定时可由检测匹配滤波器输出的波峰值得到。

主同步信道不属于码信道,没有经过扩频和加扰处理。主同步信道在每个时隙的起始处重复发送主同步码,为256码片,占整个时隙的1/10。所有小区的主同步码相同,而且终端预先知道其码片序列,因此只需要用一个性能较好的匹配滤波器就可以检测、捕获到该主同步码,从而可确定各物理信道的时隙边界。

#### 2. 帧同步和码组识别

这一步是通过捕获从同步信道来实现的,UE使用SCH的辅助同步码去找到帧同步,并对第一步中找到的小区的码组进行识别。

从同步信道也不属于码信道,没有经过扩频和加扰处理。从同步信道上发送从同步码,从同步码也是256个码片,在每个时隙的开始处与主同步码一起发送,每个时隙使用一个从同步码。

所不同的是,从同步码总共有16个不同的码片序列,这些从同步码又被编排成64个不同的组合,每个组合为15个从同步码字长,用于一个无线帧。需要注意的是,在某一组合中同一从同步码可能出现若干次,而每个组合对应于一组主扰码。由于序列的周期移位是唯一的,因此码组与帧同步一样,可以被确定下来。

我们知道,下行扰码是由长度为18位的移位寄存器生成的PN序列,因此总共有$2^{18}-1$个,常用的有8192个,又分为主扰码和从扰码,其中,主扰码有512个,分为64组,每组8个。因此,在第二步实现物理信道的帧同步的同时,终端可以获悉该小区的无线帧中使用的从同步码字组合,从而可以确定该小区使用的主扰码所属的组别。

### 3．扰码识别

有了前两步的基础,并且知道主公共导频信道的信道化码为$C_{ch,256,0}$,终端即能够同步到主公共导频信道的无线帧。主公共导频信道是一个码信道,在整个小区内广播,每个小区有且仅有一个主公共导频信道。该信道在发射前需要经过扩频和加扰。在扩频前,该信道发送4个符号"1",即"1111"。经过扩频,该信道发送256个符号"1"。再用一个主扰码进行加扰,最后在该信道的每一帧上发射的就是38400码片的主扰码。

而第二步已经确定该主扰码所属的组号,因此,只需要定位到该主扰码组,然后从8个主扰码中找到与本小区匹配的主扰码。基本扰码是通过在CPICH上对识别的码组内的所有的码按符号相关而得到的。

在基本扰码被识别后,就可以用主扰码解码主公共控制物理信道,从而解调出系统下发的广播消息,系统和小区特定的BCH信息也就可以读取出来了。

## 3.3.2　初始接入过程

随机接入初始化前,L1将从RRC层接收如下信息:前缀的扰码、参数AICH_Transmission_Timing(0或1)、接入业务种类(ASC)、可用的特征码、RACH子信道集、功率倾斜因子Power_Ramp_Step(大于0的整数)、参数Preamble_Retrans_Max(大于0的整数)、前缀的初始功率Preamble_Initial_Power、上次发射的前缀和随机接入消息控制部分之间的频率偏移DPp-m(Pmessage-control-Ppreamle)、传送格式参数集。

随机接入初始化阶段,L1将从MAC层接收信息:用于PRACH消息部分的传送格式、PRACH传输的ASC、发射的数据(传送数据块的集合),然后进行以下步骤。

① 在选择的RACH子信道组中到处可用上行接入时隙,如果在被选择的集合中没有接入时隙可用,则在下一个接入时隙集合中随机选择一个与RACH子信道组相关的上行接入时隙。

② 为规定的ASC从可用的识别Signature表中随机选择一个。

③ 设置前缀重传计数Preamble_Retrans_Max。

④ 设置前缀传输功率Preamble_Initial_Power。

⑤ 利用选择的上行接入时隙、识别Signature标识、前缀传输功率参数传送一个前缀。

⑥ 在选择的上行链路接入时隙相对应的下行链路接入时隙中:

• 如果没有检测到与选择的识别Signature标识相关的捕获指示正负值（AI的取值非1即-1）情况下，选择一个新的上行链路接入时隙作为下一个可用的接入时隙。选择Signature标识，增加前缀传输功率，前缀重传计数减1，如果前缀重传计数大于0，则重复步骤5，否则退出物理层接入过程。

• 如果检测到与选择的识别Signature标识相关的捕获指示为否定值，退出物理层随机接入过程。

• 如果检测到与选择的识别Signature标识相关的捕获指示为肯定值，则在AICH对应上次前缀发射后3或4个上行接入时隙发射接入消息。

⑦ 结束物理层随机接入过程。

RACH接入流如图3-14所示。

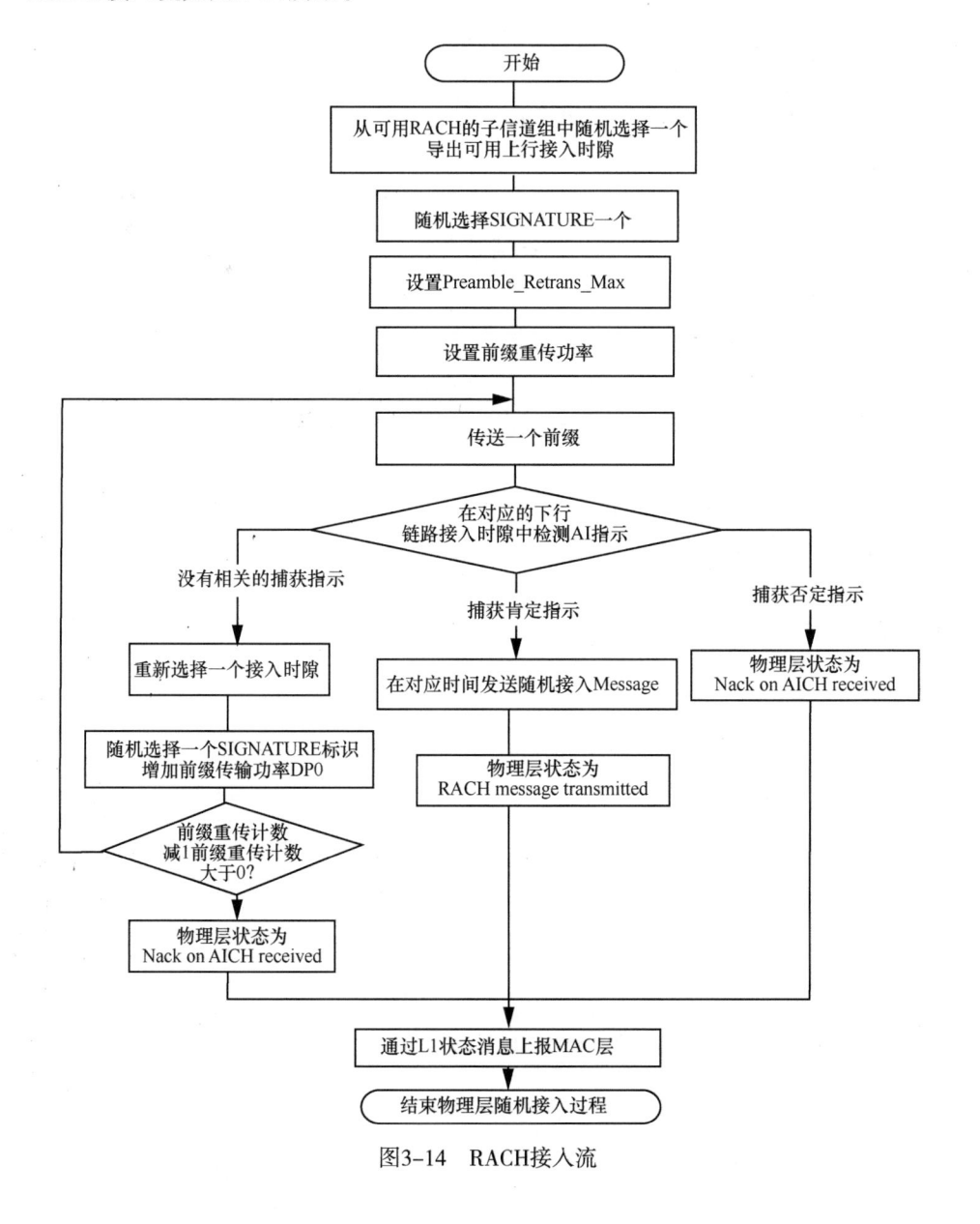

图3-14　RACH接入流

## 知识总结

本项目首先介绍了 UTRAN 系统的信道分类，各类信道的作用，然后讲解了码资源方面的知识，重点掌握下行扰码的相关知识。

最后介绍了小区搜索过程和初始接入过程，其中需要掌握小区搜索过程中涉及哪些物理信道以及每个信道在搜索过程中的作用如何。

信道是数据的载体，对信道的深刻认知有助于对整个无线系统工作模式的透彻理解。

## 思考与练习

1. 信道的分类有哪些，各类信道的作用是什么。
2. 信道化码和扰码的作用是什么，请分上下行介绍。
3. 小区搜索过程中涉及哪些物理信道，简要说明每个信道在搜索过程中的作用。

## 实践活动

### 热点话题分析

一、话题分析

UTRAN 空口协议栈中的三层两面。

二、分析要求

各学员通过复习所学知识、上网查找资料等方式完成。

三、分析内容

1. UTRAN 空口协议栈中的三层指什么？
2. UTRAN 空口协议栈中的两面指什么？
3. 分组讨论：UTRAN 空口协议栈中的三层中各层的作用以及两面的作用，结合三层的作用讨论各类信道的定义及作用。

# 实战篇

项目4 RNC数据配置

项目5 基站数据配置

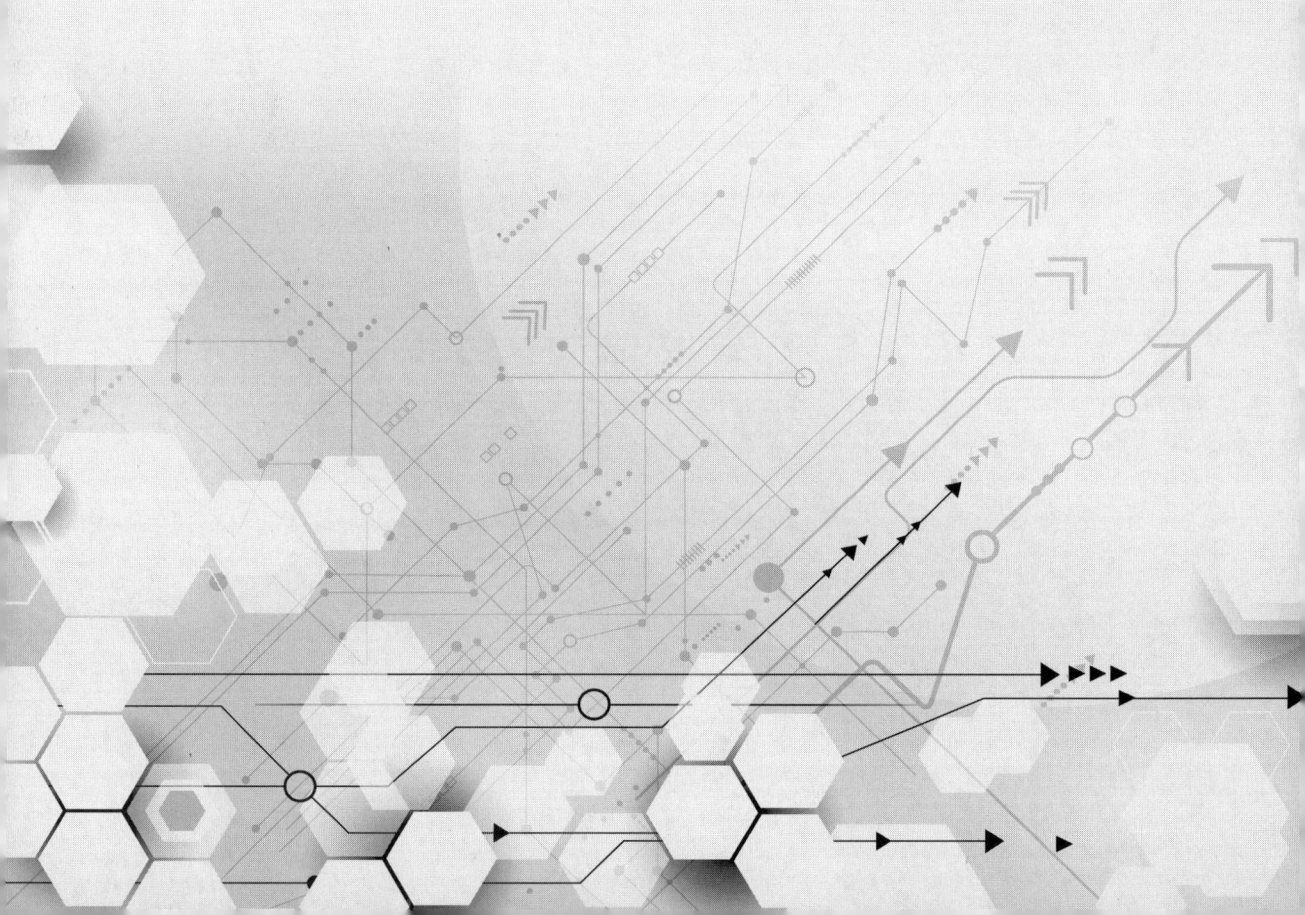

 # 项目 4　RNC 数据配置

**项目引入**

小孙:"张工,我想成为一名通信工程师!"

张工:"好吧。理论学完了,我开始教你实战技能吧!"

**学习目标**

1. 熟悉:RNC 单板功能,RNC 信号走向。
2. 掌握:RNC 全局配置,硬件资源配置。
3. 应用:RNC 本剧网元数据配置、Iu-CS 接口数据配置,IU-PS 接口数据配置。

## ▶▶4.1　知识准备

### 4.1.1　ZXWR RNC系统概述

#### 4.1.1.1　硬件系统设计原则

硬件平台是基于 IP 的;内部接口标准化、减少耦合性;后向兼容性强。

① 可扩展性要求:硬件平台在很长的一段时间内要保持稳定性,充分考虑到技术的前瞻性,部分新技术的出现不会对整个硬件平台产生革命性的影响,整个硬件平台支持向 IPv6 的演进。各个功能实体采用模块化设计,各功能实体之间接口标准化和相对独立,单独功能实体的升级不影响其他功能实体。

② 统一的设计风格:充分考虑重用性和兼容性,如多块功能单板由同一块硬件单板实现,相同功能电路由同一标准电路实现,使各种模块的通用器件/部件的比例近可能高,在整个硬件平台系统范围内统一定义单板引脚、尺寸,统一规划背板设计,使相关功能单板可重用、可混插,减少生产和维护的复杂度和成本费用。

③ 减少硬件与应用之间的耦合性:硬件平台的设计需要保持良好的适应性,以适应

不同的功能应用对硬件架构的要求，保证硬件具有对应用的良好支撑，硬件平台不会成为产品升级换代的瓶颈，减少硬件与应用之间的耦合性。

④ 标准化和模块化设计：产品采用标准化和模块化设计，达到与其他产品最大的资源和技术共享，以减少产品的技术风险和进度风险。

#### 4.1.1.2 特点

① 高可扩展性：ZXWR RNC（V3.0）设计目标在于能够适应业务的增长以及各种业务量环境，提供容量高、可扩展的产品。ZXWR RNC（V3.0）的控制面和用户面都采用分布式的设计，整个系统没有集中处理的瓶颈，控制面和用户面处理资源可以根据容量的增长需求线性扩展。

② 大容量：ZXWR RNC（V3.0）致力于缩短客户在整个3G产品生命期中的投资，一步到位提供大容量的产品，提早考虑3G业务出现高密度情况下的需求，ZXWR RNC（V3.0）单资源框最大可支持7.5万话音用户和7.5万分组域用户，以及最大可支持3750爱尔兰话务量或225Mbit/s数据吞吐量。整个系统可以通过机框和机架的进一步扩展，达到100万用户的容量。

③ 高可靠性：ZXWR RNC（V3.0）具有非常高的可靠性，系统所有的关键部件均采用1＋1主备方式，其他部件也都至少采用$N+1$备份，系统支持在线的软件下载，版本升级无需重新启动系统。

④ 优秀的无线资源管理：ZXWR RNC（V3.0）在无线资源管理方面拥有数十项专利技术；可以支持无线参数的自动优化；可以根据网络的负载情况以及QoS级别智能地进行无线资源的优先级分配和调度。

⑤ 清晰的演进方式：ZXWR RNC（V3.0）内部采用基于IP的交换平台，在设计上控制面和用户面相分离，可以非常容易地通过接口扩展和软件升级实现向IP UTRAN的平滑过渡，提供一种非常清晰的演进方式。

### 4.1.2 产品外观

RNC采用标准19英寸（1英寸=2.54厘米）机柜构筑整个系统，产品高×宽×深尺寸为：2000mm×600mm×800mm，机柜外观图和结构示意如图4-1、图4-2所示。

图4-1 ZXWR RNC系统机架外观图

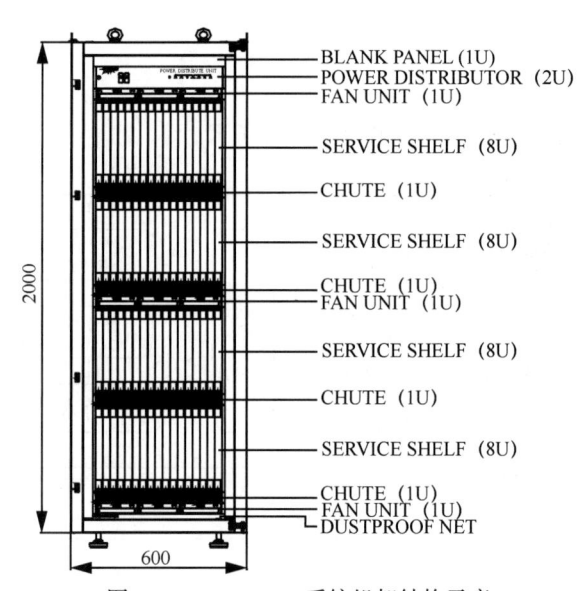

图4-2　ZXWR RNC系统机架结构示意

## 4.1.3　系统架构

在UMTS中，RNC由以下接口界定：Iu/Iur/Iub，如图4-3所示。在3GPP协议中，Iu/Iur/Iub 三者物理层介质可以是E1/T1/STM-1/STM-4 等多种形式。在物理层之上是ATM层，ATM层之上是AAL层。有两种AAL被用到：控制面信令和Iu-PS数据采用AAL5，其他接口用户面数据采用AAL2。

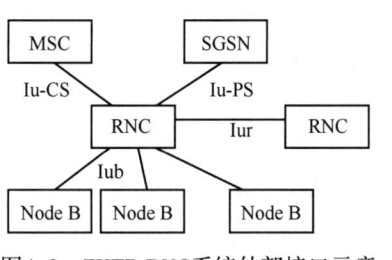

图4-3　ZXTR RNC系统外部接口示意

中兴通讯的ZXWR RNC系统基于大容量IP交换平台，采用控制面和用户面分离的分布式设计理念，整个系统架构如图4-4所示。

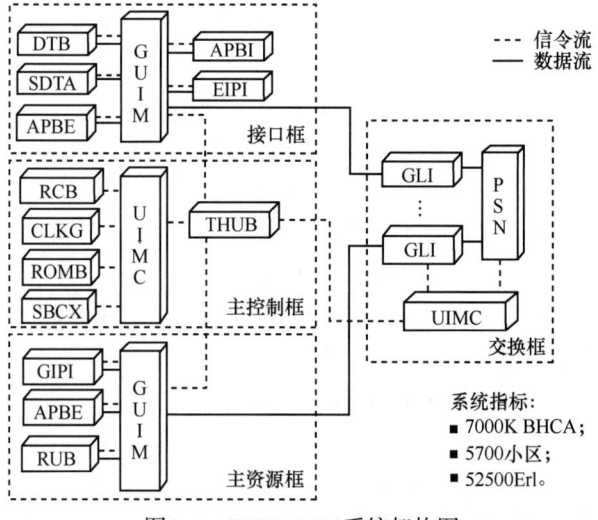

图4-4　ZXWR RNC系统架构图

### 4.1.4 硬件结构

ZXWR RNC产品硬件逻辑单元框图如图4-5所示。

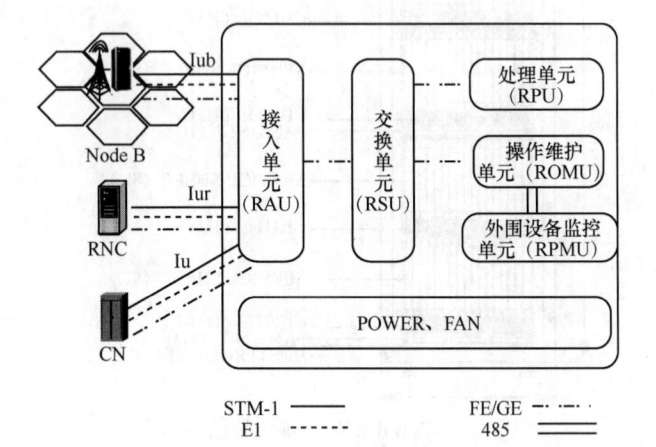

图4-5 ZXWR RNC逻辑单元框图

#### 1. 操作维护单元

操作维护处理单元（RNC Operation and maintenance unit，ROMU）负责处理全局过程并实现整个系统操作维护相关的控制（包括操作维护代理）以及系统的时钟供给和外部同步功能，包括：

- 操作维护处理板（RNC Operating & Maintenance Board，ROMB）；
- 时钟板（Clock Generator，CLKG）；
- X86服务器单板（X86 Single Board Computer，SBCX）；
- 集成时钟模块单板（Integrated Clock Module，ICM）；
- 集成时钟模块（GPS）单板[Integrated Clock Module (GPS)，ICMG]。

#### 2. 接入单元

接入单元（RNC Access Unit，RAU）为ZXWR RNC系统提供Iu接口，Iub接口和Iur接口的接入功能，包括：

- ATM处理板（ATM Process Board Interface，APBI）；
- ATM处理板增强型版本（ATM Process Board Enhanced Version，APBE）；
- 以太网接口板（GE IP Interface board，GIPI）；
- E1 IP接口板（E1 IP Interface board，EIPI）；
- 光数字中继板（Sonet Digital Trunk Board，SDTB）；
- 光数字中继ATM板（Sonet Digital Trunk ATM board，SDTA）；
- 数字中继板（Digital Trunk Board，DTB）；
- IMA/ATM协议处理板（IMA Board，IMAB）。

#### 3. 交换单元

交换单元（RNC Switch Unit，RSU）主要为系统控制管理、业务处理板间通信以及多个接入单元之间业务流连接等提供一个大容量的、无阻塞的IP交换单元包括以下几点：

- 分组交换网板（Packet Switch Network，PSN）；
- 千兆线路界面板（Gigabit Line Interface，GLI）；
- 通用控制接口板（Universal Interface Module of Control，UIMC）；
- 千兆通用接口板（Ge Universal Interface Module，GUIM）；
- 控制互联板（Control plane HUB，CHUB）。

**4. 处理单元**

处理单元（RNC Processing Unit，RPU）负责控制面信令和用户面信息的处理，包括：

- 控制面处理板（RNC Control Board，RCB）；
- 用户面处理板（RNC User Board，RUB）。

**5. 外围设备监控单元**

外围设备监控单元（RNC Peripheral Monitor Unit，RPMU）从属于操作维护单元，提供对设备的监控功能，负责完成所有单板信息的收集，并在系统出现故障时进行系统报警。RPMU主要包括电源分配板（PoWeR Distributor，PWRD）和告警箱（ALB）。

## 4.1.5　插框介绍

### 4.1.5.1　机框定义

机框的作用是将插入机框的各种单板通过背板组合成一个独立的功能单元，并为各部分单元提供良好的运行环境。

### 4.1.5.2　机框组成结构图

机框主要由插箱、前插单板组件和后插单板组件组成，如图4-6所示。

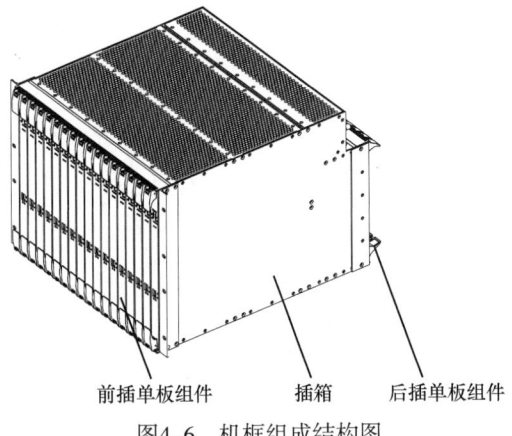

前插单板组件　　　插箱　　　后插单板组件

图4-6　机框组成结构图

### 4.1.5.3　机框分类

在ZXWR RNC系统中，根据机框功能的应用不同，机框可分类为控制框、交换框、资源框（千兆资源框）、接口框（千兆接口框）。

在ZXWR RNC系统中，根据机框背板类型的不同，机框可分类为BCTC、BGSN、BPSN。这几种机框通过不同的配置方式，形成各种性能的RNC系统。

各机框的分类、功能、所包括的单板名称说明见表4-1。

表4-1  机框分类说明

| 机框类型 | 背板类型 | 功能说明 | 单板名称 |
|---|---|---|---|
| 控制框 | BCTC | 控制框负责系统的控制面信令处理，操作维护处理以及时钟等功能 | SBCX、ROMB、CLKG/ICMG/ICM RCB、THUB、UIMC |
| 交换框 | BPSN | 交换框是ZXWR RNC的核心交换子系统，为产品系统内、外部各个功能实体之间，提供必要的消息传递信道 | GLI、PSN、UIMC |
| 资源框（千兆资源框） | BGSN | 千兆资源框提供用户面处理池，并提供Iu接口、Iur接口、Iub接口 | APBE（采用APBE物理单板）、APBE（采用APBE/2物理单板）、GUIM、RUB（采用VTCD/2物理单板）、GIPI |
| 接口框（千兆接口框） | BGSN | 千兆接口框仅用于Iub接口接入，提供Iub接口ATM方式接入，提供Iub接口IP方式接入（IP低速接口） | • 无APBE/2物理板时的千兆接口框，功能单板包括DTB、SDTB、APBE(采用APBE物理单板)、IMAB、GUIM、EIPI<br>• 基于APBE/2物理板时的千兆接口框，功能单板包括DTB、SDTB、APBE（采用APBE/2物理单板）、APBI、GUIM、EIPI |

## 4.1.6  单板

### 4.1.6.1  概述

在RNC系统中，单板是指能够实现某种特定功能的集成电路板。单板具有两个名称：单板硬件名和单板功能名。单板硬件名和单板功能名具有一定的对应关系。单板硬件名又称单板PCB名。单板硬件名作为单板硬件设计、生产使用的名字，指物理单板。单板功能名从单板加载软件后实现的功能角度取名，软件设计使用的名字，指功能单板。单板面板上标明的为单板功能名。同一硬件PCB单板，通过加载不同的软件版本可以实现不同的功能单板。

单板根据硬件装配关系分类如下：

① 前插单板；

② 后插单板。

前插单板是插在机框插槽中，带前面板的单板。前面板上安装显示单板运行状态的指示灯。前插单板归属于不同的功能单元。

后插单板辅助前插单板，实现同一机架不同机框之间、不同机架之间引出对外信号接口（光纤从前插单板前面板引出）及调试口。有些主备前插单板需配两种后插单板。

前插单板和后插单板在机框内构成一个完整的金属屏蔽体，有效降低系统对外电磁辐射并且增强抗干扰能力，从而增强系统可靠性。

前插单板和后插单板通过插槽安装在背板上，背板完成同一机框插箱内单板的信号互连。

前插单板和后插单板通过插槽安装在背板上，背板完成同一机框插箱内单板的信号互连。

前插单板可以选配完成独立、通用功能模块的子卡。由于涉及技术实现细节，子卡不再详述。

单板装配关系结构图，如图4-7所示。

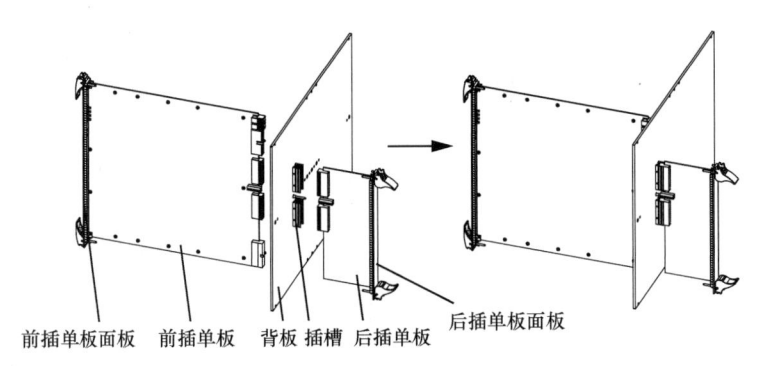

前插单板面板　前插单板　背板　插槽　后插单板　后插单板面板

图4-7　单板装配关系结构图

### 4.1.6.2　APBE单板

**1. APBE单板定义**

ATM处理板（APBE）用于Iu/Iur/Iub接口的ATM接入处理。

**2. APBE单板分类**

① APBE（采用APBE物理单板）。

② APBE（采用APBE/2物理单板）。

APBE（采用APBE物理单板）和APBE（采用APBE/2物理单板）功能上没有区别。APBE（采用APBE/2物理单板）性能比APBE（采用APBE物理单板）高。APBE（采用APBE物理单板）提供3个光口，APBE（采用APBE/2物理单板）提供4个光口。

**3. APBE单板（采用APBE物理单板）功能**

① 完成STM-1接入和ATM处理功能。

② 为系统提供3个STM-1光口，支持1:1备份。支持板间一对APS保护，板内两对APS保护。

**4. APBE（采用APBE/2物理单板）单板功能**

① 完成STM-1接入和ATM处理功能。

② 支持4个STM-1光口，支持1:1备份。支持板内一对APS，板间四对APS保护。支持AAL2最大310 Mbit/s，AAL5最大620 Mbit/s流量。

**5. APBE单板的面板结构图**

APBE（采用APBE物理单板）单板和APBE（采用APBE/2物理单板）单板的面板结构图相同，如图4-8所示。

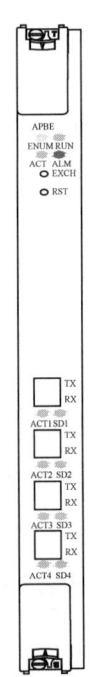

图4-8　APBE单板的面板结构图

## 6. APBE单板的面板指示灯

APBE单板面板12个指示灯的具体含义见表4-2。

表4-2　APBE单板的面板指示灯

| 灯名 | 颜色 | 含义 | 说明 |
|---|---|---|---|
| RUN | 绿 | 运行指示灯 | 公共类指示灯，参见"单板面板公共类指示灯" |
| ALM | 红 | 告警指示灯 | |
| ENUM | 黄 | 拔板指示灯 | |
| ACT | 绿 | 主备指示灯 | |
| ACT1~4 | 绿 | 激活光口指示灯 | 特定类指示灯<br>灯亮：表示当前光口激活<br>灯灭：表示当前光口未激活 |
| SD1~4 | 绿 | 光信号指示灯 | 特定类指示灯<br>灯亮：表示光单板接收到光信号<br>灯灭：表示光单板未接收到光信号 |

## 7. APBE单板的面板按键

APBE单板的面板按键的具体含义见表4-3。

表4-3　APBE单板面板按键

| 按键名称 | 说明 |
|---|---|
| RST | 复位开关 |
| EXCH | 主备倒换开关 |

## 8. APBE单板的面板接口

APBE单板的面板接口的具体含义见表4-4。

表4-4　APBE单板接口

| 位置 | 接口名称 | 方向 | 说明 |
|---|---|---|---|
| 前插单板APBE面板 | 4对TX~RX | TX：输出<br>RX：输入 | 前插单板面板光纤连接外部系统<br>4×STM-1光口 |

## 9. APBE单板的背板连接

APBE单板的背板连接的具体含义见表4-5。

表4-5　APBE单板背板连接

| 位置 | 接口名称 | 方向 | 说明 |
|---|---|---|---|
| 背板 | 1×100 M控制面以太网 | 双向 | 背板连接交换单元GUIM单板控制面端口 |
| | 2×100 M用户面以太网 | 双向 | 背板连接交换单元GUIM单板用户面端口 |
| | 1×GE媒体面以太网 | 双向 | 背板连接交换单元GUIM单板媒体面端口 |

### 10. APBE单板配置要求

APBE（采用APBE物理单板）、APBE（采用APBE/2物理单板）单板占用1个槽位。

① APBE（采用APBE物理单板）可插在资源框和接口框。可插槽位，如图4-9所示。

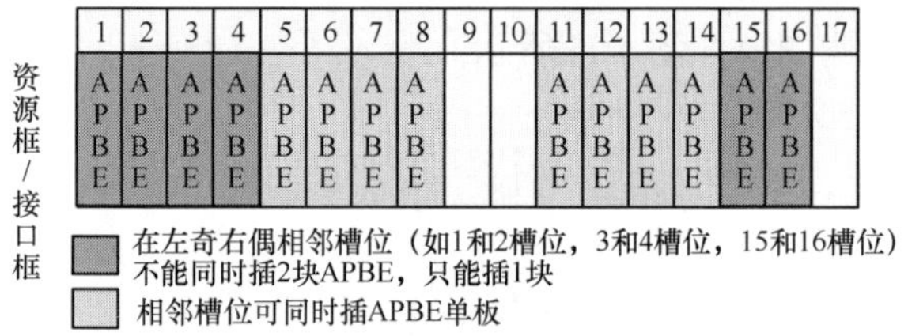

图4-9　APBE（采用APBE物理单板）单板配置要求示意图

② APBE（采用APBE/2物理单板）可插在千兆资源框、千兆接口框。可插槽位，如图4-10所示。

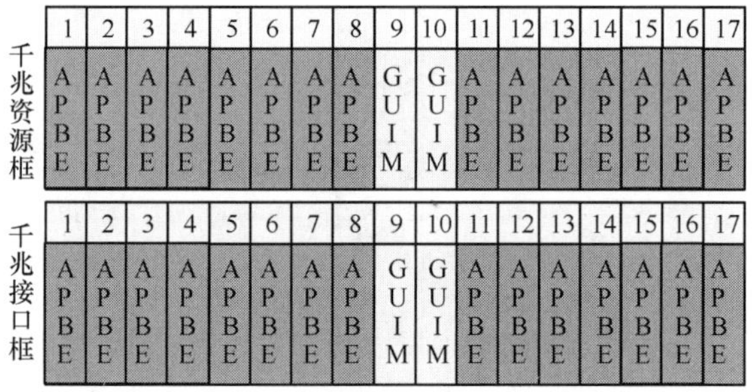

图4-10　APBE（采用APBE/2物理单板）单板配置要求示意图

### 11. APBE单板可靠性

APBE单板支持1∶1备份。

APBE单板的后插单板：APBE单板的后插单板是RGIM1单板。

当APBE单板用在Iu接口，并被设置为需要从CN提取8 K参考时钟时，对应后插板为RGIM1，否则可配置为空面板。

## 4.1.6.3　APBI单板

### 1. APBI单板定义

ATM&IMA处理板（APBI）是RNC的一种接口板，提供STM-1接入和IMA功能。

### 2. APBI单板功能

① APBI支持最大64个E1、31个IMA组，与DTB、SDTB一起实现系统E1、CSTM-1接口的IMA处理。

② 提供4个STM-1外部接口，支持622 MB流量，负责完成RNC系统的AAL2和AAL5的终结。

APBI单板和APBE单板包括如下种类：

① APBE（采用APBE物理单板）；

② APBE（采用APBE/2物理单板）；

③ APBI（采用APBE/2物理单板）。

APBI单板和APBE单板之间的功能区别如下。

相比APBI单板，APBE单板少了IMA处理功能，仅提供STM-1接入，其余两者功能相同。

### 3. APBI单板的面板结构图

APBI单板的面板结构图，如图4-11所示。

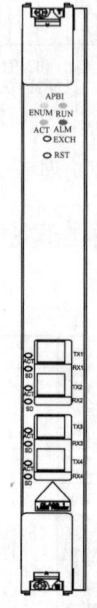

图4-11　APBI单板的面板结构图

### 4. APBI单板的面板指示灯

APBI单板面板12个指示灯的具体含义见表4-6。

表4-6　APBI单板的面板指示灯

| 灯名 | 颜色 | 含义 | 说明 |
|---|---|---|---|
| ENUM | 黄 | 拔板指示灯 | 公共类指示灯，参见"单板面板公共类指示灯" |
| RUN | 绿 | 运行指示灯 | |
| ACT | 绿 | 主备指示灯 | |
| ALM | 红 | 告警指示灯 | |
| ACT1~4 | 绿 | 激活光口指示灯 | 特定类指示灯<br>灯亮：表示当前光口激活<br>灯灭：表示当前光口未激活 |
| SD1~4 | 绿 | 光信号指示灯 | 特定类指示灯<br>灯亮：表示光单板接收到光信号<br>灯灭：表示光单板未接收到光信号 |

### 5. APBI单板的面板按键

APBI单板的面板按键见表4-7。

表4-7　APBI单板面板按键

| 按键名称 | 说明 |
|---|---|
| RST | 复位开关 |
| EXCH | 主备倒换开关 |

### 6. APBI单板的面板接口

APBI单板的面板接口的具体含义见表4-8。

表4-8　APBI单板的面板接口

| 位置 | 接口名称 | 方向 | 说明 |
|---|---|---|---|
| 前插单板APBI面板 | 4对TX~RX | TX：输出<br>RX：输入 | 前插单板面板光纤连接外部系统<br>4×STM-1光口 |

### 7. APBI单板的背板连接

APBI单板的背板连接的具体含义见表4-9。

表4-9　APBI单板的背板连接

| 位置 | 接口名称 | 方向 | 说明 |
|---|---|---|---|
| 背板 | 1×100 M控制面以太网 | 双向 | 背板连接交换单元GUIM单板控制面端口 |
| | 2×100 M用户面以太网 | 双向 | 背板连接交换单元GUIM单板用户面端口 |
| | 1×GE媒体面以太网 | 双向 | 背板连接交换单元GUIM单板媒体面端口 |
| | 16×8 MHW | 双向 | 背板连接交换单元GUIM单板电路交换 |

### 8. APBI单板配置要求

APBI单板占用1个槽位，插在千兆资源框、千兆接口框，可插槽位，APBI单板配置要求示意如图4-12所示。

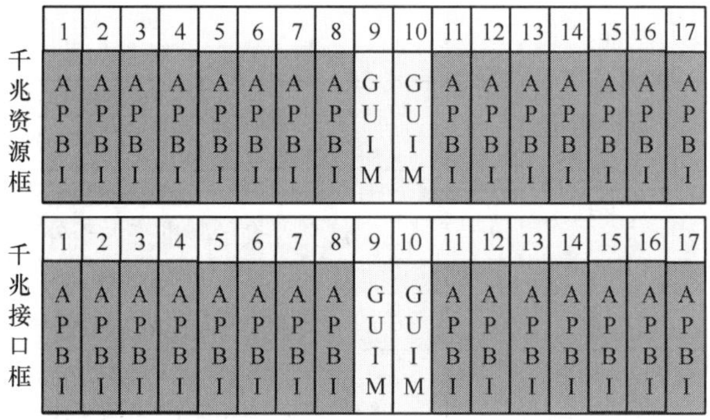

图4-12　APBI单板配置要求示意

### 9. APBI单板可靠性

APBE单板支持1:1备份。

APBI单板的后插单板：APBI单板的后插单板是RGIM1单板。

当APBI单板用在Iu接口，并被设置为需要从CN提取8 K参考时钟时，对应后插板为RGIM1，否则可配置为空面板。APBI单板的后插单板与APBE单板的后插单板相同。

### 4.1.6.4 CLKG单板

#### 1. CLKG单板定义

CLKG单板是RNC的一种时钟板，为各机框提供时钟。

#### 2. CLKG单板功能

在ZXWR RNC系统中，CLKG单板实现RNC系统的时钟供给、同步功能。

#### 3. CLKG单板的面板结构图

CLKG单板的面板结构图，如图4-13所示。

#### 4. CLKG单板的面板指示灯

CLKG面板上有18个指示灯的具体含义见表4-10。

图4-13　CLKG单板的面板结构图

表4-10　CLKG单板的面板指示灯

| 灯名 | 颜色 | 含义 | 说明 |
|------|------|------|------|
| RUN | 绿 | 运行指示灯 | 公共类指示灯，参见"单板面板公共类指示灯" |
| ALM | 红 | 告警指示灯 | |
| ENUM | 黄 | 拔板指示灯 | |
| ACT | 绿 | 主备指示灯 | |
| Bps1 | 绿 | 基准指示灯 | 特定类指示灯<br>绿灯亮：表示基准来源于第一路2 Mbit/s时钟 |
| Bps2 | 绿 | 基准指示灯 | 特定类指示灯<br>绿灯亮：表示基准来源于第二路2 Mbit/s时钟 |
| Hz1 | 绿 | 基准指示灯 | 特定类指示灯<br>绿灯亮：表示基准来源于第一路2 MHz时钟 |
| Hz2 | 绿 | 基准指示灯 | 特定类指示灯<br>绿灯亮：表示基准来源于第二路2 MHz时钟 |
| 8K1 | 绿 | 基准指示灯 | 特定类指示灯<br>绿灯亮：表示基准来源于线路提取的8 K时钟 |
| 8K2 | 绿 | 基准指示灯 | 特定类指示灯<br>绿灯亮：表示基准来源于外部GPS提供的8 K时钟 |
| 8K3 | 绿 | 基准指示灯 | 特定类指示灯<br>绿灯永久灭：表示不使用UIM提供的基准 |
| 8K4 | 绿 | 基准指示灯 | 特定类指示灯<br>绿灯亮：表示基准来源于本板GPS提供的8 K时钟 |
| NULL | 绿 | 无时钟基准指示灯 | 特定类指示灯<br>绿灯亮：无时钟基准 |
| QUTD | 绿 | 基准降质指示灯 | 特定类指示灯<br>红灯亮：表示所选基准降质 |

（续表）

| 灯名 | 颜色 | 含义 | 说明 |
|---|---|---|---|
| MANI | 绿 | 基准选择使能灯 | 特定类指示灯<br>绿灯亮：基准选择使能 |
| CATCH | 绿 | 状态指示灯 | 特定类指示灯<br>绿灯亮：表示处于快捕状态 |
| KEEP | 绿 | 状态指示灯 | 特定类指示灯<br>绿灯亮：表示处于保持状态 |
| TRACE | 绿 | 状态指示灯 | 特定类指示灯<br>绿灯亮：表示处于跟踪状态 |
| FREE | 绿 | 状态指示灯 | 特定类指示灯<br>绿灯亮：表示处于自由运行状态 |

### 5. CLKG单板的面板按键

CLKG单板面板按键的具体含义见表4-11。

表4-11　CLKG单板面板按键

| 名称 | 说明 |
|---|---|
| RST | 复位开关 |
| EXCH | 主备倒换开关 |
| MANEN | 使能基准的手动选择功能按此按钮后，MANI指示灯亮，进入手动选择时钟基准 |
| MANSL | 选择基准之前须先按MANEN<br>当MANI指示灯亮时，按此按钮从多个输入时钟基准中选择一个合适的时钟基准<br>（面板灯2 Mbit/s1、2 Mbit/s2、2 MHz1、2 MHz2、8 K1、8 K2、8 K3、8K4、NULL会相应点亮） |

### 6. CLKG单板的拨码开关位置

CLKG单板拨码开关用来进行阻抗选择，CLKG单板的拨码开关位置，如图4-14所示。

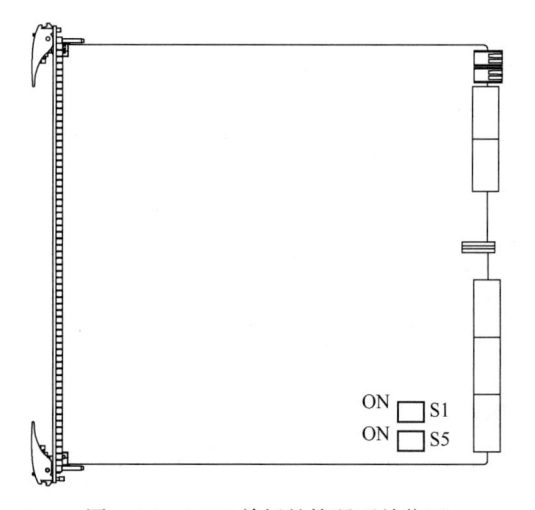

图4-14　CLKG单板的拨码开关位置

### 7. CLKG单板拨码开关

CLKG单板拨码开关说明见表4-12。

表4-12  CLKG单板拨码开关

| 阻抗 | S5 | S1 |
|------|-----|-----|
| 120 Ω | OFF | OFF |
| 100 Ω | OFF | ON |
| 75 Ω | ON | ON |

### 8. CLKG单板的面板接口

CLKG单板的面板接口的具体说明见表4-13。

表4-13  CLKG单板相关接口说明

| 位置 | 接口名称 | 方向 | 说明 |
|------|----------|------|------|
| 后插单板 RCKG1面板 | CLKOUT | 输出 | 6×时钟输出连接各资源框和控制框 |
| | CLKOUT | 输出 | 一个CLKOUT输出一拖六的电缆，一个机框中有两块UIM单板，共使用两个时钟插座。因为每个时钟插座提供1路16 M，1路8 K和1路PP2S信号，所以一个CLKOUT可以连接3个机框，也就是所说的3路时钟输出。RCKG1有2个CLKOUT,可以提供6路时钟输出，即连接6个机框 |
| | 8 KIN1 | 输入 | 2×8 K基准输入，当由APBE板提供时钟基准时，与其后插单板RGIM1的8KOUT/DEBUG-232连接 |
| | 8 KIN2 | 输入 | 2×8 K基准输入，当由DTB板提供时钟基准时，与其后插单板RDTB的DEBUG-FE/232连接 |
| | 2 Mbit/s/2 MHz | 输入 | 1×2 Mbit/s和2 MHz输入，连接外部BITS时钟基准源 |
| 后插单板 RCKG2面板 | CLKOUT | 输出 | 9×时钟输出接口连接各资源框和控制框 |
| | CLKOUT | 输出 | RCKG2有3个CLKOUT,可以提供9路时钟输出，即连接9个机框 |
| | CLKOUT | 输出 | RCKG1和RCKG2配合使用可以提供15个机框连接，这是目前RNC最大的时钟连接数量 |
| | PP2S/16CHIP | 输入 | 1×GPS基准输入，连接外部GPS时钟基准源 |

### 9. CLKG单板的背板连接

CLKG单板的背板连接的具体含义见表4-14。

表4-14  CLKG单板的背板连接

| 位置 | 接口名称 | 方向 | 说明 |
|------|----------|------|------|
| 背板 | 监控 | 输出 | 通过背板与本机框的ROMB连接 |
| | 1×1 M以太网 | 输出 | 通过背板向本机框的UIMC提供时钟 |

### 10. CLKG单板配置要求

每块CLKG单板（可插槽位相同）占用1个槽位，插在1号机框的控制框，CLKG单板配置要求示意如图4-15所示。

RCKG1和RCKG2单板各占用1个槽位,插在主备CLKG对应的后插板槽位上（RCKG1

只能插在相对编号小的槽位，RCKG2只能插在相对编号大的槽位）。

| 1 | 2 | 3 | 4 | 5 | 6 | 7 | 8 | 9 | 10 | 11 | 12 | 13 | 14 | 15 | 16 | 17 |
|---|---|---|---|---|---|---|---|---|----|----|----|----|----|----|----|----|
| | | | | | | | | UIMC | UIMC | | | CLKG | CLKG | | | |

图4-15　CLKG单板配置要求示意

**11. CLKG单板可靠性**

CLKG单板支持1+1热备份。

**12. CLKG单板的后插单板**

CLKG单板的后插板有如下两个。

① RCKG1。

② RCKG2。

RCKG1和RCKG2为CLKG单板提供对外的接口，在使用时两块后插单板配合使用。

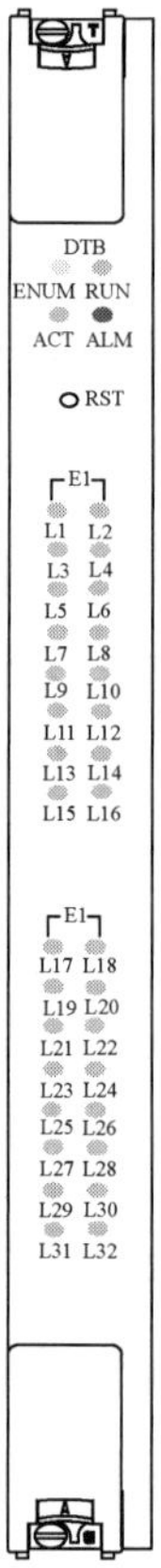

### 4.1.6.5　DTB单板

**1. DTB单板定义**

DTB单板是RNC的一种接口板，提供E1接口。

**2. DTB单板功能**

DTB单板提供32路E1接口，负责为RNC系统提供E1线路接口。

DTB单板需要和APBI单板或者IMAB单板组合使用。

• 1个APBI单板和2个DTB单板组成一组，提供完整的E1接入和ATM终结功能。

• 1个IMAB单板和2个DTB单板组成一组，提供完整的E1接入和ATM终结功能。

**3. DTB单板的面板结构图**

DTB单板的面板结构图，如图4-16所示。

**4. DTB单板的面板指示灯**

DTB单板有36个面板指示灯的具体含义见表4-15。

图4-16　DTB单板的
面板结构图

表4-15　DTB单板的面板指示灯

| 灯名 | 颜色 | 含义 | 说明 |
|------|------|------|------|
| RUN | 绿 | 运行指示灯 | 公共类指示灯，参见"单板面板公共类指示灯" |
| ALM | 红 | 告警指示灯 | |
| ENUM | 黄 | 拔板指示灯 | |
| ACT | 绿 | 主备指示灯 | |
| L1~L32 | 绿 | 32路E1指示灯 | 特定类指示灯<br>灯灭：表示数据库未配置本条E1/T1；<br>灯长亮：表示数据库已配置本条E1/T1，但是E1/T1不通；<br>灯1Hz闪烁（慢闪）：表示数据库已配置本条E1/T1，且E1/T1是通的 |

**5. DTB面板按键**

DTB单板面板按键的具体含义见表4-16。

表4-16　DTB单板面板按键

| 名称 | 说明 |
| --- | --- |
| RST | 复位开关 |

**6. DTB单板的拨码开关和跳线**

① DTB单板的拨码开关和跳线位置，如图4-17所示。

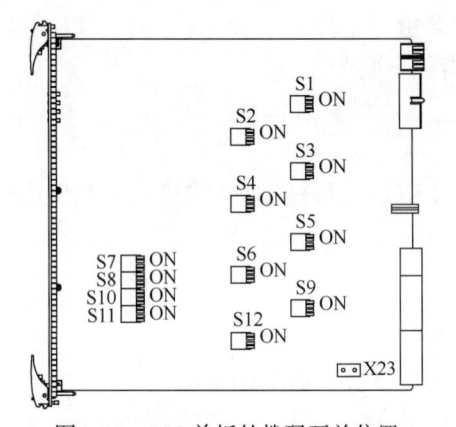

图4-17　DTB单板的拨码开关位置

② DTB单板拨码开关说明见表4-17。

表4-17　DTB单板拨码开关说明

| 拨码开关名称 | 用途 | 开关设置说明 | | | | | 缺省位置 | | | |
| --- | --- | --- | --- | --- | --- | --- | --- | --- | --- | --- |
| | | 模式 | 1 | 2 | 3 | 4 | 1 | 2 | 3 | 4 |
| S1~S6,<br>S9<br>S12 | 用于选择各路E1的阻抗匹配电阻为75 Ω或120 Ω | 75 Ω | ON | ON | ON | ON | ON | ON | ON | ON |
| | | 120 Ω | OFF | OFF | OFF | OFF | | | | |
| S7<br>S8 | 用于向CPU指示相应的各E1芯片的接收匹配电阻大小 | 75 Ω | ON | ON | ON | ON | ON | ON | ON | ON |
| | | 120 Ω | OFF | OFF | OFF | OFF | | | | |
| S10<br>S11 | 用于向CPU指示相应的各E1芯片工作的长短线状态 | SHORT HAUL | ON | ON | ON | ON | ON | ON | ON | ON |
| | | LONG HAUL | OFF | OFF | OFF | OFF | | | | |

注1：S7、S8每路拨码对应一片E1芯片。

S7对应第1到第4片E1芯片（第1路E1到第16路E1）。

S8对应第5到第8片E1芯片（第17路E1到第32路E1）。

上电时，CPU读入这个状态，并根据这个状态来对E1芯片进行不同的初始化。

注2：S10、S11每路拨码对应4片E1芯片。

S10对应第1到4片E1芯片（第1路E1到第16路E1）。

S11对应第5到8片E1芯片（第17路E1到第32路E1）。

上电时，CPU读入这个状态，并根据这个状态来对E1芯片进行不同的初始化。

③ DTB单板跳线说明如下。

DTB单板跳线X23，如图4-17所示。DTB单板有一路跳线（X23），供单板调试使用。在单板正常工作时，X23必须断开。

### 7. DTB单板的面板接口

DTB单板无面板接口。DTB单板的背板连接见表4-18。

表4-18 DTB单板的背板连接

| 位置 | 接口名称 | 方向 | 说明 |
|------|----------|------|------|
| 背板 | 8×8 M HW | 双向 | 背板连接交换单元的UIMU/GUIM电路交换部分 |
| | 1×100 M以太网 | 双向 | 背板连接交换单元的UIMU/GUIM控制面 |

### 8. DTB单板配置要求

DTB单板占用1个槽位，插在千兆资源框，DTB单板配置要求示意如图4-18所示。

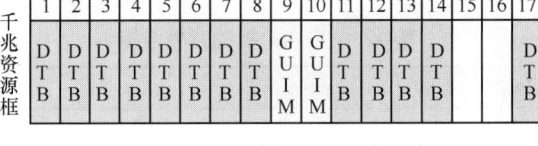

图4-18 DTB单板配置要求示意

### 9. DTB单板可靠性

无。DTB单板的后插单板：DTB单板的后插单板是RDTB单板。

## 4.1.6.6 EIPI单板

### 1. EIPI单板定义

EIPI接口板（EIPI）是RNC的一种接口板，属于接入单元，提供基于E1的IP接入（与DTB或SDTB配合完成）。

### 2. EIPI单板功能

EIPI提供基于E1的IP接入（与DTB或SDTB配合完成，EIPI单板本身无对外接口）。

- 1块EIPI单板和2块DTB单板组合，提供最大支持64个E1接口。
- 1块EIPI单板和1块SDTB单板组合，提供1个STM-1接口。

### 3. EIPI单板的面板结构图

EIPI单板的面板结构图，如图4-19所示。

### 4. EIPI单板的面板指示灯

EIPI单板有4个面板指示灯的具体含义见表4-19。

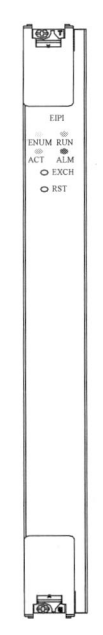

图4-19 EIPI单板的
面板结构图

表4-19　EIPI单板指示灯

| 灯名 | 颜色 | 含义 | 说明 |
|------|------|------|------|
| RUN | 绿 | 运行指示灯 | |
| ALM | 红 | 告警指示灯 | 公共类指示灯，参见"单板面板公共类指示灯" |
| ENUM | 黄 | 拔板指示灯 | |
| ACT | 绿 | 主备指示灯 | |

### 5. EIPI单板的面板按键

EIPI单板有2个面板按键的具体含义见表4-20。

表4-20　EIPI单板面板按键

| 名称 | 说明 |
|------|------|
| EXCH | 主备倒换开关 |
| RST | 复位开关 |

### 6. EIPI单板的面板接口

EIPI单板无面板接口。

EIPI单板的背板连接的具体含义见表4-21。

表4-21　EIPI单板的背板连接

| 位置 | 接口名称 | 方向 | 说明 |
|------|----------|------|------|
| 背板 | 1×100 M以太网 | 双向 | 背板连接UIMU/GUIM控制面 |
| | 1×1 G以太网 | 双向 | 背板连接GUIM用户面 |
| | 4×100 M以太网 | 双向 | 背板连接UIMU用户面 |
| | 8×16 MHW以太网 | 双向 | 背板连接UIMU/GUIM电路交换 |

### 7. EIPI单板配置要求

EIPI单板占用1个槽位，插在千兆资源框，EIPI单板配置要求示意如图4-20所示。

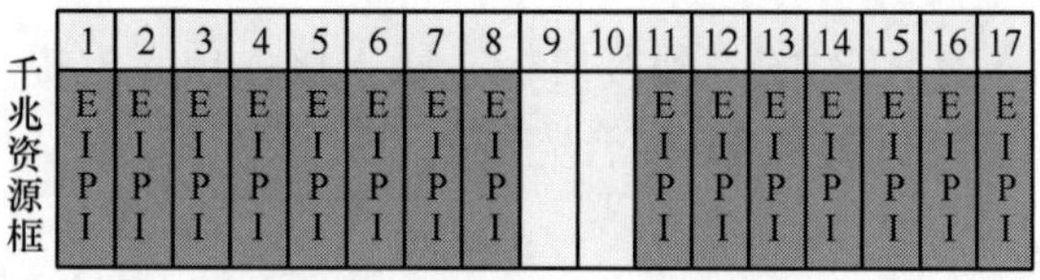

图4-20　EIPI单板配置要求示意

### 8. EIPI单板可靠性

EIPI单板支持1+1备份。

EIPI单板的后插单板：EIPI单板无后插单板，在其相应的槽位安装空面板。

## 4.1.6.7　GIPI单板

### 1. GIPI单板定义

千兆以太网接口板（GIPI）是RNC的一种接口板，提供IP接入。

### 2. GIPI单板功能

在ZXWR RNC系统中,千兆以太网接口板(GIPI)实现各种IP接口和OMCB网关功能。

### 3. GIPI单板的面板结构图

GIPI单板的面板结构图,如图4-21所示。

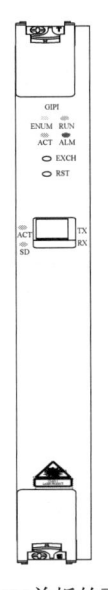

图4-21　GIPI单板的面板结构图

### 4. GIPI单板的面板指示灯

GIPI单板4个面板指示灯的具体含义见表4-22。

表4-22　GIPI单板的面板指示灯

| 灯名 | 颜色 | 含义 | 说明 |
|---|---|---|---|
| RUN | 绿 | 运行指示灯 | 公共类指示灯,参见"单板面板公共类指示灯" |
| ALM | 红 | 告警指示灯 | |
| ENUM | 黄 | 拔板指示灯 | |
| ACT | 绿 | 主备指示灯 | |
| SD | 绿 | 光信号指示灯 | 特定类指示灯<br>灯亮:表示光口接收到光信号<br>灯灭:表示光口未接收到光信号 |

### 5. GIPI单板的面板按键

GIPI单板的面板按键的具体含义见表4-23。

表4-23　GIPI单板的面板按键

| 名称 | 说明 |
|---|---|
| RST | 复位开关 |
| EXCH | 主备倒换开关 |

### 6. GIPI单板的面板接口

GIPI单板的面板接口的具体含义见表4-24。

表4-24 GIPI单板的面板接口

| 位置 | 接口名称 | 方向 | 说明 |
|---|---|---|---|
| 前插单板GIPI面板 | 1对TX~RX | TX：输出<br>RX：输入 | 前插单板面板光纤连接外部系统1×STM-1光口 |

### 7. GIPI单板的背板连接

GIPI单板的背板连接的具体含义见表4-25。

表4-25 GIPI单板的背板连接

| 位置 | 接口名称 | 方向 | 说明 |
|---|---|---|---|
| 背板 | 1×100 M控制面以太网 | 双向 | 背板连接GUIM/UIMU控制面 |
| | 1×1 G用户面以太网 | 双向 | 背板连接GUIM/UIMU用户面 |
| | 4×100 M用户面以太网 | 双向 | 背板连接GUIM/UIMU用户面 |

### 8. GIPI单板配置要求

每块GIPI单板占用1个槽位，可插在千兆资源框，可插槽位，GIPI单板配置要求示意如图4-22所示。

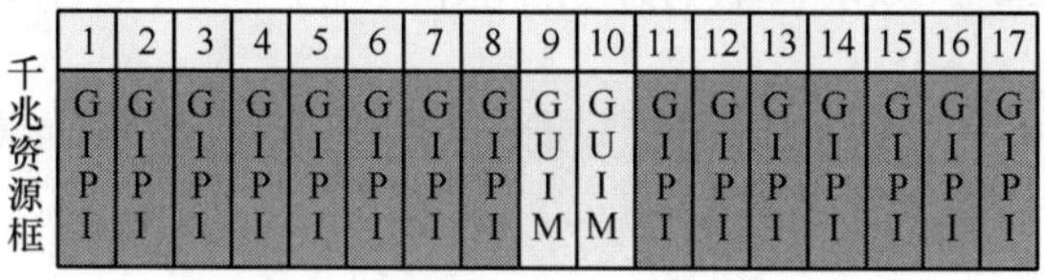

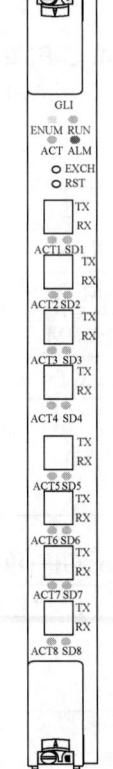

图4-22 GIPI单板配置要求示意

### 9. GIPI单板可靠性

GIPI单板支持负荷分担。

### 10. GIPI单板的后插单板

GIPI单板的后插板有以下两种：

① RGER，出GE口；

② RMNIC，出FE口。

## 4.1.6.8 GLI单板

### 1. GLI单板定义

千兆线路接口板（GLI）是RNC的一种交换单板，实现交换框和各资源框的接口。

### 2. GLI单板功能

千兆线路接口板（GLI）是GE口线路接口板，实现交换框和各资源框的接口。完成物理层适配、IP包查表、分片、转发和流量管理功能。

### 3. GLI面板结构图

GLI面板结构图，如图4-23所示。

图4-23 GLI单板的
面板结构图

#### 4. GLI单板的面板指示灯

GLI单板20个面板指示灯的具体含义见表4-26。

表4-26　GLI单板的面板指示灯

| 灯名 | 颜色 | 含义 | 说明 |
|------|------|------|------|
| RUN | 绿 | 运行指示灯 | 公共类指示灯，参见"单板面板公共类指示灯" |
| ALM | 红 | 告警指示灯 | |
| ENUM | 黄 | 拔板指示灯 | |
| ACT | 绿 | 主备指示灯 | |
| ACT1-8 | 绿 | 激活光口指示灯 | 特定类指示灯<br>灯亮：表示逻辑仍未正常（等到FPGA中有逻辑才会灭，否则长亮）<br>闪烁：逻辑正常后，根据收发数据闪烁 |
| SD1-8 | 绿 | 光信号指示灯 | 特定类指示灯<br>灯亮：表示光口接收到光信号<br>灯灭：表示光口未接收到光信号 |

#### 5. GLI单板的面板按键

GLI单板面板按键的具体含义见表4-27。

表4-27　GLI单板面板按键

| 名称 | 说明 |
|------|------|
| RST | 复位开关 |
| EXCH | 主备倒换开关 |

#### 6. GLI单板的面板接口

GLI单板的面板接口的具体含义见表4-28。

表4-28　GLI单板的面板接口

| 位置 | 接口名称 | 方向 | 说明 |
|------|---------|------|------|
| 前插单板GLI面板 | 8对TX-RX | 双向 | 前插单板面板8×STM-1光口出光纤连接各资源框的UIMU单板/千兆资源框的GUIM单板，用于将各资源框/千兆资源框业务接入交换平台（对外提供两两互为备份的4对GE光口，体现在面板上是SD1和SD2是一组端口备份，SD3和SD4是一组，其余依次类推） |

#### 7. GLI单板的背板连接

GLI单板的背板连接的具体含义见表4-29。

表4-29　GLI单板的背板连接

| 位置 | 接口名称 | 方向 | 说明 |
|------|---------|------|------|
| 背板 | 1×100 M | 双向 | 背板连接本框的UIMC单板 |

#### 8. GLI单板配置要求

每块GLI单板占用1个槽位，插在交换框，可插单板，GLI单板配置要求示意如图4-24所示。

| | 1 | 2 | 3 | 4 | 5 | 6 | 7 | 8 | 9 | 10 | 11 | 12 | 13 | 14 | 15 | 16 | 17 |
|---|---|---|---|---|---|---|---|---|---|---|---|---|---|---|---|---|---|
| 交换框 | GLI | GLI | GLI | GLI | GLI | GLI | PSN | PSN | GLI | GLI | GLI | GLI | GLI | GLI | UIMC | UIMC | |

图4–24　GLI单板配置要求示意

### 9. GLI单板可靠性

GLI单板支持负荷分担。

GLI单板的后插单板：GLI单板无后插单板。在其相应槽位安装空面板。

## 4.1.6.9　GUIM单板

### 1. GUIM单板定义

GUIM单板属于交换单元，与千兆资源框配套使用，实现RNC系统的二级交换子系统用户面交换功能。

### 2. GUIM单板功能

① GUIM单板能够为该千兆资源框内部提供32K电路交换功能。提供交换式HUB，分为控制面和用户面两个部分。

② 提供资源框内时钟驱动功能，输入8 K、16 M信号，经过锁相、驱动，后分发给资源框的各个槽位，为同框资源单板提供16 M和8 K时钟。

### 3. GUIM单板的面板结构图

GUIM单板的面板结构图，如图4-25所示。

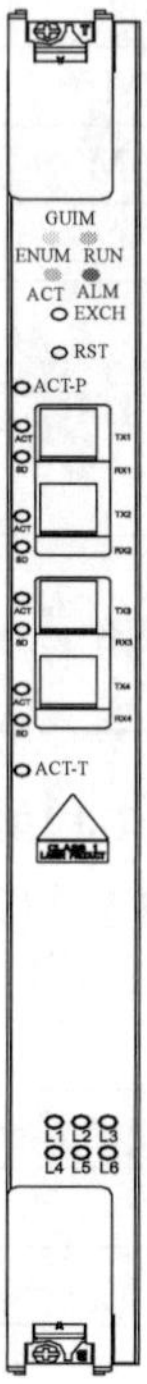

图4–25　GUIM单板的面板结构图

### 4. GUIM单板的面板指示灯

GUIM单板20个面板指示灯的具体含义见表4-30。

表4-30　GUIM单板的面板指示灯

| 灯名 | 颜色 | 含义 | 说明 |
|---|---|---|---|
| ENUM | 黄 | 拔板指示灯 | 公共类指示灯，参见“单板面板公共类指示灯” |
| RUN | 绿 | 运行指示灯 | |
| ACT | 绿 | 主备指示灯 | |
| ALM | 红 | 告警指示灯 | |
| ACT-P | 绿 | 单板分组域主用灯 | 特定类指示灯<br>灯亮：当单板分组域主用时，该灯亮<br>灯灭：当单板分组域非主用时，该灯灭 |
| ACT-T | 绿 | 单板电路域主用灯 | 特定类指示灯<br>灯亮：当单板电路域主用时，该灯亮<br>灯灭：当单板电路域非主用时，该灯灭 |
| ACT1-4 | 绿 | 激活光口指示灯 | 特定类指示灯（8个ACT）<br>灯亮：表示逻辑仍未正常（等到FPGA中有逻辑才会灭，否则长亮）<br>闪烁：逻辑正常后，根据收发数据闪烁 |

（续表）

| 灯名 | 颜色 | 含义 | 说明 |
|---|---|---|---|
| SD1-4 | 绿 | 光信号指示灯 | 特定类指示灯（8个SD）<br>灯亮：表示光口接收到光信号<br>灯灭：表示光口未接收到光信号 |
| L1 | 绿 | 控制面级联口状态<br>指示灯 | 特定类指示灯<br>灯亮：表示后插单板RGUM1的FE1端口连接正常<br>灯灭：表示后插单板RGUM1的FE1端口连接不正常或未连接 |
| L2 | 绿 | 控制面级联口状态<br>指示灯 | 特定类指示灯<br>灯亮：表示后插单板RGUM2的FE2端口连接正常<br>灯灭：表示后插单板RGUM2的FE2端口连接不正常或未连接 |
| L3 | 绿 | 控制面级联口状态<br>指示灯 | 特定类指示灯<br>灯亮：表示后插单板RGUM1的FE3端口连接正常<br>灯灭：表示后插单板RGUM1的FE3端口连接不正常或未连接 |
| L4 | 绿 | 控制面级联口状态<br>指示灯 | 特定类指示灯<br>灯亮：表示后插单板RGUM2的FE4端口连接正常<br>灯灭：表示后插单板RGUM2的FE4端口连接不正常或未连接 |
| L5 | 绿 | 控制面级联口状态<br>指示灯 | 特定类指示灯<br>灯亮：表示后插单板RGUM1的FE5端口连接正常<br>灯灭：表示后插单板RGUM1的FE5端口连接不正常或未连接 |
| L6 | 绿 | 控制面级联口状态<br>指示灯 | 特定类指示灯<br>灯亮：表示后插单板RGUM2的FE6端口连接正常<br>灯灭：表示后插单板RGUM2的FE6端口连接不正常或未连接 |

### 5. GUIM单板的面板按键

GUIM单板有2个面板按键的具体含义见表4-31。

表4-31　GUIM单板面板按键

| 名称 | 说明 |
|---|---|
| RST | 复位开关 |
| EXCH | 主备倒换开关 |

### 6. GUIM单板的面板接口

GUIM单板的面板接口的具体含义见表4-32。

表4-32　GUIM单板的面板接口

| 位置 | 接口名称 | 方向 | 说明 |
|---|---|---|---|
| 前插单板<br>GUIM面板 | 4对TX～RX | 双向 | 4个1G光口，前面板光纤连接交换单元的GLI单板，用户面扩展用<br>或者当只有两个千兆资源框时，两层框的GUIM互联<br>或者只有1个千兆资源框，1个千兆接口框时，两层框的GUIM互联 |

### 7. GUIM单板的背板连接

GUIM单板的背板连接的具体含义见表4-33。

表4-33　GUIM单板的背板连接

| 位置 | 接口名称 | 方向 | 说明 |
|------|---------|------|------|
| 背板 | 4×100 M以太网 | 双向 | 背板连接CHUB |
| | 20×100 M以太网 | 双向 | 背板连接本机框各单板用户面 |
| | 21×1 G以太网 | 双向 | 背板连接本机框各单板用户面 |
| | 21×100 M以太网 | 双向 | 背板连接本机框各单板控制面 |
| | 120×8 M HW | 双向 | 背板连接本机框的IMAB和DTB、SDTB |

**8. GUIM单板配置要求**

每块GUIM单板占用1个槽位，可插在千兆资源框和千兆交换框，可插槽位，GUIM单板配置要求示意如图4-26所示。

| 千兆资源框/千兆交换框 | 1 | 2 | 3 | 4 | 5 | 6 | 7 | 8 | G U I M | G U I M | 11 | 12 | 13 | 14 | 15 | 16 | 17 |
|---|---|---|---|---|---|---|---|---|---|---|---|---|---|---|---|---|---|

图4-26　GUIM单板配置要求示意

**9. GUIM单板可靠性**

GUIM单板支持1+1热备份。

GUIM单板的后插单板，GUIM的后插单板有以下两种：

① RGUM1；

② RGUM2。

## 4.1.6.10　ICM单板

**1. ICM单板定义**

ICM单板是RNC的一种时钟板，为各机框提供时钟。

**2. ICM单板功能**

① 接收GPS卫星系统的信号，提取并产生1PPS信号和相应的导航电文（TOD消息），并以该1PPS信号为基准锁相产生RNC／BSC系统所需要的PP2S、19.6608MHz，系统8K时钟基准；

② 支持BITS、1路线路（8K）、2路GPS8K(分别来本板和外部GPS)、UIM8K作为本地的时钟基准参考；

③ 输出时钟可为三级或二级；

④ 具有手工选择时钟基准功能；

⑤ 具有时钟丢失和输入基准降质判别功能。

**3. ICM单板与CLKG和ICMG单板的区别**

与CLKG单板相比，ICM单板增加了GPS功能，可以为系统提供GPS卫星信息，供系统定位功能使用，同时增加了一种参考时钟的来源。

与ICMG单板相比，ICM单板的GPS子卡部分成本大大降低，适用于对定位信息要求不过于严格或仅需要GPS提供基准时钟源功能的系统。

**4. ICM单板的面板结构图**

ICM单板的面板结构图，如图4-27所示。

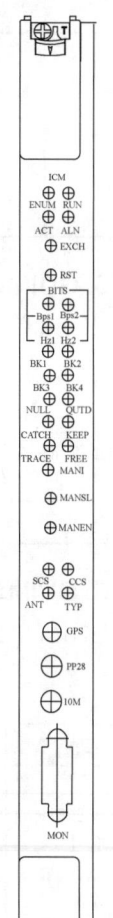

图4-27　ICM单板的面板结构图

### 5. ICM单板的面板指示灯

ICM面板上有23个指示灯的具体含义见表4-34。

表4-34 ICM单板的面板指示灯

| 灯名 | 颜色 | 含义 | 说明 |
|------|------|------|------|
| ENUM | 黄 | 拔板指示灯 | 公共类指示灯，参见"单板面板公共类指示灯" |
| RUN | 绿 | 运行指示灯 | |
| ALM | 红 | 告警指示灯 | |
| ACT | 绿 | 主备指示灯 | |
| CATCH | 绿 | 状态指示灯 | 绿灯点亮表示处于快捕状态 |
| TRACE | 绿 | 状态指示灯 | 绿灯点亮表示处于跟踪状态 |
| KEEP | 绿 | 状态指示灯 | 绿灯点亮表示处于保持状态 |
| FREE | 绿 | 状态指示灯 | 绿灯点亮表示处于自由运行状态 |
| 2Mbit/s1 | 绿 | 基准指示灯 | 绿灯点亮表示基准来源于第一路2Mbit/s |
| 2Mbit/s2 | 绿 | 基准指示灯 | 绿灯点亮表示基准来源于第二路2Mbit/s |
| 2MHz1 | 绿 | 基准指示灯 | 绿灯点亮表示基准来源于第一路2MHz时钟 |
| 2MHz2 | 绿 | 基准指示灯 | 绿灯点亮表示基准来源于第二路2MHz时钟 |
| 8K1 | 绿 | 基准指示灯 | 绿灯点亮表示基准来源于线路提取的8K时钟 |
| 8K2 | 绿 | 基准指示灯 | 绿灯点亮表示基准来源于外部GPS提供的8K时钟 |
| 8K3 | 绿 | 基准指示灯 | 绿灯永久灭：表示不使用UIM提供的基准 |
| 8K4 | 绿 | 基准指示灯 | 绿灯点亮表示基准来源于本板GPS提供的8K时钟 |
| NULL | 绿 | 无时钟基准指示灯 | 无时钟基准指示灯 |
| QUTD | 绿 | 基准降质指示灯 | 红灯亮表示所选基准降质 |
| MANI | 绿 | 基准选择使能灯 | 基准选择使能灯 |
| SCS | 绿 | 时钟基准指示灯 | 常亮：表示系统时钟正常<br>常灭：16chip锁相环失锁<br>极快闪：输出16chip信号异常<br>极慢闪：输出pp2s信号异常 |
| CCS | 绿 | 时钟基准指示灯 | 电路时钟12.8M PLL锁定正常 |
| ANT | 绿 | 天线状态指示灯 | 接收机初始化、天馈开路、正常等指示 |
| TYP | 绿 | 模式指示灯 | 常灭（黑）：GPS单模接收机<br>常亮（绿）：GPS/GONOLASS双模接收机<br>常亮（黄）：GPS/GONOLASS/北斗定时三模接收 |

### 6. ICM单板的面板按键

ICM单板的面板按键的具体含义见表4-35。

表4-35 ICM单板的面板按键

| 名称 | 说明 |
|------|------|
| RST | 复位开关 |
| EXCH | 主备倒换开关 |
| MANEN | 按此按钮后，使能基准的手动选择功能MANI指示灯亮，进入手动选择时钟基准 |
| MANSL | 选择基准之前须先按MANEN，当MANI指示灯亮时，按此按钮从多个输入时钟基准中选择一个合适的时钟基准（面板灯2 Mbit/s1、2 Mbit/s2、2 MHz1、2 MHz2、8 K1、8 K2、8 K3、8K4、NULL会相应点亮） |

### 7. ICM单板的拨码开关位置

ICM单板的拨码开关位置，如图4-28所示。

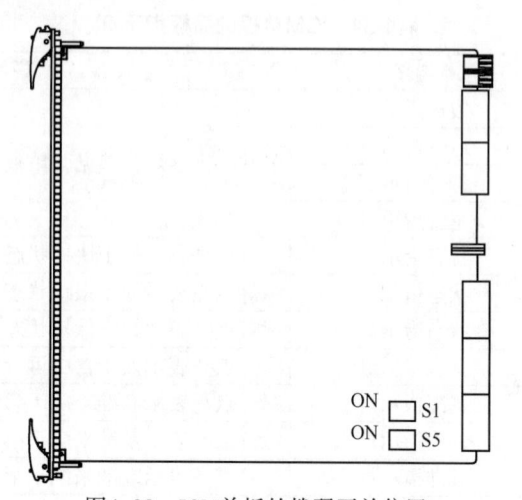

ON ☐ S1
ON ☐ S5

图4-28　ICM单板的拨码开关位置

### 8. ICM单板的拨码开关

ICM单板拨码开关用来进行阻抗选择的具体含义见表4-36。

表4-36　ICM单板拨码开关设置

| 阻抗 | S5 | S1 |
|---|---|---|
| 120 Ω | OFF | OFF |
| 100 Ω | OFF | ON |
| 75 Ω | ON | ON |

### 9. ICM单板接口

ICM单板相关接口的具体含义见表4-37。

表4-37　ICM单板相关接口说明

| 位置 | 接口名称 | 方向 | 说明 |
|---|---|---|---|
| 前插单板ICM | GPS | 输入 | 线缆连接至GPS天线，接收GPS卫星信号 |
| | PP2S | 输出 | GPS模块送给前面板PP2S |
| | 10M | 输出 | GPS模块送给前面板10M |
| | MON | 双向 | GPS模块送给前面板板调试串口 |

### 10. ICM单板的背板连接

ICM单板的背板连接的具体含义见表4-38。

表4-38　ICM单板的背板连接

| 位置 | 接口名称 | 方向 | 说明 |
|---|---|---|---|
| 背板 | 1×100 M以太网 | 双向 | 1×100 M，背板连接UIMC |

**11. ICM单板配置要求**

每块ICM单板占用1个槽位，插在1号机柜的控制框，ICM单板配置要求示意如图4-29所示。

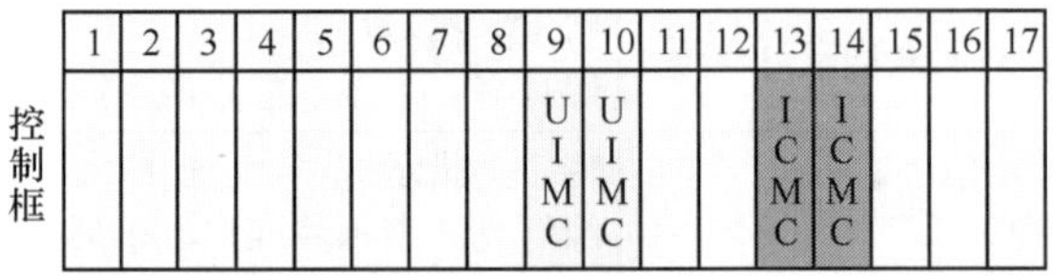

| | 1 | 2 | 3 | 4 | 5 | 6 | 7 | 8 | 9 | 10 | 11 | 12 | 13 | 14 | 15 | 16 | 17 |
|---|---|---|---|---|---|---|---|---|---|---|---|---|---|---|---|---|---|
| 控制框 | | | | | | | | | U I M C | U I M C | | | I C M C | I C M C | | | |

图4-29　ICM单板配置要求示意

**12. ICM单板可靠性**

ICM单板支持1+1热备份。

ICM单板的后插单板有以下两种：

① RCKG1；

② RCKG2

RCKG1和RCKG2为ICM单板提供对外接口，在使用时两块后插单板配合使用。

### 4.1.6.11　ICMG单板

**1. ICMG单板定义**

ICMG单板是RNC的一种时钟板，为各机框提供时钟。

**2. ICMG单板功能**

在ZXWR RNC系统中，ICMG单板实现RNC系统的时钟供给、同步功能，以及GPS信息接收功能（接收GPS卫星系统的信号，产生系统8 K时钟基准），支持二级时钟标准。

**3. CLKG单板与ICMG单板的区别**

ICMG单板和CLKG单板的区别是，ICMG单板除了能提供CLKG单板功能外，ICMG内置的GPS接收机还可以为系统提供GPS卫星信息，供系统定位功能用。

**4. ICMG单板的面板结构图**

ICMG单板的面板结构图，如图4-30所示。

**5. ICMG单板的面板指示灯**

ICMG面板上有18个指示灯的具体含义见表4-39。

图4-30　ICMG单板的
面板结构图

表4-39　ICMG单板的面板指示灯

| 灯名 | 颜色 | 含义 | 说明 |
|---|---|---|---|
| RUN | 绿 | 运行指示灯 | 公共类指示灯，参见"单板面板公共类指示灯" |
| ALM | 红 | 告警指示灯 | |
| ENUM | 黄 | 拔板指示灯 | |
| ACT | 绿 | 主备指示灯 | |

（续表）

| 灯名 | 颜色 | 含义 | 说明 |
|------|------|------|------|
| Bps1 | 绿 | 基准指示灯 | 特定类指示灯<br>绿灯亮：表示基准来源于第一路2 Mbit/s时钟 |
| Bps2 | 绿 | 基准指示灯 | 特定类指示灯<br>绿灯亮：表示基准来源于第二路2 Mbit/s时钟 |
| Hz1 | 绿 | 基准指示灯 | 特定类指示灯<br>绿灯亮：表示基准来源于第一路2 MHz时钟 |
| Hz2 | 绿 | 基准指示灯 | 特定类指示灯<br>绿灯亮：表示基准来源于第二路2 MHz时钟 |
| 8K1 | 绿 | 基准指示灯 | 特定类指示灯<br>绿灯亮：表示基准来源于线路提取的8 K时钟 |
| 8K2 | 绿 | 基准指示灯 | 特定类指示灯<br>绿灯亮：表示基准来源于外部GPS提供的8 K时钟 |
| 8K3 | 绿 | 基准指示灯 | 特定类指示灯<br>绿灯永久灭：表示不使用UIM提供的基准 |
| 8K4 | 绿 | 基准指示灯 | 特定类指示灯<br>绿灯亮：表示基准来源于本板GPS提供的8 K时钟 |
| NULL | 绿 | 无时钟基准指示灯 | 特定类指示灯<br>绿灯亮：无时钟基准 |
| QUTD | 绿 | 基准降质指示灯 | 特定类指示灯<br>红灯亮：表示所选基准降质 |
| MANI | 绿 | 基准选择使能灯 | 特定类指示灯<br>绿灯亮：基准选择使能 |
| CATCH | 绿 | 状态指示灯 | 特定类指示灯<br>绿灯亮：表示处于快捕状态 |
| KEEP | 绿 | 状态指示灯 | 特定类指示灯<br>绿灯亮：表示处于保持状态 |
| TRACE | 绿 | 状态指示灯 | 特定类指示灯<br>绿灯亮：表示处于跟踪状态 |
| FREE | 绿 | 状态指示灯 | 特定类指示灯<br>绿灯亮：表示处于自由运行状态 |

### 6. ICMG单板的面板按键

ICMG单板的面板按键的具体含义见表4-40。

表4-40　ICMG单板的面板按键

| 名称 | 说明 |
|------|------|
| RST | 复位开关 |
| EXCH | 主备倒换开关 |
| MANEN | 按此按钮后，使能基准的手动选择功能MANI指示灯亮，进入手动选择时钟基准 |
| MANSL | 选择基准之前须先按MANEN，当MANI指示灯亮时，按此按钮从多个输入时钟基准中选择一个合适的时钟基准（面板灯2 Mbit/s1、2 Mbit/s2、2 MHz1、2 MHz2、8 K1、8 K2、8 K3、8K4、NULL会相应点亮） |

### 7. ICMG单板的拨码开关位置

ICMG单板的拨码开关位置，如图4-31所示。

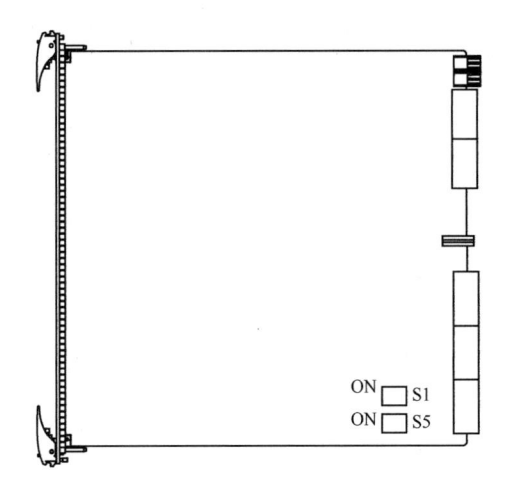

图4-31 ICMG单板的拨码开关位置

### 8. ICMG单板的拨码开关

ICMG单板拨码开关用来进行阻抗选择的具体含义见表4-41。

表4-41 ICMG单板拨码开关设置

| 阻抗 | S5 | S1 |
| --- | --- | --- |
| 120 Ω | OFF | OFF |
| 100 Ω | OFF | ON |
| 75 Ω | ON | ON |

### 9. ICMG单板接口

ICMG单板相关接口的具体含义见表4-42。

表4-42 ICMG单板相关接口说明

| 位置 | 接口名称 | 方向 | 说明 |
| --- | --- | --- | --- |
| 前插单板ICMG | GPS | 输入 | 线缆连接至GPS天线，接收GPS卫星信号 |

### 10. ICMG单板的背板连接

ICMG单板的背板连接的具体含义见表4-43。

表4-43 ICMG单板的背板连接

| 位置 | 接口名称 | 方向 | 说明 |
| --- | --- | --- | --- |
| 背板 | 1×100 M以太网 | 双向 | 1×100 M，背板连接UIMC |

### 11. ICMG单板配置要求

每块ICMG单板占用1个槽位，插在1号机柜的控制框，ICMG单板配置要求示意如图4-32所示。

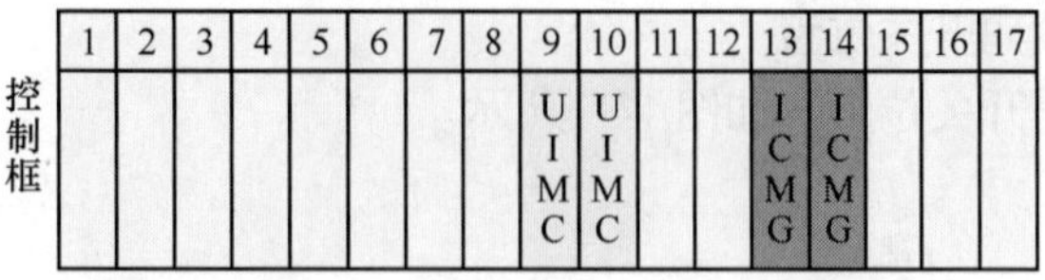

图4-32 ICMG单板配置要求示意

### 12. ICMG单板可靠性

ICMG单板支持1+1热备份。

ICMG单板的后插单板有以下两种：

① RCKG1；

② RCKG2。

RCKG1和RCKG2为ICMG单板提供对外的接口，在使用时两块后插单板配合使用。

### 4.1.6.12 IMAB单板

#### 1. IMAB单板定义

IMA/ATM协议处理板IMAB是RNC的一种接入单板，IMAB与DTB/SDTB一起，提供支持ATM反向复用IMA的E1接入。

#### 2. IMAB单板功能

① 1个IMAB单板和2个DTB单板组成一组。

② 1个IMAB单板和1个SDTB单板组成一组。

IMAB与DTB/SDTB配合使用，提供完整的E1接入和ATM终结功能。

每块IMAB单板支持30个IMA组，每个IMA组最大有32个E1链路。

#### 3. IMAB单板的面板结构图

IMAB单板的面板结构图，如图4-33所示。

#### 4. IMAB单板的面板指示灯

IMAB单板有4个面板指示灯的具体含义见表4-44。

图4-33 前插单板 IMAB面板图

表4-44 IMAB单板的面板指示灯

| 灯名 | 颜色 | 含义 | 说明 |
|---|---|---|---|
| RUN | 绿 | 运行指示灯 | 公共类指示灯，参见"单板面板公共类指示灯" |
| ALM | 红 | 告警指示灯 | |
| ENUM | 黄 | 拔板指示灯 | |
| ACT | 绿 | 主备指示灯 | |

#### 5. IMAB单板的面板按键

IMAB单板面板按键的具体含义见表4-45。

表4-45 IMAB单板面板按键

| 名称 | 说明 |
|---|---|
| RST | 复位开关 |
| EXCH | 主备倒换开关 |

### 6. IMAB单板的面板接口

IMAB单板无面板接口。

IMAB单板的背板接口：IMAB单板的背板接口的具体含义见表4-46。

表4-46　IMAB单板的背板接口

| 位置 | 接口名称 | 说明 |
|---|---|---|
| 背板 | 1×100 M控制面以太网 | 背板连接交换单元UIMU/GUIM单板控制面端口 |
| | 2×100 M用户面以太网 | 背板连接交换单元UIMU/GUIM单板用户面端口 |
| | 16×8 M HW | 背板连接交换单元UIMU/GUIM的电路交换部分，从而与DTB或SDTB相连 |

### 7. IMAB单板配置要求

IMAB单板占用1个槽位，可插在千兆接口框，可插槽位，IMAB单板配置要求示意如图4-34所示。

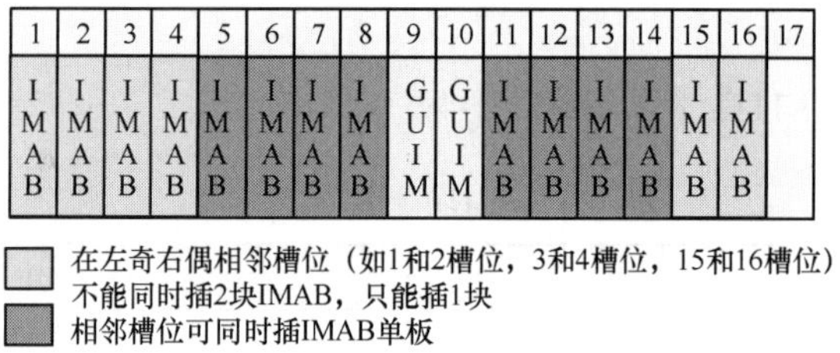

在左奇右偶相邻槽位（如1和2槽位，3和4槽位，15和16槽位）不能同时插2块IMAB，只能插1块

相邻槽位可同时插IMAB单板

图4-34　IMAB单板配置要求示意

### 8. IMAB单板可靠性

IMAB单板支持1+1热备份。

IMAB单板的后插单板：IMAB单板无后插单板，在其相应槽位安装空面板。

## 4.1.6.13　PSN单板

### 1. PSN单板定义

分组交换网板（PSN）是RNC的一种交换单板，实现RNC系统的交换单元的核心交换功能。

### 2. PSN单板功能

分组交换网板（PSN）完成各线接口板（GLI单板）间的分组数据交换。它是一个自路由的矩阵交换系统，与线接口板（GLI单板）上的队列引擎一起配合完成交换功能。最大支持40 G的交换容量。

### 3. PSN单板的面板结构图

PSN单板的面板结构图，如图4-35所示。

### 4. PSN单板的面板指示灯

PSN单板有4个面板指示灯，各指示灯的具体含义见表4-47。

图4-35　PSN单板的面板结构图

表4-47　PSN单板的面板指示灯

| 灯名 | 颜色 | 含义 | 说明 |
|------|------|------|------|
| RUN | 绿 | 运行指示灯 | |
| ALM | 红 | 告警指示灯 | 公共类指示灯，参见"单板面板公共类指示灯" |
| ENUM | 黄 | 拔板指示灯 | |
| ACT | 绿 | 主备指示灯 | |

### 5. PSN单板的面板按键

PSN单板的面板按键见表4-48。

表4-48　PSN单板的面板按键

| 名称 | 说明 |
|------|------|
| RST | 复位开关 |
| EXCH | 主备倒换开关 |

### 6. PSN单板的面板接口

PSN单板的面板接口的具体含义见表4-49。

表4-49　PSN单板的面板接口

| 位置 | 接口名称 | 方向 | 说明 |
|------|---------|------|------|
| 背板 | $1 \times 100$ M | 双向 | 背板连接本框的UIMC单板 |
| | $1 \times 10$ M | 双向 | 背板连接对板，主备用 |

### 7. PSN单板配置要求

PSN单板占用1个槽位，插在交换框，PSN单板配置要求示意如图4-36所示。

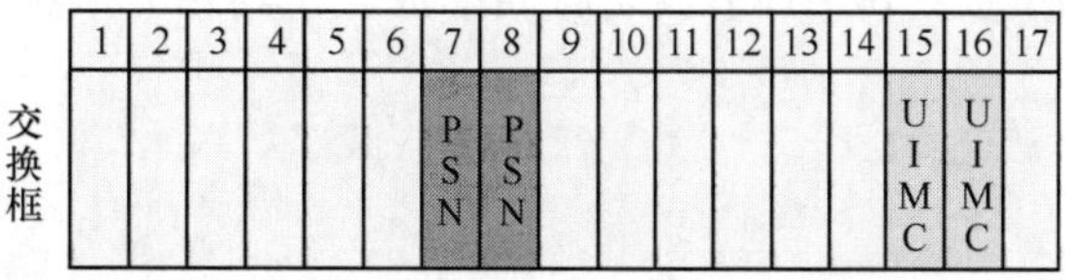

图4-36　PSN单板配置要求示意

### 8. PSN单板可靠性

PSN单板支持负荷分担。

PSN单板的后插单板：PSN单板无后插单板，在其相应槽位安装空面板。

## 4.1.6.14　PWRD单板

### 1. PWRD单板定义

PWRD单板是RNC的电源分配板。

### 2. PWRD单板功能

① 为机架内各机框以及风扇提供−48 V直流电源。

② 用于完成机架电源和环境的检测与告警。

③ 机架风扇的检测与控制。

PWRD板通过RS485接口，将检测到的信息上报ROMB单板，并通过配电插箱面板指示灯进行指示。

### 3. PWRD面板结构图

PWRD单板相关示意如图4-37所示。

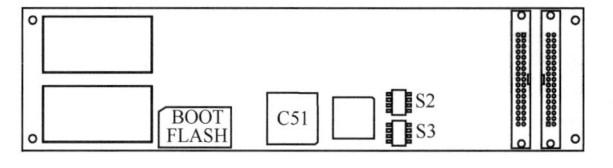

图4-37　PWRD单板相关示意

### 4. PWRD单板拨码开关

PWRD单板拨码开关说明的具体含义见表4-50。

表4-50　PWRD单板拨码开关

| 拨码开关名称 | 用途 | 开关设置说明 | | | | | 缺省位置 | | | |
|---|---|---|---|---|---|---|---|---|---|---|
| | | 模式 | 1(高位) | 2 | 3 | 4（低位） | 1 | 2 | 3 | 4 |
| S2 | SWITCH开关（设置485和OMP的通信地址，使用4位开关设置0~15这16个不同的地址） | 0（ON为0） | ON | ON | ON | ON | ON | ON | ON | ON |
| | | 1（OFF为1） | OFF | OFF | OFF | OFF | | | | |
| S3 | CONFIG开关（设置工作模式为正常或调试，缺省为正常） | 调试模式 | | | | | ON | OFF | ON | ON |

### 5. PWRD单板跳线

PWRD单板上，一个2×5脚插针作为485信号的短接跳线X8。当RNC系统使用多个机架时，需要根据机架位置对PWRD单板485总线工作方式进行以下设置。

① 当PWRD单板位于485总线的末端时，需要电阻短接：仅短路第1～2针和第9～10针。

② 当PWRD单板位于485总线的中间位置时，需要将485信号传输到485信号的输出口上去：仅短路第3～4针和第7～8针。

PWRD单板跳线示意（缺省设置）如图4-38所示。

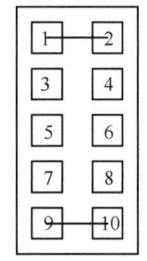

图4-38　PWRD单板跳线示意（缺省设置）

**6. PWRD单板的面板接口**

PWRD单板的面板接口的具体含义见表4-51。

表4-51　PWRD单板接口

| 位置 | 接口名称 | 方向 | 说明 |
|---|---|---|---|
| PWRDB面板 | RS-485 | 双向 | 连接前一个机架的RS485（下面）或者RMPB的PD485口 |
| | RS-485 | 双向 | 用于级联下一个机架的RS485口（上面） |
| | SENSORS | 双向 | 到烟雾、红外、温湿度、机房门禁等各种传感器的监控接口 |
| | DOOR | 输入 | 到机柜门禁的监控接口 |
| | FANBO X1 | 双向 | 到4个风扇插箱的RS485监控接口 |
| | FANBO X2 | 双向 | |
| | FANBO X3 | 双向 | |
| | FANBO X4 | 双向 | |
| | ARRESTER | 输入 | 防雷器接口，直接连接防雷器 |
| | ARRESTER | 输入 | |
| | INPUT（Ⅰ） | 输入 | 2路-48 V电源输入 |
| | INPUT（Ⅱ） | 输入 | 2路-48 V电源输入 |
| | OUTPUT | 输出 | 到机架汇流条的-48 V输出 |

**7. PWRD单板配置要求**

① PWRD安装在机顶配电插箱前部，没有对应的后插板。

② PWRDB单板用于提供PWRD单板对环境监控信号的接口，实现系统监控信号的接入。PWRDB板位于配电插箱后部。

③ 每机架配置一块PWRD。

**8. PWRD单板可靠性**

无。

PWRD单板的后插单板：PWRD单板无后插单板。

### 4.1.6.15　RCB单板

**1. RCB单板定义**

RCB单板是控制面协议处理单板。

**2. RCB单板分类和功能**

① RCB作为RCP时，主要负责完成Iu、Iub、Iur、Uu接口对应的RNC侧控制面信令、相关七号信令、GPS定位信息处理。

② RCB作为RSP时，主要负责完成Iu、Iub、Iur、Uu接口上的IP信令协议处理。

**3. RCB单板的面板结构图**

RCB单板的面板结构图，如图4-39所示。

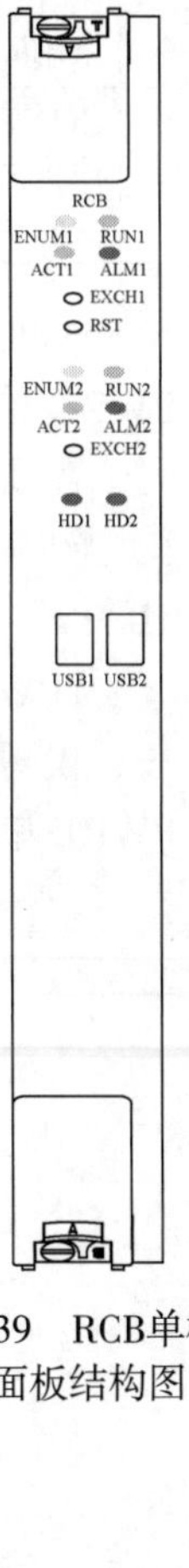

**4. RCB单板的面板指示灯**

RCB单板有10个面板指示灯的具体含义见表4-52。

图4-39　RCB单板的面板结构图

表4-52 RCB单板的面板指示灯

| 灯名 | 颜色 | 名称 | 说明 |
|---|---|---|---|
| ALM1 | 红 | CPU_A子系统告警指示灯 | 公共类指示灯，参见"单板面板公共类指示灯" |
| RUN1 | 绿 | CPU_A子系统运行指示灯 | |
| ACT1 | 绿 | CPU_A子系统主备指示灯 | |
| ENUM1 | 黄 | CPU_A子系统拨板指示灯 | |
| HD1 | 红 | 硬盘指示灯1 | 特定类指示灯<br>5 Hz闪烁（快闪）：表示硬盘1正在操作（ROMB单板使用，RCP单板不使用） |
| ALM2 | 红 | CPU_B子系统告警指示灯 | 公共类指示灯，参见"单板面板公共类指示灯" |
| RUN2 | 绿 | CPU_B子系统运行指示灯 | |
| ACT2 | 绿 | CPU_B子系统主备指示灯 | |
| ENUM2 | 黄 | CPU_B子系统拨板指示灯 | |
| HD2 | 红 | 硬盘指示灯2 | 特定类指示灯<br>5 Hz闪烁（快闪）：表示硬盘2正在操作 |

### 5. RCB单板的面板按键

RCB单板的面板按键的具体含义见表4-53。

表4-53 RCB单板的面板按键

| 名称 | 说明 |
|---|---|
| RST | 整板复位开关 |
| EXCH1 | 系统A（CPU_A）主备倒换开关<br>和相邻单板的同一套CPU系统进行倒换 |
| EXCH2 | 系统B（CPU_B）主备倒换开关<br>和相邻单板的同一套CPU系统进行倒换 |

### 6. RCB单板的拨码开关和跳线

① RCB单板的拨码开关和跳线位置，如图4-40所示。

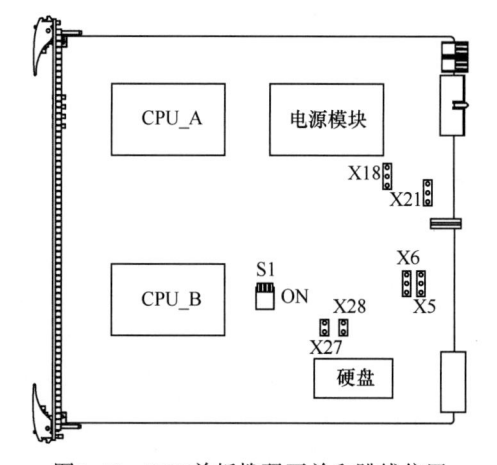

图4-40 RCB单板拨码开关和跳线位置

② RCB单板拨码开关的具体含义见表4-54。

表4-54　RCB单板拨码开关说明

| 拨码开关名称 | 用途 | 开关设置说明 | | | | | 缺省位置 | | | |
|---|---|---|---|---|---|---|---|---|---|---|
| | | 模式 | 1 | 2 | 3 | 4 | 1 | 2 | 3 | 4 |
| S1 | 调试用 | 33 Ω电阻下拉 | ON | ON | ON | ON | OFF | OFF | OFF | OFF |
| | | 4.7 kΩ电阻上拉 | OFF | OFF | OFF | OFF | | | | |

③ RCB单板跳线的具体含义见表4-55。

表4-55　RCB单板跳线说明

| 跳线名称 | 用途 | 跳线说明 | 缺省位置 |
|---|---|---|---|
| X5 | 选择给CPU_B的北桥提供电池供电 | 1～2：正常工作状态<br>2～3：清除CMOS信息<br>板上有管脚编号 | 连接1和2 |
| X6 | 选择给CPU_A的北桥提供电池供电 | 1～2：正常工作状态<br>2～3：清除CMOS信息<br>板上有管脚编号 | 连接1和2 |
| X18 | CPU_A的调试串口 | — | 不用 |
| X21 | CPU_B的调试串口 | — | 不用 |
| X27 | POSTSET0 | FPGA 的POSTSET0脚电平 | 短接 |
| X28 | POSTSET1 | FPGA 的POSTSET1脚电平 | 短接 |

### 7. RCB单板的面板接口

RCB单板的面板接口的具体含义见表4-56。

表4-56　RCB单板的面板接口

| 位置 | 接口名称 | 方向 | 说明 |
|---|---|---|---|
| 前插单板RCB面板 | USB1 | 双向 | CPU_A的USB接口，不使用 |
| | USB2 | 双向 | CPU_B的USB接口，不使用 |

### 8. RCB单板的背板连接

RCB单板的背板连接的具体含义见表4-57。

表4-57　RCB单板的背板连接

| 位置 | 接口名称 | 方向 | 说明 |
|---|---|---|---|
| 背板 | 2×100 M控制面以太网 | 双向 | 背板连接交换单元UIMC单板的控制面端口 |
| | 2×100 M主备连接以太网 | 双向 | 背板上主备单板互连 |

### 9. RCB单板配置要求

每块RCB单板占用1个槽位，插在控制框。RCB单板可插槽位，RCB单板配置要求示意如图4-41所示。

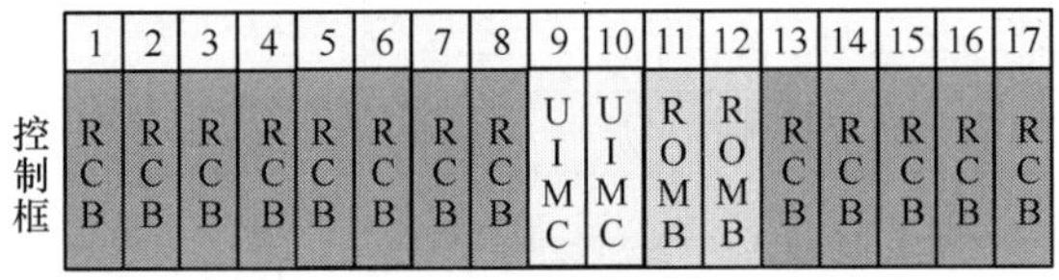

| | 1 | 2 | 3 | 4 | 5 | 6 | 7 | 8 | 9 | 10 | 11 | 12 | 13 | 14 | 15 | 16 | 17 |
|---|---|---|---|---|---|---|---|---|---|---|---|---|---|---|---|---|---|
| 控制框 | RCB | RCB | RCB | RCB | RCB | RCB | RCB | RCB | UIMC | UIMC | ROMB | ROMB | RCB | RCB | RCB | RCB | RCB |

图4-41　RCB单板配置要求示意

### 10. RCB单板可靠性

RCB单板支持1+1热备份。

RCB单板的后插单板：RCB单板无后插单板，在其相应的槽位安装空面板。

## 4.1.6.16　ROMB单板

### 1. ROMB单板定义

ROMB单板是RNC的操作维护核心单板，与操作维护中心OMCR服务器相连。

### 2. ROMB单板功能

① 作为RNC网元的主处理模块，负责RNC系统的全局过程处理。

② 负责整个RNC的操作维护代理，各单板状态的管理和信息的搜集，维护整个RNC的全局性的静态数据，操作维护中心OMCR通过该单板和系统设备进行通信。

③ ROMB上还可能运行负责路由协议处理的RPU模块。

### 3. ROMB单板的面板结构图

ROMB单板的面板结构图，如图4-42所示。

### 4. ROMB单板的面板指示灯

ROMB单板1个面板指示灯见表4-58。

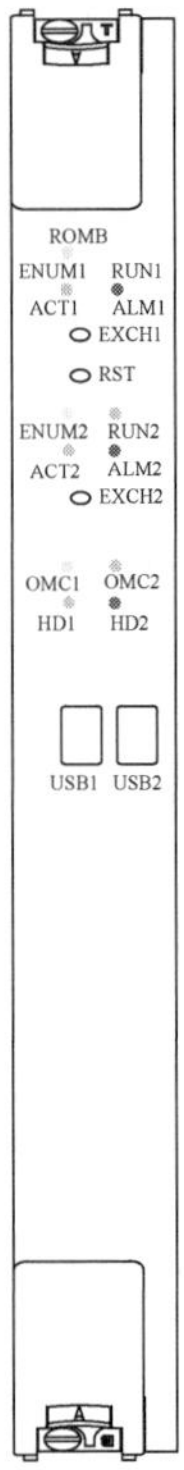

图4-42　ROMB单板的
面板结构图

表4-58　ROMB单板的面板指示灯

| 灯名 | 颜色 | 名称 | 说明 |
|---|---|---|---|
| ALM1 | 红 | CPU_A子系统告警指示灯 | 公共类指示灯，参见"单板面板公共类指示灯" |
| RUN1 | 绿 | CPU_A子系统运行指示灯 | |
| ACT1 | 绿 | CPU_A子系统主备指示灯 | |
| ENUM1 | 黄 | CPU_A子系统拔板指示灯 | |
| HD1 | 红 | 硬盘指示灯1 | 特定类指示灯<br>5 Hz闪烁（快闪）：表示硬盘1正在操作（ROMB单板使用，RCP单板不使用） |

（续表）

| 灯名 | 颜色 | 名称 | 说明 |
|------|------|------|------|
| ALM2 | 红 | CPU_B子系统告警指示灯 | 公共类指示灯，参见"单板面板公共类指示灯" |
| RUN2 | 绿 | CPU_B子系统运行指示灯 | |
| ACT2 | 绿 | CPU_B子系统主备指示灯 | |
| ENUM2 | 黄 | CPU_B子系统拔板指示灯 | |
| HD2 | 红 | 硬盘指示灯2 | 特定类指示灯<br>5 Hz闪烁（快闪）：表示硬盘2正在操作 |
| OMC1 | 绿 | OMC网口指示灯1 | 特定类指示灯<br>灯亮：表示OMC网口1已经连接（仅ROMB有） |
| OMC2 | 绿 | OMC网口指示灯2 | 特定类指示灯<br>灯亮：表示OMC网口2已经连接（仅ROMB有） |

### 5. ROMB单板的面板按键

ROMB单板的面板按键的具体含义见表4-59。

表4-59　ROMB单板的面板按键

| 名称 | 说明 |
|------|------|
| RST | 整板复位开关 |
| EXCH1 | 系统A（CPU_A）主备倒换开关<br>和相邻单板的同一套CPU系统进行倒换 |
| EXCH2 | 系统B（CPU_B）主备倒换开关<br>和相邻单板的同一套CPU系统进行倒换 |

### 6. ROMB单板拨码开关和跳线

① ROMB单板拨码开关和跳线位置，如图4-43所示。

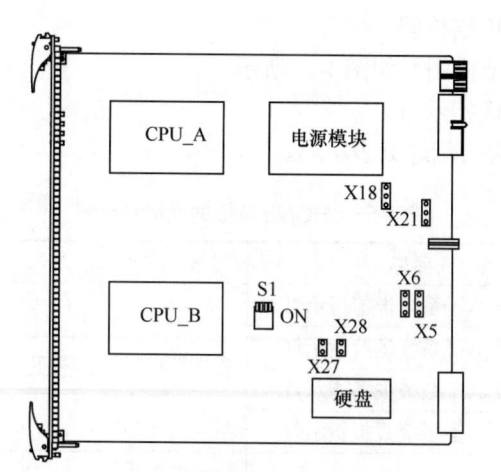

图4-43　ROMB单板拨码开关和跳线位置

② ROMB单板拨码开关说明的具体含义见表4-60。

表4-60　ROMB单板拨码开关说明

| 拨码开关名称 | 用途 | 开关设置说明 | | | | | 缺省位置 | | | |
|---|---|---|---|---|---|---|---|---|---|---|
| | | 模式 | 1 | 2 | 3 | 4 | 1 | 2 | 3 | 4 |
| S1 | 调试用 | 33 Ω电阻下拉 | ON | ON | ON | ON | OFF | OFF | OFF | OFF |
| | | 4.7 kΩ电阻上拉 | OFF | OFF | OFF | OFF | | | | |

③ ROMB单板跳线说明的具体含义见表4-61。

表4-61　ROMB单板跳线说明

| 跳线名称 | 用途 | 跳线说明 | 缺省位置 |
|---|---|---|---|
| X5 | 选择给CPU_B的北桥提供电池供电 | 1～2：正常工作状态<br>2～3：清除CMOS信息<br>板上有管脚编号 | 连接1和2 |
| X6 | 选择给CPU_A的北桥提供电池供电 | 1～2：正常工作状态<br>2～3：清除CMOS信息<br>板上有管脚编号 | 连接1和2 |
| X18 | CPU_A的调试串口 | — | 不用 |
| X21 | CPU_B的调试串口 | — | 不用 |
| X27 | POSTSET0 | FPGA 的POSTSET0脚电平 | 短接 |
| X28 | POSTSET1 | FPGA 的POSTSET1脚电平 | 短接 |

### 7. ROMB单板的面板接口

ROMB单板的面板接口见表4-62。

表4-62　ROMB单板的面板接口

| 位置 | 接口名称 | 方向 | 说明 |
|---|---|---|---|
| 前插单板 | USB1 | 双向 | CPU_A的USB接口，不使用 |
| | USB2 | 双向 | CPU_B的USB接口，不使用 |
| 背板 | 2×100 M控制面以太网 | 双向 | 通过背板与交换单元UIMC单板的控制面端口连接 |
| | 2×100 M主备连接以太网 | 双向 | 通过背板实现主备单板互连 |
| | 1×485接口 | 双向 | 通过背板连接CLKG、PWRD单板 |

### 8. ROMB单板的背板连接

ROMB单板的背板连接见表4-63。

表4-63　ROMB单板的背板连接

| 位置 | 接口名称 | 方向 | 说明 |
|---|---|---|---|
| 背板 | 2×100 M控制面以太网 | 双向 | 通过背板与交换单元UIMC单板的控制面端口连接 |
| | 2×100 M主备连接以太网 | 双向 | 通过背板实现主备单板互连 |
| | 1×485接口 | 双向 | 通过背板连接CLKG/ICMG/ICM、PWRD单板 |

**9. ROMB单板配置要求**

每块ROMB单板占用1个槽位，插在控制框。ROMB单板可插槽位，如图4-44所示。

| 1 | 2 | 3 | 4 | 5 | 6 | 7 | 8 | 9 | 10 | 11 | 12 | 13 | 14 | 15 | 16 | 17 |
|---|---|---|---|---|---|---|---|---|----|----|----|----|----|----|----|----|
控制框

| 9 | 10 | 11 | 12 |
|---|----|----|----|
| U I M C | U I M C | R O M B | R O M B |

图4-44　ROMB单板配置要求示意

**10. ROMB单板可靠性**

ROMB单板支持1+1热备份。

ROMB单板的后插单板：ROMB单板的后插单板是RMPB单板。

### 4.1.6.17　RUB单板

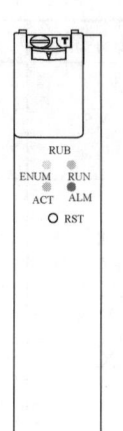

**1. RUB单板定义**

RUB单板是RNC的用户面处理板，处理用户面协议。

**2. RUB单板功能**

用户面处理板RUB完成无线用户面协议处理，具体包括CS业务FP/MAC/RLC/IuUP/RTP/RTCP协议栈处理和PS业务FP/MAC/RLC/PDCP/IuUP、GTP-U处理。

**3. RUB单板分类**

① RUB（采用VTCD物理单板）：背板用户面端口支持1个FE口。提供14片DSP组成的阵列，完成用户面协议处理功能。

② RUB（采用VTCD/2物理单板）：背板用户面端口支持1个FE口和1个GE口，交互数据量更大。支持3个子卡，每个子卡提供5片DSP组成的阵列，完成用户面协议处理功能。

**4. RUB单板的面板结构图**

RUB（采用VTCD）和RUB（采用VTCD/2）的面板结构图相同，如图4-45所示。

**5. RUB单板的面板指示灯**

RUB单板4个面板指示灯的具体含义见表4-64。

图4-45　RUB单板的
面板结构图

表4-64　RUB单板的面板指示灯

| 灯名 | 颜色 | 含义 | 说明 |
|------|------|------|------|
| RUN | 绿 | 运行指示灯 | 公共类指示灯，参见"单板面板公共类指示灯" |
| ALM | 红 | 告警指示灯 | |
| ENUM | 黄 | 拔板指示灯 | |
| ACT | 绿 | 主备指示灯 | |

**6. RUB面板按键**

RUB面板按键的具体含义见表4-65。

表4-65　RUB面板按键

| 名称 | 说明 |
| --- | --- |
| RST | 复位开关 |

### 7. RUB单板接口

RUB（采用VTCD物理单板）相关接口的具体含义见表4-66。

表4-66　RUB（VTCD）单板相关接口说明

| 位置 | 接口名称 | 方向 | 说明 |
| --- | --- | --- | --- |
| 背板 | 1×100 M控制面以太网 | 双向 | 背板连接交换单元UIMC单板控制面端口 |
| | 2×100 M用户面以太网 | 双向 | 背板连接交换单元UIMC单板用户面端口 |

RUB（采用VTCD/2物理单板）相关接口的具体含义见表4-67。

表4-67　RUB（VTCD/2）单板相关接口说明

| 位置 | 接口名称 | 方向 | 说明 |
| --- | --- | --- | --- |
| 背板 | 1×100 M控制面以太网 | 双向 | 背板连接交换单元UIMC单板控制面端口 |
| | 2×100 M用户面以太网 | 双向 | 背板连接交换单元UIMC单板用户面端口 |
| | 1×GE用户面以太网 | 双向 | 背板连接交换单元GUIM单板用户面端口 |

### 8. RUB配置要求

每块RUB单板占用1个槽位，RUB可插槽位，如图4-46所示。

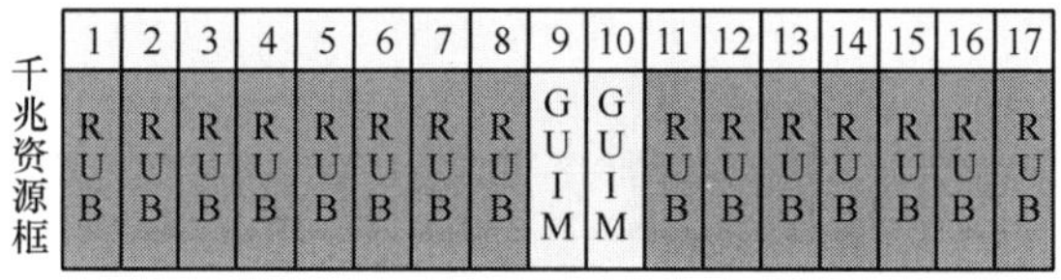

图4-46　RUB单板配置要求示意

### 9. RUB单板可靠性

RUB单板支持负荷分担。

RUB单板的后插单板：RUB单板无后插单板，在其相应槽位安装空面板。

## 4.1.6.18　SBCX单板

### 1. SBCX单板定义

X86服务器单板（SBCX）属于操作维护单元，是RNC的服务器单板，用于存储文件。

### 2. SBCX单板功能

① 日志存储功能。

② 性能数据存储功能。

### 3. SBCX单板指标

SBCX单板指标的具体含义见表4-68。

表4-68　SBCX单板指标

| 项目 | 配置 |
|---|---|
| 处理器 | 基于Sossaman双核处理器，主频2 GHz |
| 内存 | 内存支持2~8 GB，可以扩充到16 GB |
| 硬盘 | 提供基于RAID1功能的SAS硬盘2块，容量73~146 GB，并且支持热插拔<br>提供可靠性比较高的本地SATA硬盘一块，容量40GB |
| 操作系统 | 支持Windows XP/2000/2003/ Linux系列及Soloris操作系统商用操作系统 |
| 外设 | 提供键盘、鼠标、显示器人机界面接口 |

#### 4. SBCX单板的面板结构图

SBCX单板的面板结构图，如图4-47所示。

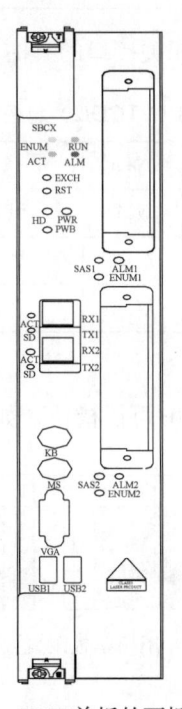

图4-47　SBCX单板的面板结构图

#### 5. SBCX单板的面板指示灯

SBCX单板有14个面板指示灯，用于指示单板CPU、网口、电源以及硬盘的运行状态的具体含义见表4-69。

表4-69　SBCX单板的面板指示灯

| 灯名 | 颜色 | 含义 | 说明 |
|---|---|---|---|
| ENUM | 黄 | 拔板指示灯 | 公共类指示灯，参见"单板面板公共类指示灯"，但本单板不使用公共类指示灯，常灭 |
| RUN | 绿 | 运行指示灯 | |
| ACT | 绿 | 主备指示灯 | |
| ALM | 红 | 告警指示灯 | |

（续表）

| 灯名 | 颜色 | 含义 | 说明 |
|------|------|------|------|
| HD | 绿 | 硬盘指示灯 | 特定类指示灯<br>灯亮时禁止拔板 |
| PWR | 绿 | 单板电源指示灯 | 特定类指示灯<br>灯亮：表示单板5 V和3.3 V正常 |
| SAS1 | 绿 | SAS硬盘1运行灯 | 特定类指示灯<br>灯亮：表示硬盘正常运行 |
| ALM1 | 黄 | SAS硬盘1告警灯 | 特定类指示灯<br>灯灭：表示硬盘无告警指示 |
| ACT | 绿 | FC接口1运行灯 | 特定类指示灯<br>灯亮：表示磁阵连接成功 |
| SD | 绿 | FC接口1速率灯 | 特定类指示灯<br>灯闪：表示无连接<br>灯亮：表示有连接，表示2G/4G速率<br>灯灭：表示有连接，表示1G速率 |
| ACT | 绿 | FC接口2运行灯 | 特定类指示灯<br>灯亮表示磁阵连接成功 |
| SD | 绿 | FC接口2速率灯 | 特定类指示灯<br>灯闪：表示无连接<br>灯亮：表示有连接，表示2G/4G速率<br>灯灭：表示有连接，表示1G速率 |
| SAS2 | 绿 | SAS硬盘2运行灯 | 特定类指示灯<br>灯亮：表示硬盘正常运行 |
| ALM2 | 黄 | SAS硬盘2告警灯 | 特定类指示灯<br>灯灭：表示硬盘无告警指示 |

### 6. SBCX面板按键

SBCX单板的面板按键的具体含义见表4-70。

表4-70　SBCX单板的面板按键

| 名称 | 说明 |
|------|------|
| RST | 整板复位开关 |
| EXCH | 主备倒换开关 |
| PWB | 单板电源控制开关 |
| ENUM1 | SAS硬盘1ENUM开关 |
| ENUM2 | SAS硬盘2ENUM开关 |

### 7. SBCX单板的面板接口

SBCX单板的面板接口的具体含义见表4-71。

表4-71　SBCX单板的面板接口

| 位置 | 接口名称 | 方向 | 说明 |
|---|---|---|---|
| 前插单板SBCX面板 | RX1 | 输入 | 光口1的接收，未用 |
| | TX1 | 输出 | 光口1的发送，未用 |
| | RX2 | 输入 | 光口2的接收，未用 |
| | TX2 | 输出 | 光口2的发送，未用 |
| | KB | 双向 | 键盘接口 |
| | MS | 双向 | 鼠标接口 |
| | VGA | 双向 | 显示器接口 |
| | USB1 | 双向 | USB接口 |
| | USB2 | 双向 | USB接口 |

**8. SBCX单板的背板连接**

SBCX单板的背板连接的具体含义见表4-72。

表4-72　SBCX单板的背板连接

| 位置 | 接口名称 | 方向 | 说明 |
|---|---|---|---|
| 前插单板SBCX | 1×100 M以太网 | 双向 | 背板连接至UIMC |

**9. SBCX单板可靠性**

无。

**10. SBCX配置要求**

SBCX单板占用2个槽位，插奇数槽位，目前不支持主备功能，可插在控制框，整个RNC系统只配置一块SBCX单板。可插槽位，SBCX单板配置要求示意如图4-48所示。

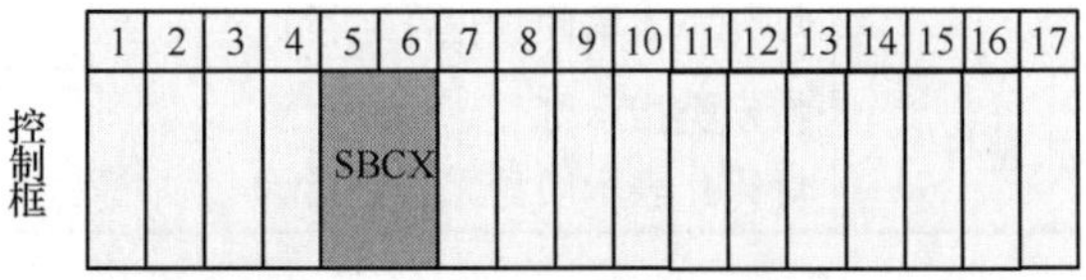

図4-48　SBCX单板配置要求示意

SBCX单板的后插单板：SBCX单板的后插单板是RSVB单板。

### 4.1.6.19　SDTB单板

**1. SDTB单板定义**

SDTB单板是RNC的一种接口板，提供信道化STM-1接口。

**2. SDTB单板功能**

SDTB实现1路信道化STM-1接入功能，支持63路E1或者84路T1复用和解复用。SDTB单板需要和以下单板组合使用提供接口功能。

① 1个APBI和1个SDTB单板组成1组。

② 1个IMAB单板和1个SDTB单板组成1组。

**3. SDTB单板的面板结构图**

SDTB单板的面板结构图，如图4-49所示。

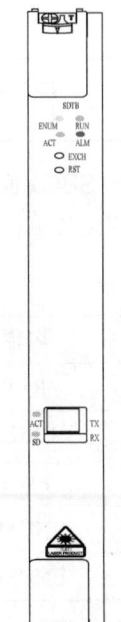

图4-49　SDTB单板的
面板结构图

## 4. SDTB单板的面板指示灯

SDTB单板有个面板指示灯的具体含义见表4-73。

表4-73　SDTB单板的面板指示灯

| 灯名 | 颜色 | 含义 | 说明 |
|---|---|---|---|
| RUN | 绿 | 运行指示灯 | 公共类指示灯，参见"单板面板公共类指示灯" |
| ALM | 红 | 告警指示灯 | |
| ENUM | 黄 | 拔板指示灯 | |
| ACT | 绿 | 主备指示灯 | |
| SD | 绿 | 光信号指示灯 | 特定类指示灯<br>灯亮：表示光单板接收到光信号<br>灯灭：表示光单板未接收到光信号 |

## 5. SDTB单板的面板按键

SDTB单板的面板按键见表4-74。

表4-74　SDTB单板的面板按键

| 名称 | 说明 |
|---|---|
| EXCH | 主备SDTB板手动切换开关 |
| RST | 复位开关 |

## 6. SDTB单板的面板接口

SDTB单板的面板接口见表4-75。

表4-75　SDTB单板的面板接口

| 位置 | 接口名称 | 方向 | 说明 |
|---|---|---|---|
| 前插单板SDTB面板 | 1对TX ~ RX | TX：输出<br>RX：输入 | 前面板引出光纤，连接外部系统（信道化STM-1接口） |

## 7. SDTB单板的背板连接

SDTB单板的背板连接的具体含义见表4-76。

表4-76　SDTB单板的背板连接

| 位置 | 接口名称 | 方向 | 说明 |
|---|---|---|---|
| 背板 | 1×100 M控制面以太网 | 双向 | 背板连接交换单元UIMU/GUIM单板控制面端口FE C1/2 |
| | 16个8 M HW总线 | 双向 | 背板连接交换单元UIMU/GUIM |

## 8. SDTB单板配置要求

SDTB单板占用1个槽位，插在千兆资源框，SDTB单板配置要求示意如图4-50所示。

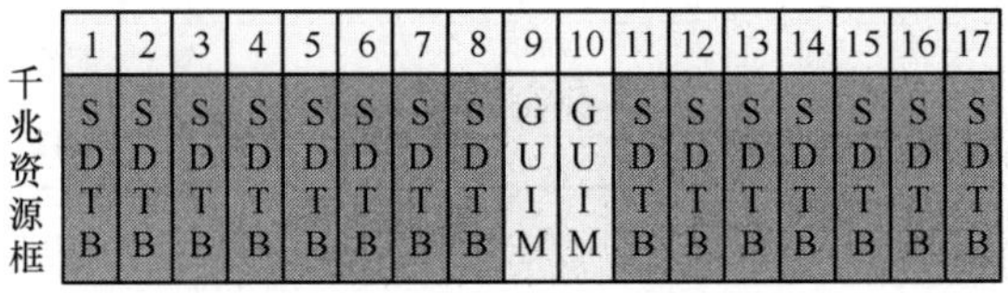

图4-50　SDTB单板配置要求示意

**9. SDTB单板可靠性**

根据需要，SDTB单板可以配置为1+1备份。

SDTB单板的后插单板：当SDTB单板用在Iu接口，并被设置为需要从CN提取8 K参考时钟时，对应后插板为RGIM1，否则可配置为空面板。

### 4.1.6.20 THUB单板

**1. THUB单板定义**

控制面互联板（THUB）是RNC的一种交换单板，实现各资源框控制面汇聚功能。

**2. THUB单板功能**

控制面互联板THUB在RNC系统中，实现各资源框控制面汇聚功能：各资源框出2个百兆以太网（控制流）与THUB相连；THUB通过千兆电口和本框UIMC.0相连。

多框扩展可用多个FE TRUNK方式实现，更多框的扩展用GE光口连到千兆以太网交换机来实现。

**3. THUB单板的面板结构图**

THUB单板的面板结构图，如图4-51所示。

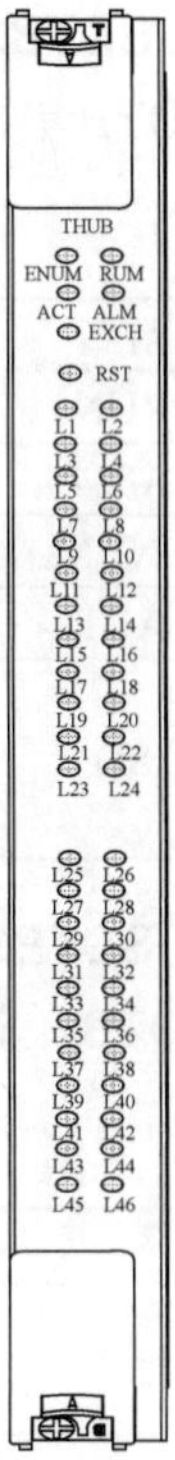

**4. THUB单板的面板指示灯**

THUB单板面板上有50个指示灯的具体含义见表4-77。

图4-51　THUB单板的面板结构图

表4-77　THUB单板的面板指示灯

| 灯名 | 颜色 | 含义 | 说明 |
|------|------|------|------|
| RUN | 绿 | 运行指示灯 | 公共类指示灯，参见"单板面板公共类指示灯" |
| ACT | 绿 | 主备指示灯 | |
| ALM | 红 | 告警指示灯 | |
| ENUM | 黄 | 拔板指示灯 | |
| L1～L46 | 绿 | 46路控制面级联网口状态指示灯 | 特定类指示灯<br>灯亮：表示相应控制面级联百兆口已经连接<br>灯灭：表示相应控制面级联百兆口未连接 |

**5. THUB单板的面板按键**

THUB单板的面板按键的具体含义见表4-78。

表4-78　THUB单板面板按键

| 名称 | 说明 |
|------|------|
| RST | 复位开关 |
| EXCH | 主备倒换开关 |

**6. THUB单板的面板接口**

THUB单板无面板接口。

### 7. THUB单板的背板连接

THUB单板的背板连接见表4-79。

表4-79　THUB单板的背板连接

| 位置 | 接口名称 | 方向 | 说明 |
|---|---|---|---|
| 背板 | 1×1G以太网 | 双向 | 背板连接至各控制框的UIMC |

### 8.THUB单板配置要求

每块THUB单板占用1个槽位，插在ROMB所在控制框，THUB单板配置要求示意如图4-52所示。

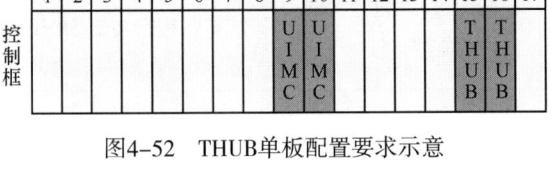

图4-52　THUB单板配置要求示意

### 9. THUB单板可靠性

THUB单板支持1+1热备份。

### 10. THUB单板的后插单板

THUB单板的后插单板有以下两种：

① RCHB1；

② RCHB2。

RCHB1、RCHB2联合为THUB单板提供对外46个百兆以太网接口。

## 4.1.6.21　UIMC单板

### 1. UIMC单板定义

通用控制接口板（UIMC）是RNC的一种交换板，属于交换单元，主要实现其所在机框（控制框和交换框）中的各单板之间的交换功能和时钟分发功能。

### 2. UIMC单板功能

UIMC单板功能如下。

（1）交换功能

通用控制接口板（UIMC）主要完成控制框和交换框内部以太网二级交换，控制框管理等功能；同时对内提供一个GE电口，用于在控制框内与CHUB单板进行级连。

（2）时钟分发功能

UIMC提供控制框、交换框内时钟驱动功能，输入8 K、16 M信号，经过锁相、驱动后分发给各个槽位，为单板提供16 M和8 K时钟。

### 3. UIMC单板的面板结构图

UIMC单板的面板结构图，如图4-53所示。

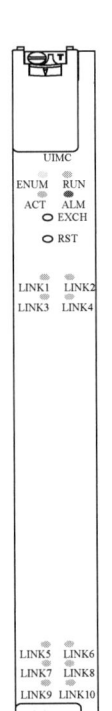

图4-53　UIMC单板的面板结构图

### 4. UIMC单板的面板指示灯

UIMC单板有个面板指示灯的具体含义见表4-80。

表4-80　UIMC单板的面板指示灯

| 灯名 | 颜色 | 含义 | 说明 |
|------|------|------|------|
| RUN | 绿 | 运行指示灯 | 公共类指示灯，参见"单板面板公共类指示灯" |
| ACT | 绿 | 主备指示灯 | |
| ALM | 红 | 告警指示灯 | |
| ENUM | 黄 | 拔板指示灯 | |
| LINK1 ~ 10 | 绿 | 控制面级联口1 ~ 10状态指示灯 | 特定类指示灯<br>灯亮：表示控制面级联100 M口1 ~ 10已经连接<br>灯灭：表示控制面级联100 M口1 ~ 10未连接 |

### 5. UIMC单板的面板按键

UIMC单板的面板按键的具体含义见表4-81。

表4-81　UIMC面板按键

| 名称 | 说明 |
|------|------|
| RST | 复位开关 |
| EXCH | 主备倒换开关 |

### 6. UIMC单板的面板接口

UIMC单板无面板接口。

### 7. UIMC单板的背板连接

UIMC单板的背板连接的具体含义见表4-82。

表4-82　UIMC单板的背板连接

| 位置 | 接口名称 | 方向 | 说明 |
|------|----------|------|------|
| 背板 | C5 ~ 18 | 双向 | 背板连接其他各槽位单板的控制面端口 |
| | C24 | 双向 | 背板连接对板槽位，主备UIMC单板之间的控制面互联 |
| | U1 ~ 17 | 双向 | 背板连接其他各槽位单板的控制面端口 |
| | 1 × 1 G电口 | 双向 | 背板连接至CHUB槽位 |

### 8. UIMC单板配置要求

每块UIMC单板占用1个槽位，可插在控制框、交换框，可主备配置，可插槽位，UIMC单板配置要求示意如图4-54所示。

### 9. UIMC单板可靠性

UIMC单板支持1+1热备份。

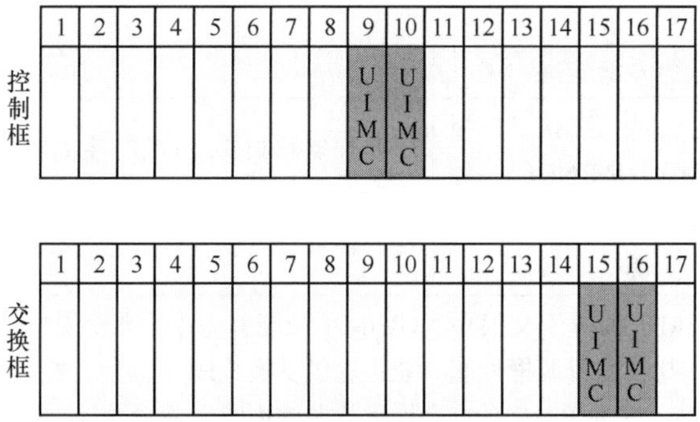

图4-54 UIMC单板配置要求示意

### 4.1.6.22 单板总结

ZXWR RNC单板功能见表4-83。

表4-83 ZXWR RNC单板功能列表

| 编号 | 单板名称 | 单板定义 | 功能 |
|---|---|---|---|
| 1 | APBE | ATM 处理板（APBE）用于Iu/Iur/Iub 接口的ATM 接入处理 | 完成STM-1接入和ATM 处理功能；<br>支持4 个STM-1光口；<br>支持1：1备份；<br>支持板内一对APS，板间四对APS保护；<br>支持AAL2 最大310 Mbit/s，AAL5 最大620 Mbit/s 流量 |
| 2 | APBI单板 | ATM＆IMA 处理板（APBI）是RNC 的一种接口板，提供STM-1接入和IMA功能 | APBI 支持最大64 个E1、31 个IMA 组，与DTB、SDTB一起实现系统E1、CSTM-1 接口的IMA 处理；<br>提供4个STM-1 外部接口，支持622 M 流量，负责完成RNC 系统的AAL2和AAL5 的终结；<br>APBE单板相比APBI 单板，APBE 单板少了IMA 处理功能，仅提供STM-1 接入，其余两者功能相同 |
| 3 | CLKG单板 | CLKG 单板是RNC 的一种时钟板，为各机框提供时钟 | 在ZXWR RNC 系统中，CLKG 单板实现RNC 系统的时钟供给、同步功能 |
| 4 | DTB单板 | DTB单板是RNC的一种接口板，提供E1接口 | DTB单板提供32路E1接口，负责为RNC系统提供E1线路接口；<br>DTB单板需要和APBI单板或者IMAB单板组合使用；<br>1个APBI单板和2个DTB单板组成一组，提供完整的E1接入和ATM终结功能 |
| 5 | EIPI单板 | E1 IP接口板（EIPI）是RNC的一种接口板，属于接入单元，提供基于E1的IP接入（与DTB或SDTB配合完成） | EIPI提供基于E1的IP接入（与DTB或SDTB配合完成，EIPI单板本身无对外接口）；<br>1块EIPI单板和2块DTB单板组合，提供最大支持64个E1接口；<br>1块EIPI单板和1块SDTB单板组合，提供1个STM-1接口 |
| 6 | GIPI单板 | 千兆以太网接口板（GIPI）是RNC的一种接口板，提供IP接入 | 在ZXWR RNC系统中，千兆以太网接口板（GIPI）实现各种IP接口和OMCB网关功能 |

（续表）

| 编号 | 单板名称 | 单板定义 | 功能 |
|---|---|---|---|
| 7 | GLI单板 | 千兆线路接口板（GLI）是RNC的一种交换单板，实现交换框和各资源框的接口 | 千兆线路接口板（GLI）是GE口线路接口板，实现交换框和各资源框的接口，完成物理层适配、IP包查表、分片、转发和流量管理功能 |
| 8 | GUIM单板 | GUIM单板属于交换单元，与千兆资源框配套使用，实现RNC系统的二级交换子系统用户面交换功能 | GUIM单板能够为该千兆资源框内部提供32 K电路交换功能；提供交换式HUB，分为控制面和用户面两部分；提供资源框内时钟驱动功能，输入8 K、16 M信号，经过锁相、驱动，后分发给资源框的各个槽位，为同框资源单板提供16 M和8 K时钟 |
| 9 | ICM单板 | ICM单板是RNC的一种时钟板，为各机框提供时钟 | 接收GPS卫星系统的信号，提取并产生1PPS信号和相应的导航电文（TOD消息），并以该1PPS信号为基准锁相产生RNC/BSC系统所需要的PP2S、19.6608MHz，系统8K时钟基准；<br>输出时钟可为三级或二级；具有手工选择时钟基准功能；具有时钟丢失和输入基准降质判别功能；<br>与CLKG单板相比，ICM单板增加了GPS功能，可以为系统提供GPS卫星信息，供系统定位功能使用，同时也增加了一种参考时钟的来源；<br>与ICMG单板相比，ICM单板的GPS子卡部分成本大大降低，适用于对定位信息要求不过于严格或仅需要GPS提供基准时钟源功能的系统 |
| 10 | ICMG单板 | ICMG单板是RNC的一种时钟板，为各机框提供时钟 | 在ZXWR RNC系统中，ICMG单板实现RNC系统的时钟供给、同步功能，以及GPS信息接收功能（接收GPS卫星系统的信号，产生系统8 K时钟基准），支持二级时钟标准；<br>ICMG单板和CLKG单板的区别是，ICMG单板除了能提供CLKG单板功能外，ICMG内置的GPS接收机还可以为系统提供GPS卫星信息，供系统定位功能用 |
| 11 | IMAB单板 | IMA/ATM协议处理板IMAB是RNC的一种接入单板，IMAB与DTB/SDTB一起，提供支持ATM反向复用IMA的E1接入 | 1个IMAB单板和2个DTB单板组成一组；<br>1个IMAB单板和1个SDTB单板组成一组 |
| 12 | PSN单板 | 分组交换网板（PSN）是RNC的一种交换单板，实现RNC系统的交换单元的核心交换功能 | 分组交换网板（PSN）完成各线接口板（GLI单板）间的分组数据交换。它是一个自路由的矩阵交换系统，与线接口板（GLI单板）上的队列引擎一起配合完成交换功能。最大可支持40 G交换容量 |

（续表）

| 编号 | 单板名称 | 单板定义 | 功能 |
|---|---|---|---|
| 13 | PWRD单板 | PWRD单板是RNC的电源分配板 | 电源分配板（PWRD）功能如下。<br>① 为机架内各机框以及风扇提供-48 V电源。<br>② 用于完成机架电源和环境的检测与告警。<br>③ 机架风扇的检测与控制。<br>④ PWRD板通过RS485接口，将检测到的信息上报ROMB单板，并通过配电插箱面板指示灯进行指示 |
| 14 | RCB单板 | RCB单板是控制面协议处理单板 | RCB单板分为两类。<br>① RCB作为RCP时，主要负责完成Iu、Iub、Iur、Uu接口对应的RNC侧控制面信令、相关七号信令、GPS定位信息处理。<br>② RCB作为RSP时，主要负责完成Iu、Iub、Iur、Uu接口上IP信令协议处理 |
| 15 | ROMB单板 | ROMB单板是RNC的操作维护核心单板，与操作维护中心OMCR服务器相连 | 操作维护处理板（ROMB）功能如下。<br>① 作为RNC网元的主处理模块，负责RNC系统的全局过程处理。<br>② 负责整个RNC的操作维护代理，各单板状态的管理和信息的搜集，维护整个RNC的全局性的静态数据，操作维护中心OMCR通过该单板和系统设备进行通信。<br>③ ROMB上还可能运行负责路由协议处理的RPU模块 |
| 16 | RUB单板 | RUB单板是RNC的用户面处理板，处理用户面协议 | 用户面处理板RUB完成无线用户面协议处理，具体包括CS业务，FP/MAC/RLC/IuUP/RTP/RTCP协议栈处理和PS业务，FP/MAC/RLC/PDCP/IuUP、GTP-U处理 |
| 17 | SBCX单板 | X86服务器单板（SBCX）属于操作维护单元，是RNC的服务器单板，用于存储文件 | SBCX功能如下。<br>① 日志存储功能。<br>② 性能数据存储功能。<br>项目配置处理器基于Sossaman双核处理器，主频2 GHz内存支持2~8 GB，可以扩充到16 GB硬盘，提供基于RAID1功能的SAS硬盘2块，容量73~146 GB，并且支持热插拔，提供可靠性比较高的本地SATA硬盘一块，容量40 GB，操作系统支持Windows XP/2000/2003/ Linux系列及Soloris操作系统商用操作系统，外设提供键盘、鼠标、显示器人机界面接口 |
| 18 | SDTB单板 | SDTB单板是RNC的一种接口板，提供信道化STM-1接口 | SDTB实现1路信道化STM-1接入功能，支持63路E1或者84路T1复用和解复用。<br>SDTB单板需要和以下单板组合使用提供接口功能。<br>1个APBI和1个SDTB单板组成1组。<br>1个IMAB单板和1个SDTB单板组成1组 |
| 19 | SDTA单板 | SDTA单板是RNC的一种接口板，提供信道化STM-1接口 | SDTA实现2路信道化STM-1接入功能，支持2×63路E1或者2×84路T1复用和解复用。<br>SDTA单板等价于两块SDTB+两块IMAB单板 |

（续表）

| 编号 | 单板名称 | 单板定义 | 功能 |
|------|----------|----------|------|
| 20 | THUB单板 | 控制面互联板（THUB）是RNC的一种交换单板，实现各资源框控制面汇聚功能 | 控制面互联板THUB在RNC系统中，实现各资源框控制面汇聚功能：各资源框出2个百兆以太网（控制流）与THUB相连；THUB通过千兆电口和本框UIMC相连。多框扩展可用多个FE TRUNK方式实现，更多框的扩展用GE光口连到千兆以太网交换机来实现 |
| 21 | UIMC单板 | 通用控制接口板（UIMC）是RNC的一种交换板，属于交换单元，主要实现其所在机框（控制框和交换框）中的各单板之间的交换功能和时钟分发功能 | UIMC单板功能如下。<br>（1）交换功能<br>通用控制接口板（UIMC）主要完成控制框和交换框内部以太网二级交换，控制框管理等功能；同时对内提供的一个GE电口，用于在控制框内与CHUB单板进行级连。<br>（2）时钟分发功能<br>UIMC提供控制框、交换框内时钟驱动功能，输入8 K、16 M信号，经过锁相、驱动后分发给各个槽位，为单板提供16 M和8 K时钟 |

## 4.1.7　技术指标

RNC技术指标见表4-84。

表4-84　RNC技术指标

| | 项目指标 | 三机架（满配置）参数 |
|------|----------|------|
| 性能指针 | 处理能力 | 52500 Erl |
| | 交换容量 | 80 Gbit/s |
| | 数据吞吐量（双向） | Iub：6.6Gbit/s |
| | 最大Node B数量 | 1900 |
| | 最大小区数 | 5700 |
| | 用户数 | 100万用户 |
| | BHCA | 7000 K |
| 接口 | STM-1 (ATM) | Iub：300<br>Iu/Iur：60 |
| | 信道化STM-1 | 150 |
| | GE | 15 |
| | FE | 60 |
| | E1 | 1600 |
| 供电 | 电源输入 | -48VDC |
| | 允许波动范围 | -57～-40VDC |
| | 最大功耗 | 3000W/机架 |

（续表）

| 项目指标 | | 三机架（满配置）参数 |
|---|---|---|
| 时钟 | 同步等级 | 二级A类时钟 |
| | 时钟工作方式 | 快捕、跟踪、保持、自由运行 |
| | 时钟同步链路接口 | （1）入端信号抖动与漂移≥1.5UI（0.02 ~ 2.4kHz）<br>（2）出端信号抖动与漂移≤1.5UI（0.02 ~ 10kHz）或≤0.2UI（18 ~ 100kHz） |
| 设备环境 | 温度范围 | 长期工作需求　　　　0 ~ +40℃<br>短期工作需求　　　　−5 ~ +45℃ |
| | 湿度范围 | 长期工作需求　　　　20% ~ 90%<br>短期工作需求　　　　5% ~ 95% |
| | 整机噪声 | 系统在全功率输出，环境温度43 ± 2℃条件下整机的噪声电平Lwad不超过6.5 Bels（相当于65分贝） |
| | 大气压需求 | 70 ~ 106kPa |
| | 对机房荷载要求 | 450kg/m² |
| 物理特性 | 机械尺寸 | 2000mm × 600mm × 800mm（高×宽×深） |

## 4.1.8　组网方式

### 4.1.8.1　Iub/Iur接口组网方案

#### 1. 基于ATM交换机的组网方式

如果运营商已经有ATM网络，可直接提供ATM STM-1接口直接接入RNC，基于ATM的组网如图4-55所示。

图4-55　基于ATM的组网

#### 2. 基于SDH的组网方式

针对SDH传输网络提供窄带E1/T1接口或者信道化STM-1界面组网，基于SDH的组网如图4-56所示。

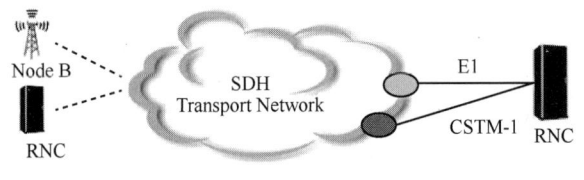

图4-56　基于SDH的组网

### 3. 基于IP的组网方式

RNC通过界面框可实现与IP骨干网的对接交换。如果IP骨干直接提供GE高速接口，也可以考虑直接接入RNC资源框。可根据实际情况选择适当的接入方式，基于IP的组网如图4-57所示。

图4-57　基于IP的组网

### 4. 混合组网方式

混合组网如图4-58所示。

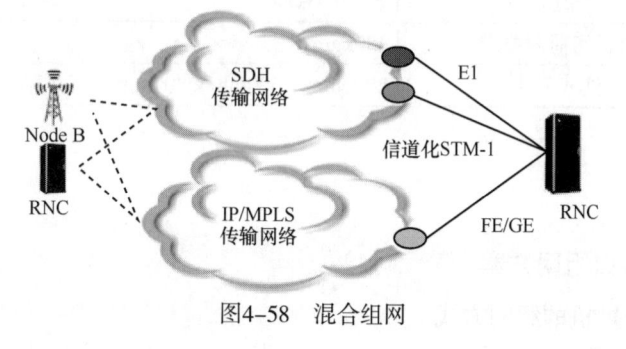

图4-58　混合组网

根据站点区分，部分站点可使用IP网络，也可使用传统SDH传输，还可以根据业务区分，电路业务仍然利用SDH网络，分组业务使用IP骨干网络。

#### 4.1.8.2　Iu接口组网方案

Iu接口是RNC与MSC、SGSN、MGW之间的接口，支持ATM协议和IP。可利用MSTP技术，组成具有汇聚和统计复用功能的ATM VP-Ring，实现RNC到MSC、SGSN的高效率的业务传送，同时，环网保护功能将增强传送可靠性。Iu接口传输解决方案如图4-59所示。

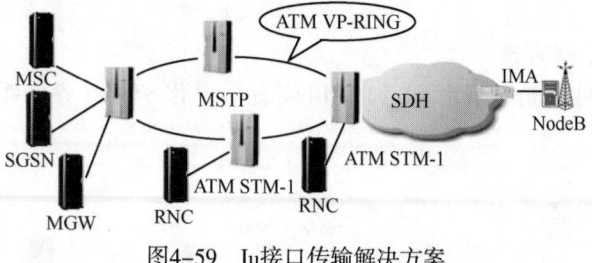

图4-59　Iu接口传输解决方案

## 4.1.9　系统主备

ZXWR RNC系统的关键部件例均提供硬件1+1备份，如ROMB、RCB、UIMC、UIMU、

CHUB、PSN、GLI等。而RUB采用负荷分担的方式。接入单元根据需要可以提供硬件主备，ZXWR RNC系统主备示意如图4-60所示。

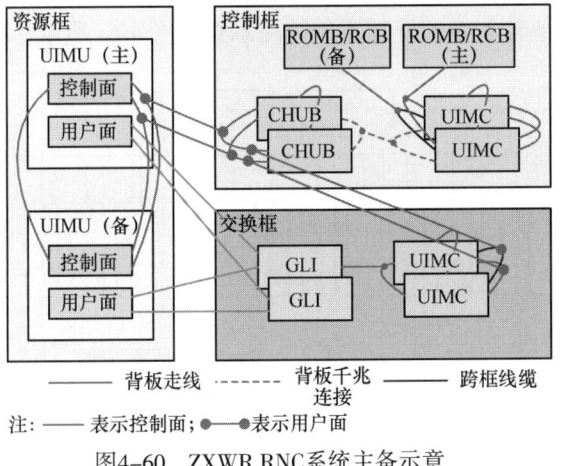

图4-60 ZXWR RNC系统主备示意

资源框的UIMU单板提供控制面和用户面两个平面，对本层框的单板均提供高阻复用端口，而交换框和控制框的UIMC仅提供控制面一个平面。

资源框的控制面与控制中心的互连要考虑：资源框和控制中心均高阻复用。用两根电缆连到控制中心。资源框的主备倒换，控制中心不必知道，反之亦然。正常情况CHUB单板及UIM板软件依靠生成树算法，自动识别并禁止一条连接通道，只允许另一条通道工作，一旦该通道断连，单板软件能够自动发现并且自动打开原来禁止的那条通道，完成通道的备份切换。这种方法消除了框间互联的单点故障。

资源框的用户面和交换框的互连考虑如下方式：通过GE口相连，一个GE口带2个光接口（由子卡提供），依靠光链路的指示来判断主备状态，实现硬件的主备倒换。

其他单板的主备考虑如下方式：接口单板（如DTB、APBE）、资源处理单板（如RUB）一般采用m+n的备份方式（主要依靠软件实现）；关键单板（如UIMC、UIMU、RCB）采用1+1备份。

## 4.1.10 系统内部通信链路设计

ZXWR RNC系统采用控制面和用户面分离设计，资源框背板设计两套以太网：一套用于用户面互连；另一套用于内部控制、控制面互连。另外，在背板上再设计一套485总线。设计485总线的目的：仅带8031 CPU单板的控制通道，对于具有控制以太网接口的单板，485的作用主要是以太网异常时进行故障诊断、告警，在特定场合可根据需要作MAC、IP地址的配置，正常情况下不用此功能。

控制面以太网采用单平面结构，每个资源框控制以太网通过UIMU出2个100M以太网口（物理上采用2根线缆）和控制框的CHUB相连（依靠生成树算法禁止其中一个，或者UIMU和CHUB板在上电初始化时，通过设置VLAN的方式把其中一个网口独立开来），对于控制流量较大（≥100M，配置时可以估算出最大流量）的资源框，两个100M以太网口，采用链路汇聚的方式与控制框相连。

框内的485和以太网通过背板引线连到各个单板。每个单板提供RS-485和以太网接口用于单板控制。资源框的RS-485总线在UIMU单板实现终结；交换框的RS-485总线在UIMC单板终结，控制框的RS-485总线在ROMB处终结。

ROMB单板与其他各单板的管理通信链路示意如图4-61所示。

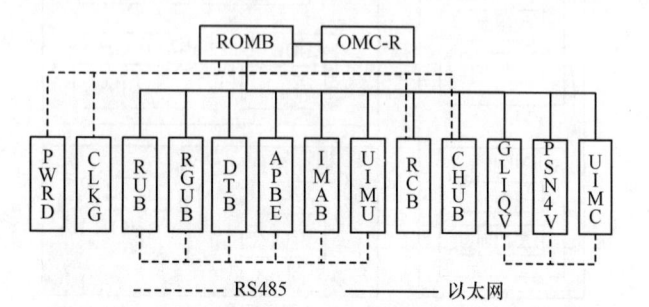

图4-61　ROMB单板与其他各单板的管理通信链路示意

## 4.1.11　时钟系统设计

从ZXWR RNC在整个通信系统的位置看，其时钟系统应该是一个三级增强钟或二级钟，时钟同步基准来自Iu接口的线路时钟或者GPS/BITS时钟。采用主从同步方式。

ZXTR RNC的系统时钟模块位于时钟板CLKG上，与CN相连的APBE单板提取的时钟基准经过UIM选择，再通过电缆传送给CLKG单板，CLKG单板同步于此基准，并输出多路8K和16M时钟信号给各资源框，并通过UIM驱动后经过背板传输到各槽位，供DTB单板和APBE单板使用。

时钟单板CLKG采用主备设计，主备时钟板锁定于同一基准，当系统时钟运行在自由方式时，备板锁定于主板8K，主备倒换在时钟低电平期间进行，主备时钟采用输出驱动端高阻直连，以实现平滑倒换，ZXTR RNC系统的时钟系统如图4-62所示。

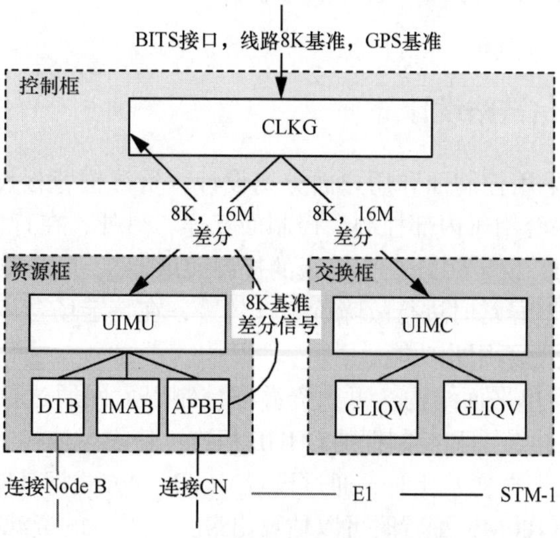

图4-62　ZXTR RNC系统的时钟系统

## 4.2　RNC数据配置

RNC后台数据配置包括全局配置、地面资源配置、无线资源配置和全局补充配置。RNC数据配置流程如图4-63所示。

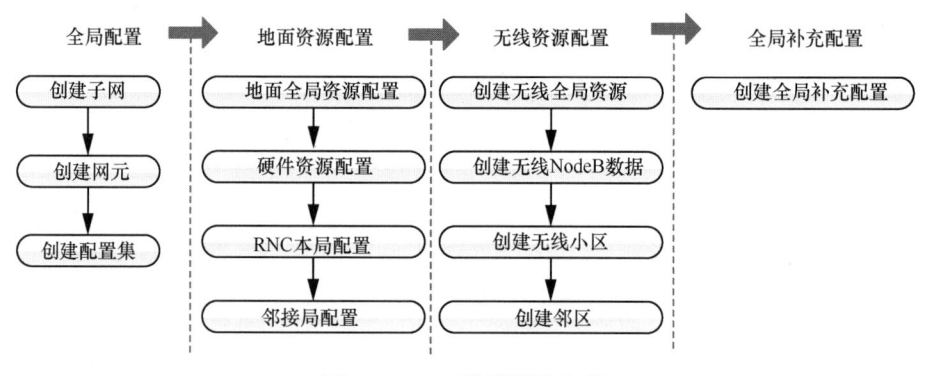

图4-63　RNC数据配置流程

其中，地面资源配置包括地面全局资源配置、硬件资源配置、RNC本局配置和邻接局配置，流程如图4-64所示。

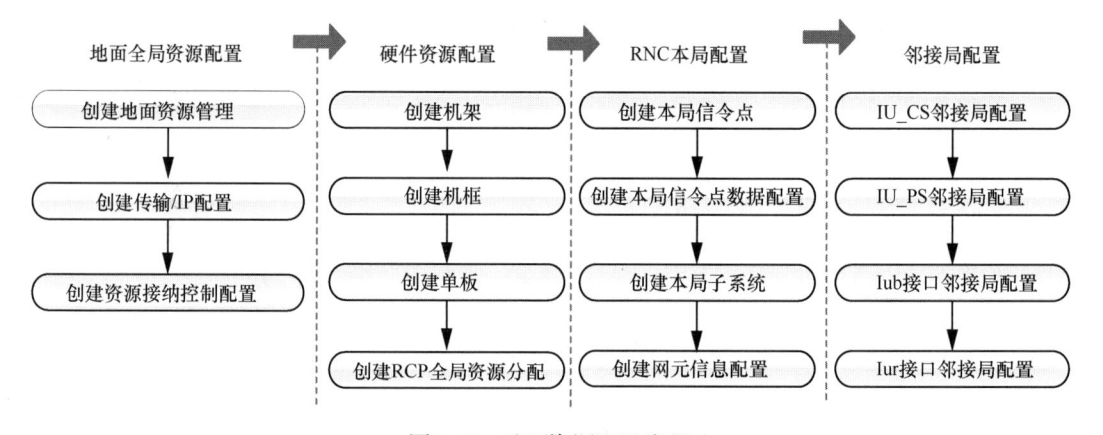

图4-64　地面资源配置流程

表4-85是RNC数据配置步骤表，要完成整个RNC配置需要分几步走，我们需要通过完成一个个子任务来最终完成。

表4-85　RNC数据配置步骤表

| 步骤 | 数据类别 | 子步骤 | 配置内容 |
|---|---|---|---|
| Step1 | 全局配置 | Step1.1 | 创建UTRAN子网 |
| | | Step1.2 | 创建管理网元 |
| | | Step1.3 | 创建配置集 |

（续表）

| 步骤 | 数据类别 | 子步骤 | 配置内容 |
|---|---|---|---|
| Step2 | 地面全局资源配置 | Step2.1 | 创建地面资源管理 |
| | | Step2.2 | 创建传输/IP配置 |
| | | Step2.3 | 创建Sigtran配置 |
| | | Step2.4 | 创建资源接纳控制配置 |
| Step3 | 硬件资源配置 | Step3.1 | 创建机架 |
| | | Step3.2 | 创建机框 |
| | | Step3.3 | 创建单板 |
| | | Step3.4 | 创建RCP全局资源分配 |
| Step4 | 全局补充配置 | Step4.1 | 创建全局补充配置 |
| Step5 | RNC本局配置 | Step5.1 | 创建本局信令点 |
| | | Step5.2 | 创建本局信令点配置数据 |
| | | Step5.3 | 创建本局子系统 |
| | | Step5.4 | 创建网元信息配置 |
| Step5 | 邻接局配置 | Step5.1 | Iu-CS配置 |
| | | Step5.2 | Iu-PS配置 |
| | | Step5.3 | Iub接口配置 |
| | | Step5.4 | Iur接口配置 |
| Step5 | 无线资源配置 | Step5.1 | 创建无线资源管理 |
| | | Step5.2 | 创建无线Node B配置信息 |
| | | Step5.3 | 创建服务小区 |

## 4.2.1 任务一：RNC全局配置

### 4.2.1.1 任务描述

根据任务要求配置全局资源，完成这一步后，就可以实现对整个系统全局资源的管理。

### 4.2.1.2 任务分析

全局资源配置主要包括子网配置、管理网元配置、RNC配置集、RNC全局资源配置，是整个配置管理的基础。公共资源数据配置流程如图4-65所示。

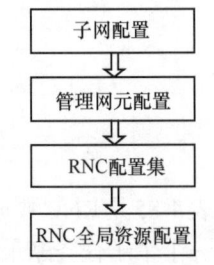

图4-65 公共资源配置流程

### 4.2.1.3 任务实施

#### 1. 第一步：创建UTRAN子网

① 右击网管上的OMC对象，选择［创建→UTRAN子网］，如图4-66所示。

② 单击［UTRAN子网］，弹出对话框，如图4-67所示。

③ 输入子网ID，单击［确定］按钮，创建"UTRAN子网"，关键参数说明见表4-86。

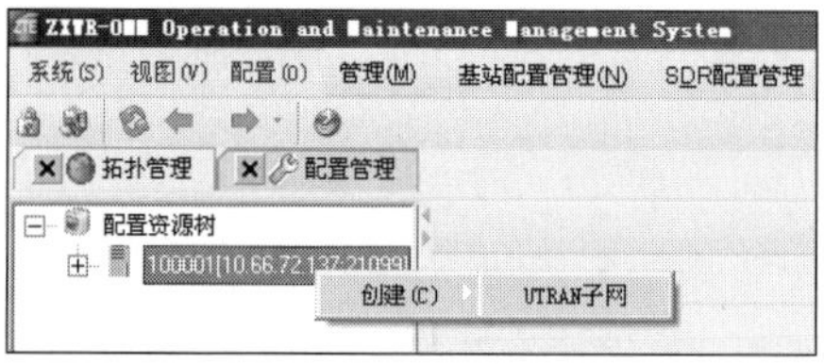

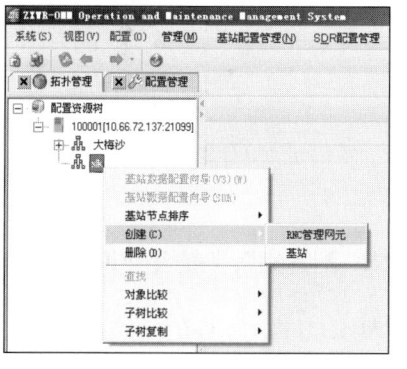

图4-66 创建UTRAN子网（一）

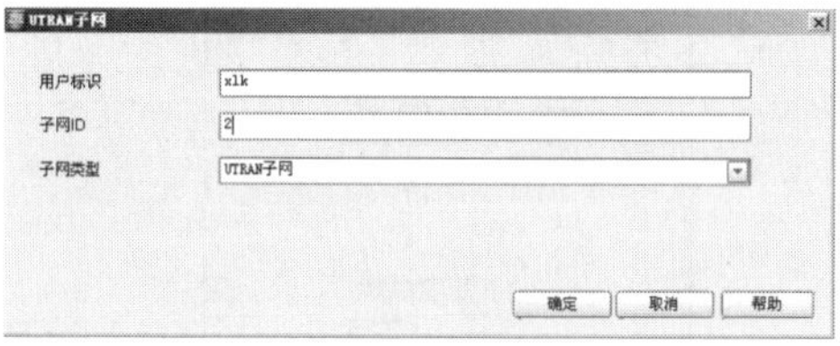

图4-67 创建UTRAN子网（二）

表4-86 关键参数说明

| 参数名称 | 取值范围 | 参数性质 | 参数说明 |
|---|---|---|---|
| 子网ID | RNC ID | 数据规划 | 一个RNC对应一个子网，子网ID配置为RNC ID |

### 2. 第二步：创建管理网元

① 右击选择［UTRAN子网→创建→RNC管理网元］，如图4-68所示。

② 单击［RNC管理网元］，弹出对话框，如图4-69所示。

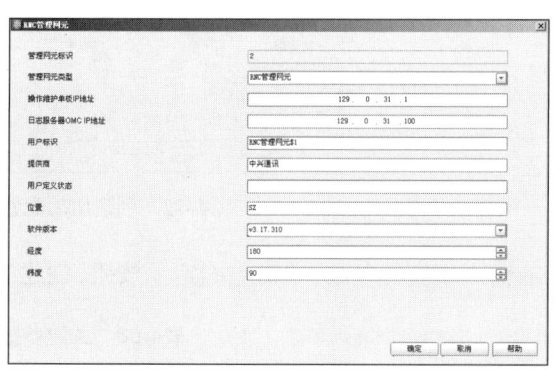

图4-68 创建RNC管理网元（一）

图4-69 创建RNC管理网元（二）

③ 输入相应的参数，单击［确定］按钮，创建"RNC管理网元"，关键参数说明见表4-87所示。

表4-87 关键参数说明

| 参数名称 | 取值范围 | 参数性质 | 参数说明 |
|---|---|---|---|
| 操作维护单板IP地址 | 129.0.31.1 | 数据规划 | 操作维护单板IP=129.0.31.X<br>X对应RNC ID |

### 3. 第三步：申请互斥操作权限

同一时刻只能有一个人对网络进行修改类操作，为防止多人同时修改网络，通过互斥权限限制，后申请的人会占用操作权限。绿锁状态表示申请成功，操作申请互斥权限如图4-70所示。

### 4. 第四步：创建配置集

① 右击选择［RNC管理网元→创建→RNC配置集］，如图4-71所示。

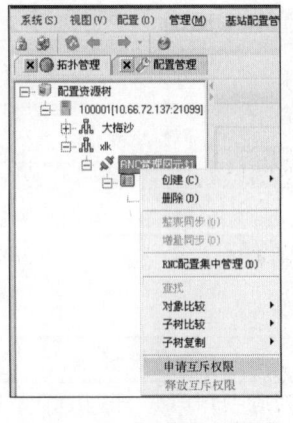

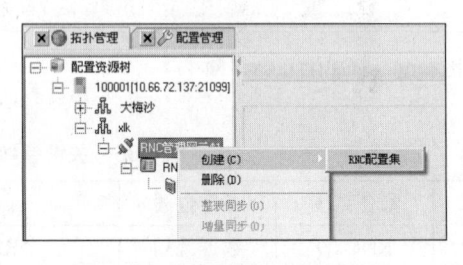

图4-70　申请互斥权限　　　　　图4-71　创建RNC配置集（一）

② 单击［RNC配置集］，弹出对话框，如图4-72所示。

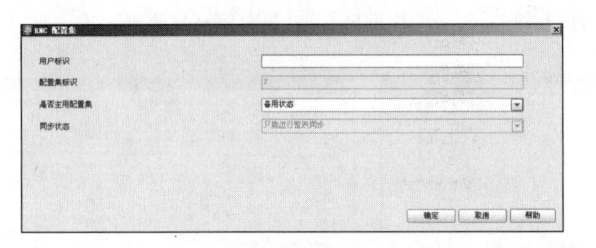

图4-72　创建RNC配置集（二）

③ 输入相应的参数，单击［确定］按钮，创建"RNC配置集"，关键参数说明见表4-88。

表4-88　关键参数说明

| 参数名称 | 取值范围 | 参数性质 | 参数说明 |
| --- | --- | --- | --- |
| 主备用配置集 | 备用状态 | 研制规范 | 创建RNC管理网元后，系统自动生成"RNC配置集0"，且为主用状态 |

### 大开眼界

切换配置集到主用状态时，需要双击备用配置集，在弹出的窗口的工具栏上切换图标。配置集切换后，必须整表同步。

## 4.2.2　任务二：硬件资源配置

### 4.2.2.1　任务描述

完成RNC硬件资源配置，包括机架、机框、单板等。

### 4.2.2.2　任务分析

硬件资源配置流程如图4-73所示。

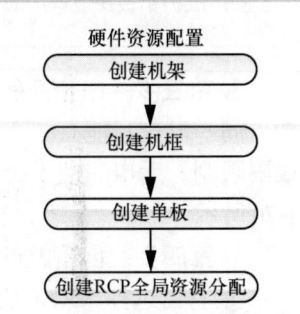

图4-73　硬件资源配置流程

### 4.2.2.3　任务实施

**1. 第一步：创建地面资源管理**

① 右击选择［RNC配置集→创建→RNC地面资源管理］，如图4-74所示。

② 单击［RNC地面资源管理］，弹出对话框，如图4-75所示。

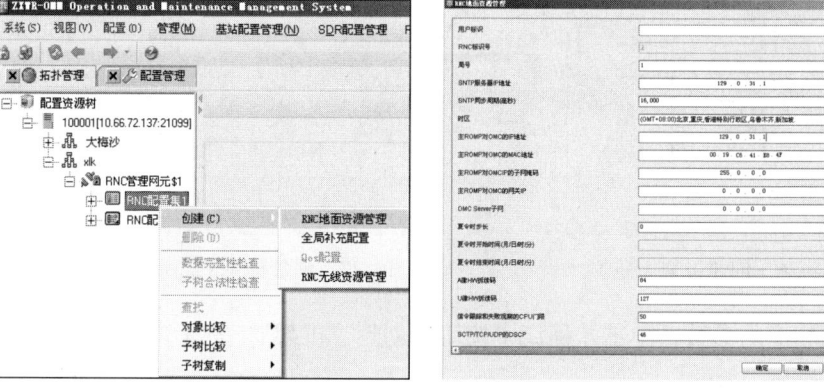

图4-74　创建RNC地面资源管理（一）　　　图4-75　创建RNC地面资源管理（二）

③ 输入相应的参数，单击［确定］按钮，创建"RNC地面资源管理"，关键参数说明见表4-89。

表4-89　关键参数说明

| 参数名称 | 取值范围 | 参数性质 | 参数说明 |
|---|---|---|---|
| 局号 | 局号=TRIB+1 | 数据规划 | 局号要跟机框拨码的TRIB对应，局号=TRIB+1，实验室里，一般TRIB为"0000（从右往左读）"，局号为1 |
| SNTP服务器IP地址 | 时间同步服务器IP地址 | 数据规划 | 实验室里一般使用WOMCR兼做SNTP服务器，外场开局时，局方不提供SNTP服务器，一般使用WOMCR兼做SNTP服务器 |
| 时区 | 当地时区 | 数据规划 | 在实验室或者中国的外场，一般设置为"(GMT+08:00)北京"；国际外场开局时，要设置为当地采用的时区 |
| 主ROMP对OMC的IP地址 | ROMP的OMC口IP地址 | 数据规划 | 一般设置为RNC上OMC的地址，如果设置的和RNC上的OMC地址不一致，同步到前台后，会更改RNC的OMC地址 |
| 主ROMP对OMC的MAC地址 | ROMP的OMC口MAC地址 | 数据规划 | 同"主ROMP对OMC的IP地址"连接到一个HUB的所有的OMC的MAC地址不能重复 |
| 主ROMP对OMCIP的子网掩码 | ROMP的OMC口掩码 | 数据规划 | 同"主ROMP对OMC的IP地址" |

**2. 第二步：创建机架**

① 右击选择［RNC地面资源管理→创建→机架］，如图4-76所示。

② 单击［机架］，弹出对话框，如图4-77所示。

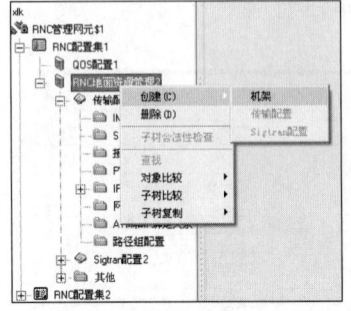

图4-76　创建机架（一）

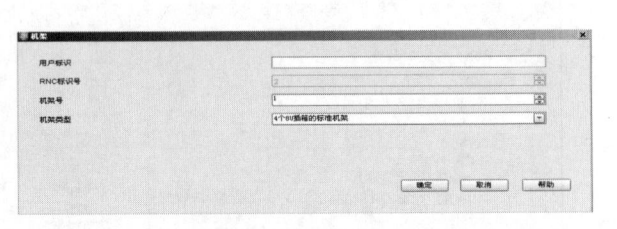

图4-77　创建机架（二）

③ 输入相应的参数，单击［确定］按钮，创建"机架"，关键参数说明见表4-90。

表4-90　关键参数说明

| 参数名称 | 取值范围 | 参数性质 | 参数说明 |
|---|---|---|---|
| 机架号 | 机架号=<br>RACK +1 | 数据规划 | 机架号要跟机框拨码的RACK对应，机架号= RACK +1<br>ROMB的RACK必须为"0000（从右往左读）"，机架号为1 |

**3. 第三步：创建机框**

① 在机架图的空机框上，右击选择［创建→机框］，如图4-78所示。

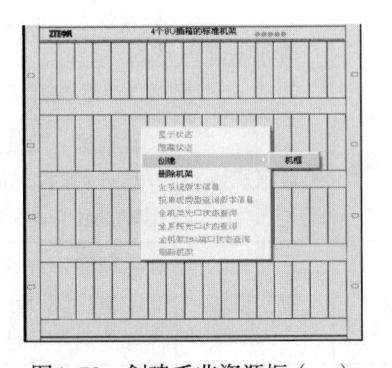

图4-78　创建千兆资源框（一）

② 右击［机框］，弹出对话框，如图4-79和图4-80所示。

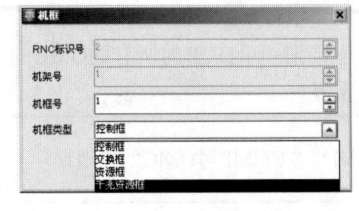

图4-79　创建千兆资源框（二）

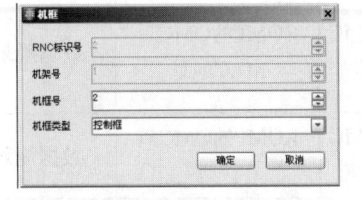

图4-80　创建控制框（三）

③ 输入相应的参数，单击［确定］按钮，创建［机框］，关键参数说明见表4-91。

表4-91 关键参数说明

| 参数名称 | 取值范围 | 参数性质 | 参数说明 |
|---|---|---|---|
| 机框号 | 机框号= SHELF +1 | 数据规划 | 机框号要跟机框拨码的SHELF对应，机框号= SHELF +1，ROMB的SHELF必须为"1000（从右往左读）"，机框号为2，机框号不能大于4，外场开局时，要根据规划和机框的拨码设置 |
| 机框类型 | 控制框 交换框 资源框 接口框 | 数据规范 | 机框类型有"控制框""交换框""资源框"和"千兆资源框"；实验室里，一般配置为双框（一个资源框和一个控制框）；展会上，由于空间的考虑。一般只配一个资源框；外场开局时，超过两个资源框时，会增加交换框 |

### 4. 第四步：创建单板

① 在机框图的空槽位上，右击选择［创建→单板］，如图4-81所示。

② 单击［单板］，弹出对话框，如图4-82所示。

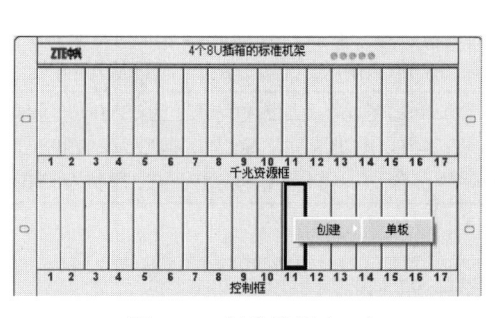

图4-81 创建单板（一）

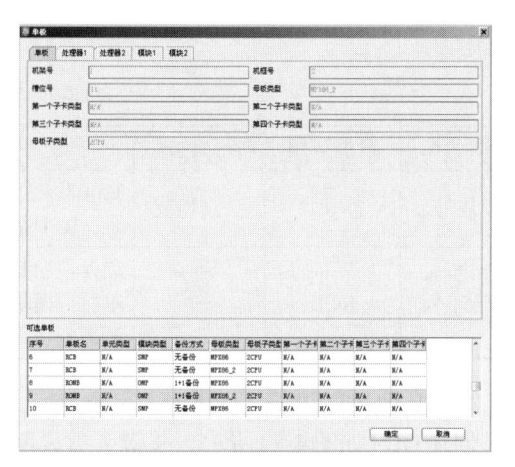

图4-82 创建单板（二）

③ 选择要创建的单板，输入相应的参数，单击［确定］按钮，创建"单板"。

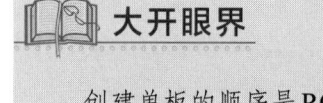 **大开眼界**

创建单板的顺序是ROMB→UIMC→GUIM→其他单板。

### 5. 第五步：单板创建说明

（1）RCB

创建RCB示意如图4-83所示。

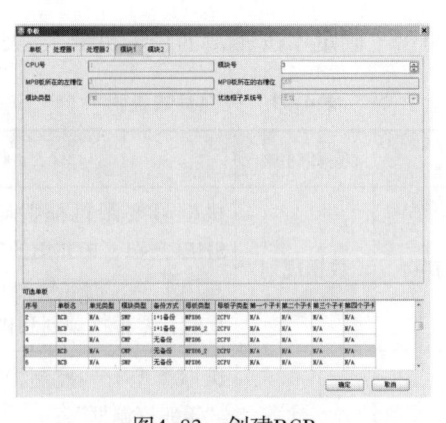

图4-83　创建RCB

1．首先创建位于控制框的ROMB单板，再创建其他单板。创建RCB、ROMB单板时，系统自动选择该单板所归属的模块号，我们需要知道模块号，关键参数说明见表4-92。

2．单板归属模块选择原则：不属于资源的单板(UIMC/GUIM/THUB/GLI/PSN/CLKG/RUB)，都归属1号ROMP模块。资源单板（DTB/APBE/IMAB/GIPI）都平均归属到RCP模块上。

表4-92　关键参数说明

| 参数名称 | 取值范围 | 参数性质 | 参数说明 |
|---|---|---|---|
| 模块号 | 1～127 | 研制规范 | V3.07以后将处理板都看作模块，模块的编号原则是ROMP 是1号，RPU是2号，RCP(CMP)从3开始，RSP(SMP)从108开始 |
| 可选单板 | RCB | — | 选择"单板名称"为<RCB>，"模块类型"为<SMP>。创建的单板"模块1"类型为＜RCB＞，"模块2"类型为＜RSP＞。在最简配置局时使用（深圳：模1类型为SMP，模2类型为CMP） |

（2）IMAB/DTB/GIPI/APBE

创建GIPI如图4-84所示，关键参数说明见表4-93。

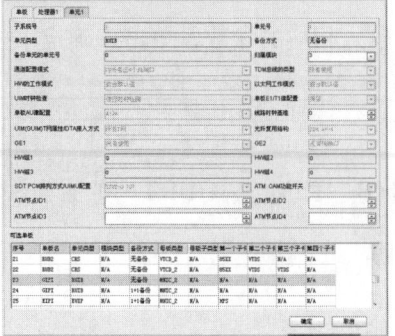

图4-84　创建GIPI

表4-93　关键参数说明

| 参数名称 | 参数性质 | 参数说明 |
|---|---|---|
| 归属模块号 | 研制规范 | 所有的资源板（DTB/APBE/IMAB /GIPI）都平均归属到RCP模块上<br>实验室里，可以将所有的资源板都归属到3号模块<br>不属于资源的单板(UIMC/GUIM /CHUB /GLI/PSN/CLKG)，都归属1号模块 |

（3）ICMG/THUB

创建ICMG如图4-85所示。

### 6. 第六步：创建完成

单板创建完成后，整个机架的创建基本完成，如图4-86所示。

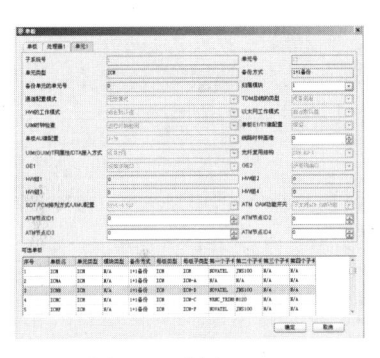

图4-85　创建ICMG

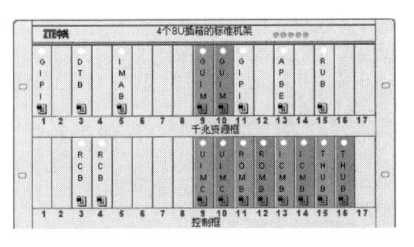

图4-86　创建完成后的机架

## 4.2.3　任务三：RNC本局网元信息配置

### 4.2.3.1　任务描述

RNC本局信息配置。

### 4.2.3.2　任务分析

RNC本局配置流程如图4-87所示。

### 4.2.3.3　任务实施

#### 1. 第一步：RNC本局网元信息创建

① 右击选择［网元信息配置→创建→本局］，如图4-88所示。

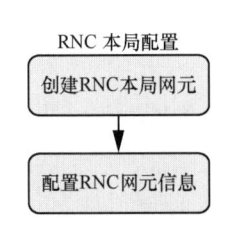

图4-87　RNC本局配置流程

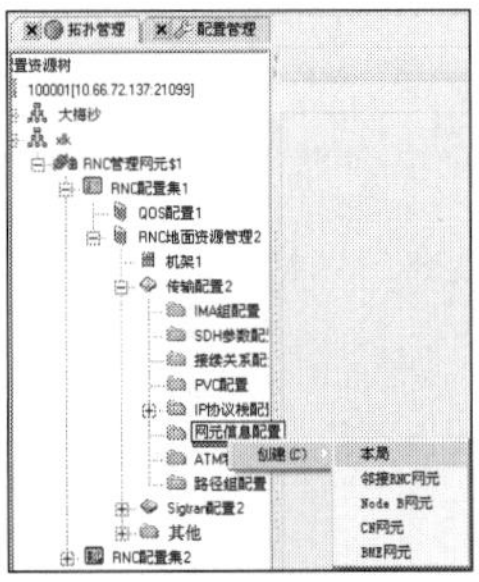

图4-88　创建RNC本局

② 单击［基本配置］，弹出对话框，如图4-89所示。

③ 输入相应的参数，单击［确定］按钮，RNC本局基本配置见表4-94。

表4-94　RNC本局基本配置

| 参数名称 | 取值范围 | 参数性质 | 参数说明 |
|---|---|---|---|
| 移动国家码 | 460 | 配置规范 | 在网络中唯一标识一个国家，中国的移动国家码（MCC）固定为460 |
| 网元所在的移动网络码 | — | 配置规范 | 在所有移动网络（如GSM、CDMA、WCDMA等）中，唯一标识一个网络的编码 |

④ 选中［网元配置信息 → RNC0］，双击，出现如图4-90所示的界面。

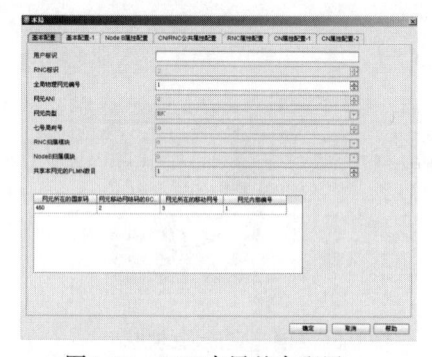
图4-89　RNC本局基本配置

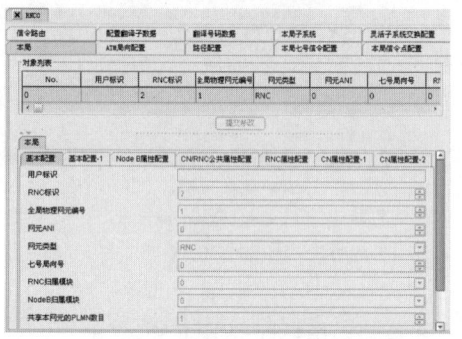
图4-90　RNC本局配置信息查看

## 2. 第二步：RNC本局网元信息配置

单击进入修改模式。

📖 **大开眼界**

单击上面图标中的按钮，可以对已经配置好的参数进行相应修改。

① RNC网元本局七号信令配置。单击上面步骤4中的［本局七号信令配置］，出现如图4-91所示的界面。

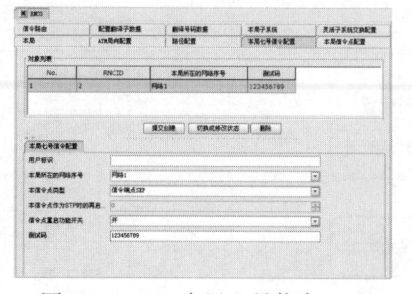
图4-91　RNC本局七号信令配置

按照要求设置好相应参数后，单击［提交创建］按钮。

## 大开眼界

信令端接点SEP和信令转接点STP的区别。SEP可以完成处理信息和语音的功能，而STP只能做透明的信息转接，不对信息做任何处理。

② RNC网元本局信令点配置。单击［本局信令点配置］，出现如图4-92所示的界面，关键参数说明见表4-95。

表4-95　关键参数说明

| 参数名称 | 取值范围 | 参数性质 | 参数说明 |
|---|---|---|---|
| 网络类别 | 网络1~8 | 对接一致 | 跟CN对应。实验室里，一般设置为"网络1"，外场开局时，要根据数据规划设置；如果数据规划没有，要与CN协商后，再设置 |
| 14位信令点码、子信令点码、主信令点码 | 0~7 | 对接互配 | 与CN的对接参数，国际网络使用设置时注意信令点码、子信令点码、主信令点码的顺序；外场开局时，需要根据数据规划设置 |
| 24位信令点码、子信令点码、主信令点码 | 0~255 | 对接互配 | 与CN的对接参数，国内网络使用 |

③ RNC ATM局向配置。单击［ATM局向配置］选项，配置RNC的ATM局向，如图4-93所示，关键参数说明见表4-96。

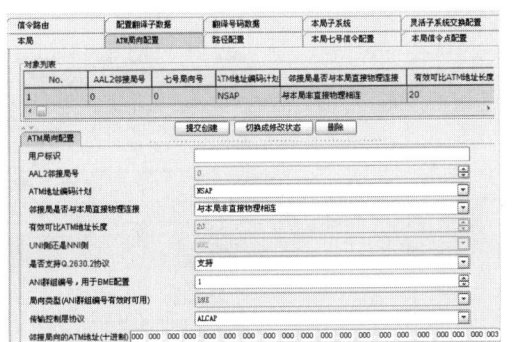

图4-92　RNC本局信令点配置　　　　图4-93　RNC本局ATM局向配置

表4-96　关键参数说明

| 参数名称 | 取值范围 | 参数性质 | 参数说明 |
|---|---|---|---|
| AAL2邻接局号 | 网元ANI | 对接互配 | 对本局RNC来说固定为0 |
| AAL2邻接局对应的七号局向号 | — | 对接互配 | 与七号局向对应选择 |

（续表）

| 参数名称 | 取值范围 | 参数性质 | 参数说明 |
|---|---|---|---|
| ATM编码计划 | NSAP | 对接互配 | 与ZTE设备对接时，都选NSAP；与其他厂家设备对接时，需要协商 |
| 邻接局是否与本局直接物理连接 | 与本局直接物理连接 | 对接互配 | 只有MSC Server局向需选择"与本局非直接物理连接" |
| UNI还是NNI | NNI | 对接互配 | 信令承载为MTP3B的是NNI型实体，其他的都是UNI |
| 邻接局向ATM地址 | 与CN协商确定 | 对接互配 | 本局RNC的ATM地址，外场开局时，必须按照规划填写 |

### 大开眼界

RNC网管中的ATM地址为十进制，但目前CN网管中对应的ATM地址为十六进制，在拿到对接参数时候要与CN确认ATM地址的进制并进行相应的转换。

④ RNC网元本局子系统配置。单击［本局子系统］选项，出现如图4-94所示的界面。本局子系统通常配置3个子系统，具体见表4-97。

表4-97　本局子系统配置举例

| 信令点的子系统号 | 用途 |
|---|---|
| 1：SCCP管理 | SCCP管理 |
| 142：RANAP | RANAP |
| 143：RNSAP | RNSAP |

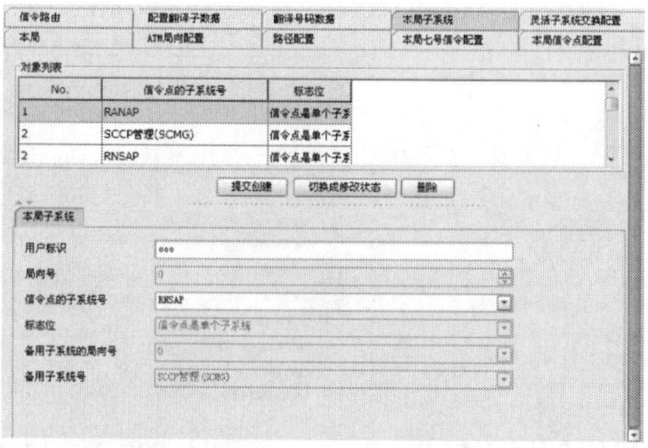

图4-94　RNC本局配置（八）

## 4.2.4　任务四：Iu-CS接口数据配置

### 4.2.4.1　任务描述

完成RNC网元信息配置后，接下来开始配置Iu口数据，Iu口包括Iu-CS、Iu-PS，本次任务就是完成Iu-CS接口的数据配置。

#### 4.2.4.2　任务分析

将Iu-CS邻接局配置划分为"MGW网元创建"配置、"MGW的信令承载"配置、"MGW的数据承载"配置和"MSC Server配置"4个部分，流程如图4-95所示。

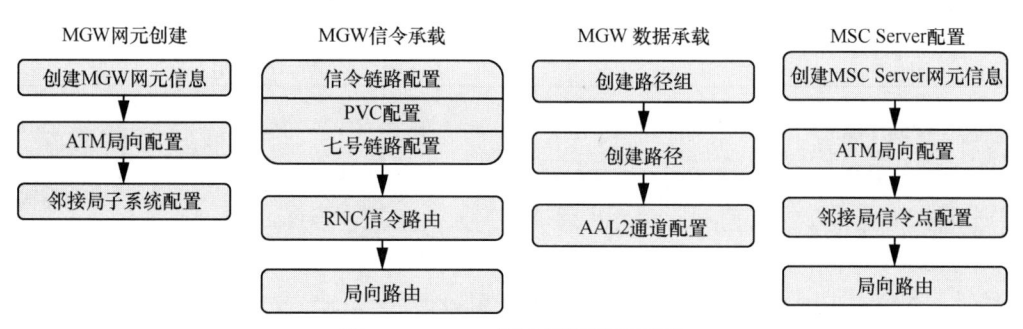

图4-95　Iu-CS邻接局配置流程图

#### 4.2.4.3　任务实施

**1. 第一步：MGW网元信息创建**

① 右击选择［网元信息→创建→CN网元］，如图4-96所示。

② 选中［基本配置］选项，弹出对话框，如图4-97所示，关键参数说明见表4-98。

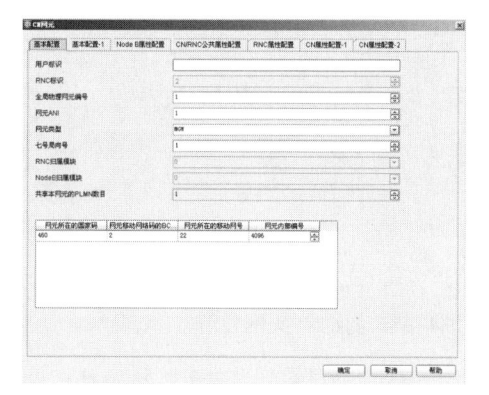

图4-96　创建MGW网元信息（一）　　　图4-97　创建MGW网元信息（二）

表4-98　关键参数说明

| 参数名称 | 取值范围 | 参数性质 | 参数说明 |
| --- | --- | --- | --- |
| 网元所在国家码/移动号（MCC/MNC） | 与CN协商确定 | 对接一致 | MCC，对接参数；<br>实验室里，可以跟CN协商设置；<br>外场开局时，必须按照规划设置 |
| 网元类型 | MGW网元 | | |
| 网元内部编号 | 参考"网元ANI" | | 本局RNC固定为0；当邻接网元类型为RNC、MSC Server、SGSN时，取0～4095；邻接MGW编号从4096开始，CN/RNC/Node B各自独立编号 |

（续表）

| 参数名称 | 取值范围 | 参数性质 | 参数说明 |
|---|---|---|---|
| 网元ANI | ATM局向号 | 数据规划 | 实验室里，可以自己设定；外场开局时，必须按照规划设置 |
| 七号局向号 | MGW对应的七号局向 | | 实验室里，可以自己设定；外场开局时，必须根据规划设定 |

## 📖 大开眼界

［网元内部编号］指同一网元类型的所有网元的编号，如Node B网元的编号。

［网元ANI］指对传输局向的编号，通过ATM地址区别，是对所有ATM网元的统一编号。ANI：Adjacent AAL type 2 Node Identifier。

［七号局向号］指该ATM网元对应的七号局向号，将ATM网元和七号局向关联起来。

③ 双击［网元信息→MGW网元］，弹出如图4-98所示的界面。

2. 第二步：MGW ATM局向配置

单击"ATM局向配置"，弹出如图4-99所示的界面，关键参数说明见表4-99。

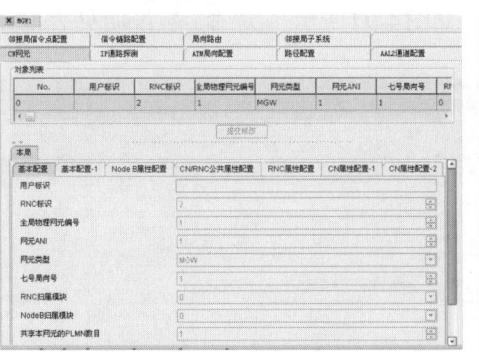

图4-98　创建MGW网元信息（三）

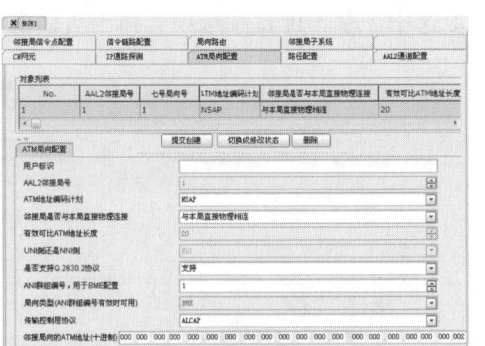

图4-99　创建MGW ATM局向

表4-99　关键参数说明

| 参数名称 | 取值范围 | 参数性质 | 参数说明 |
|---|---|---|---|
| AAL2邻接局号 | 网元ANI | 数据规划 | 与网元信息的ANI对应 |
| ATM编码计划 | NSAP | 数据规划 | 与ZTE设备对接时，都选NSAP，与其他厂家设备对接时，需要协商 |
| 邻接局是否与本局直接物理连接 | 与本局直接物理连接 | 数据规划 | 只有MSC Server局向需选择"与本局非直接物理连接" |
| UNI还是NNI | NNI | 数据规划 | 信令承载为MTP3B的是NNI型实体，其他的都是UNI |
| 邻接局向ATM地址 | 与CN协商确定 | 对接互配 | 实验室里，与邻接局协商填写；外场开局时，必须按照规划填写 |

参考信息

配置［ATM局向配置］时，局类型根据含不含ALCAP分为以下两类。

① 含ALCAP的ATM局向：表示这个局向支持ALCAP功能。

② 不含ALCAP的ATM局向：表示这个局向不支持ALCAP功能。

ALCAP是负责AAL2数据承载管理，实现建立AAL2通道（Channel），一个AAL2通道使用CID标识，1个AAL2 PVC上最多建立248个CID。例如，在CN的R4组网方式中，媒体流和控制流分开处理，MGW处理媒体流，MSCServer处理控制流。在MGW上处理ALCAP，而MSC Server上只处理RANAP。PS域SGSN由于使用IPOA（建立在AAL5之上），因此SGSN局向不包含ALCAP。

不含ALCAP的局向类型（如MSC Server）不需要配置［ATM地址编码计划］［有效可比ATM地址长度］［AAL2邻接局号］［七号局向号］［是否支持Q.2630.2协议］［邻接局向的ATM地址］等信息。

3. 第三步：MGW邻接局信令点配置

单击图4-99所示的界面"邻接局信令点配置"，弹出如图4-100所示的界面，关键参数说明见表4-100。

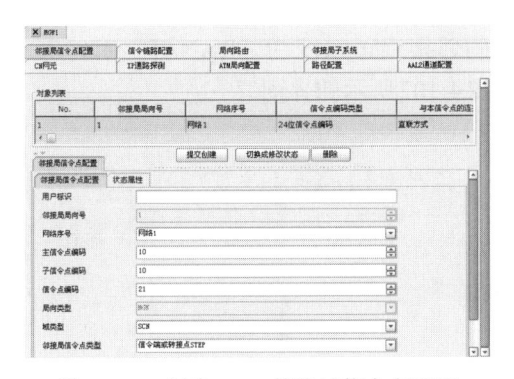

图4-100　创建MGW邻接局信令点配置

表4-100　关键参数说明

| 参数名称 | 取值范围 | 参数性质 | 参数说明 |
| --- | --- | --- | --- |
| 邻接局局向号 |  | 数据规划 | 实验室里，可以自己定义；外场开局时，根据数据规划设置 |
| 网络序号 | 与CN对应 | 对接一致 | 外场开局时，根据数据规范设置 |
| 信令点编码、子信令点编码、主信令点编码 | 与CN协商确定 | 对接互配 | 设置时，注意信令点码、子信令点码、主信令点码的顺序；外场开局时，需要根据数据规划设置 |
| 局向类型 | MGW |  |  |
| 域类型 | 邻接局信令点处于SCN中 | 研制规范 |  |
| 邻接局信令点类型 | 信令端或转接点STEP | 研制规范 | 与CN对应 |

（续表）

| 参数名称 | 取值范围 | 参数性质 | 参数说明 |
|---|---|---|---|
| 子业务字段 | 与CN对应 | 对接一致 | 子业务字段的配置与信令点编码类型配置数据要保持一致；<br>选"国际信令点编码"，对应信令点编码类型"14位信令点编码"；<br>中国区内，则一般选"国内信令点编码"，对应"24位信令点编码"，选"国内备用信令点编"对应"14位信令点编码"；<br>其他国家"国内信令点编码"和"国内备用信令点编码"对应的信令点编码类型要根据其他国家实际情况确定 |
| 信令点编码类型 | | | 如信令点编码为24位，则必须首先选择对应类型，否则会提示出错 |
| 与本信令点的连接关系 | 直连方式 | 研制规范 | MSC Server为准直连，其余均为直连方式 |

### 4. 第四步：MGW邻接局子系统创建

单击［邻接局子系统］，弹出如图4-101所示的界面。

查看MGW需要创建的邻接局子系统为"RANAP"和"SCCP"管理是否已经创建，若不存在，则手工创建如图4-102所示的界面。

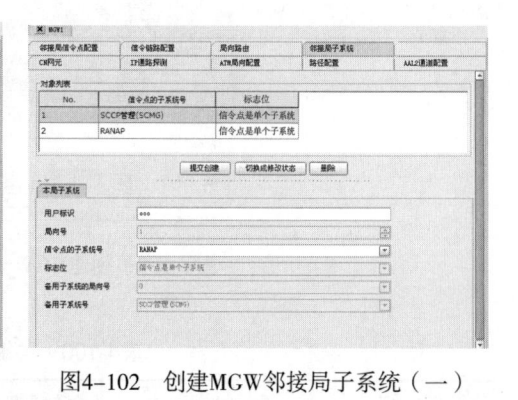

图4-101 创建MGW邻接局子系统（一）　　　　图4-102 创建MGW邻接局子系统（一）

### 5. 第五步：MGW信令链路配置

① 单击［信令链路配置］，界面如图4-103所示，关键参数说明见表4-101。

表4-101 关键参数说明

| 参数名称 | 取值范围 | 参数性质 | 参数说明 |
|---|---|---|---|
| 信令链路号 | 关联七号链路 | | 实验室里，可以自己设定；外场开局时，必须根据规划设定 |
| AAL 2 邻接局 | 网元ANI | | 与网元信息的ANI对应 |
| 应用类型 | MTP3B | 数据规范 | |

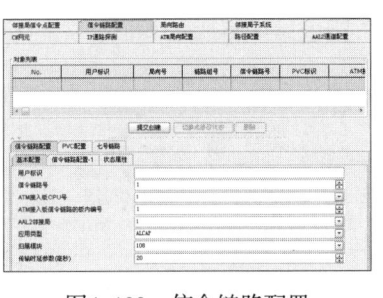

图4-103 信令链路配置

② 单击［PVC配置］，出现如图4-104和图4-105所示的界面，关键参数说明见表4-102。

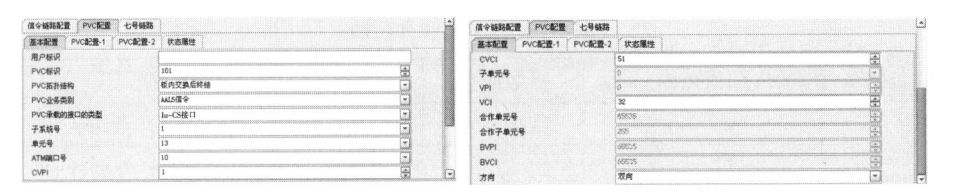

图4-104 PVC配置（一）

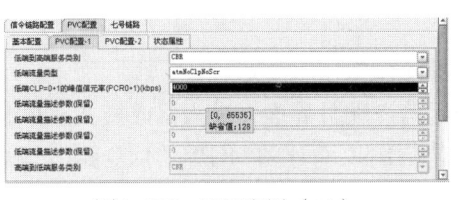

图4-105 PVC配置（二）

表4-102 关键参数说明

| 参数名称 | 取值范围 | 参数性质 | 参数说明 |
|---|---|---|---|
| PVC业务类别 | AAL5信令 | 研制规范 | |
| PVC承载接口的类型 | Iu-CS接口 | 研制规范 | |
| 子系统号 | 所在机框号 | | |
| 单元号 | 所在槽位号 | | |
| ATM端口号 | 单板对应的UTOPIA物理地址 | 数据规划 | 4~7，APBE板的光口对应的UTOPIA物理地址；1~30，IMA板的IMA组对应的UTOPIA物理地址；10~13，APBE-2板的光口对应的UTOPIA物理地址；14~43，带IMA功能的APBE-2板的IMA组对应的UTOPIA物理地址 |
| CVPI、CVCI | 与CN协商确定 | 对接一致 | PVC对外的VPI和VCI，与CN协商一致 |
| VPI/VCI | | | PVC对内编号，相互区别 |
| 低端到高端服务类型 低端流量类型 低端流量描述参数1 低端流量描述参数2 | | | 参数组合，表示ATM的服务类别，实验室里，可以简单地设置为CBR；外场开局时，必须根据规划设置 |

③ 单击［七号链路］，出现如图4-106所示界面，关键参数说明见表4-103。

图4-106　七号链路配置

表4-103　关键参数说明

| 参数名称 | 取值范围 | 参数类型 | 参数说明 |
|---|---|---|---|
| 链路组号 | | 数据规划 | 信令链路组号，索引字段，全局唯一 |
| 信令链路号 | 关联七号链路 | | 实验室里，可以自己设定；外场开局时，必须根据规划设定 |
| SMP模块号 | 七号链路归属的SMP | | |
| 信令链路编码 | 与CN对接一致 | 对接一致 | |

### 6. 第六步：RNC信令路由配置

重新打开RNC本局网元信息配置界面，进入修改模式。单击［信令路由］配置，弹出如图4-107所示的界面，创建与RNC直连的MGW的信令路由，关键参数说明见表4-104。

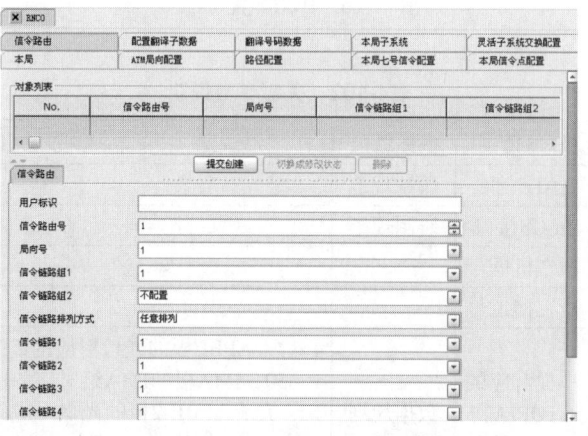

图4-107　RNC信令路由配置

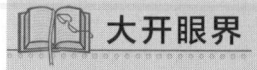 大开眼界

　　创建和本RNC所有直联的七号邻接局之间的［信令路由］，只需创建RNC到MGW和SGSN之间的信令路由；MSC Server的信令由MGW转接，不需要创建。

表4-104　关键参数说明

| 参数名称 | 取值范围 | 参数性质 | 参数说明 |
|---|---|---|---|
| 信令路由号 | | 数据规划 | 信令路由号，索引字段，全局唯一 |
| 局向号 | MGW的邻接局局向号 | | 选择已创建好的MGW局向号 |
| 信令链路组1 | 引用信令链路组号 | | |
| 信令链路组2 | 不配置 | | 如果只有一个信令链路组，则不配置 |
| 信令链路排列方式 | 任意排列 | 研制规范 | |

### 7. 第七步：MGW局向路由配置

重新打开MGW数据配置界面，并进入修改模式。单击［局向路由］，弹出如图4-108所示的界面。

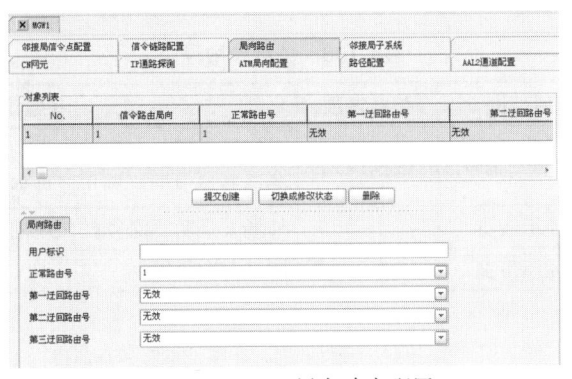

图4-108　MGW局向路由配置

将RNC本局［信令路由］中配置的"路由号"，选择配置在对应的各个邻接局局向的路由下。可以配置正常路由、第一迂回路由、第二迂回路由、第三迂回路由，关键参数说明见表4-105。

表4-105　关键参数说明

| 参数名称 | 取值范围 | 参数性质 | 参数说明 |
|---|---|---|---|
| 正常路由号 | MGW的路由号 | 数据规划 | 网络正常时选择的直连路由号 |
| 第一迂回路由号 | | | 正常路由不通时选择的迂回路由号，需要单独配置迂回信令路由后才可选，没有时选择"无效" |
| 第二迂回路由号 | 无效 | | |
| 第三迂回路由号 | | | |

### 8. 第八步：MGW网元路径组配置

ZXWR RNC通过配置路径、路径组带宽，对用户数据进行两级带宽接纳和流控。

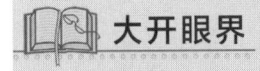 大开眼界

路径、路径组是对用户数据进行带宽接纳和流控，与信令数据无关。

右击［路径组配置→创建→路径组配置］，出现如图4-109所示的界面。

单击后进入如图4-110所示的界面，关键参数说明见表4-106。

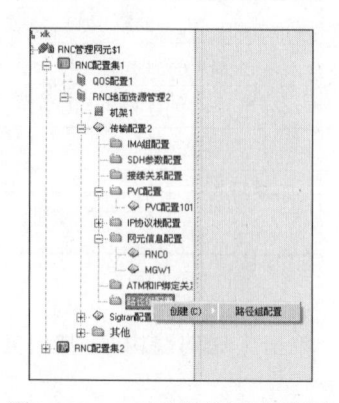

图4-109　MGW网元路径组配置

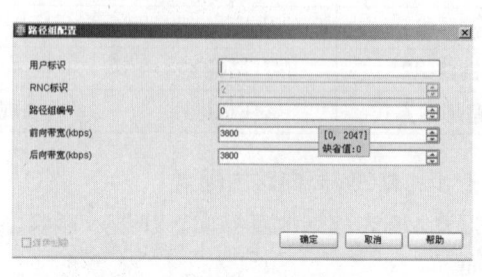

图4-110　MGW网元路径组配置（二）

表4-106　关键参数说明

| 参数名称 | 取值范围 | 参数性质 | 参数说明 |
|---|---|---|---|
| 路径组编号 | 全局统一编号 | 数据规划 | 全局统一编号，实验室里，推荐与网元ANI一致；外场开局时，必须按照规划设定 |
| 前向带宽 | 路径组带宽 | | 外场开局时，必须按照规划设定 |
| 后向带宽 | 路径组带宽 | | 同"前向带宽" |

参考信息

（1）传输路径

对传输路径的定义可以是如下几种形式，如图4-111所示。

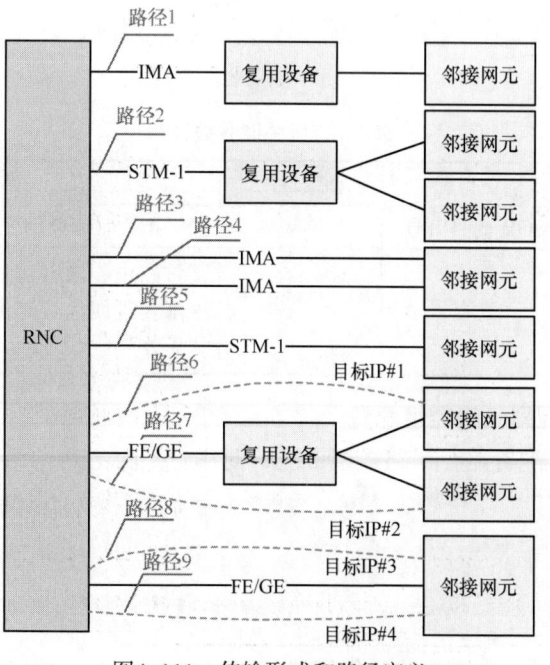

图4-111　传输形式和路径定义

① 本RNC配置的一个IMA组端口，从这个端口出去的全部业务都属于同一传输路径。

② 本RNC配置的一个STM-1端口，从这个端口出去的全部业务都属于同一传输路径。

③ 一个IP网络地址和掩码组合。目标地址属于该网络时，到这个目标地址的全部业务都属于同一传输路径。只有在同一IP情况下，才会出现一个物理端口中包含有多个路径的情况。

（2）传输路径组

传输路径组可以是到同一局向的多个传输路径的组合，也可以是不同局向的多个传输路径的组合。

传输路径组中多条传输路径有一个共同的特点，那就是在这些传输路径之上的业务在到达目的局向之前都会经过同一段物理传输，这一段物理传输也许根本不与RNC相连接。

定义传输路径组的目的是控制多条传输路径上的业务流量总和。

（3）传输路径带宽

传输路径带宽是指到某个局向的某个传输路径上可分配为业务数据传输的带宽，属于虚带宽。传输路径带宽小于传输路径所在的物理通道（IMA组、STM-1口、GE口、FE口）带宽。

（4）传输路径组带宽

传输路径组带宽是指传输路径组上允许的最大业务数据流量，属于虚带宽。

举实例形象说明传输路径和路径组的概念。例如一家公司有10个部门，每个部门研发经费限制为10000元，整家公司研发经费限制为80000元。每个部门的研发经费限制可以相当于路径带宽限制，整家公司研发经费限制相当于路径组带宽限制，实现两级经费控制。路径组带宽小于路径组内带宽之和。

## 大开眼界

路径是归属于1个目的局向的，在每个局向内独立编号，路径组统一编号。

### 9. 第九步：MGW网元路径配置

ZXWR RNC通过配置路径、路径组进行两级带宽接纳和流控。配置路径组带宽。

双击［网元信息配置→MGW］图标，选中其中的路径配置选项，出现如图4-112所示的界面。

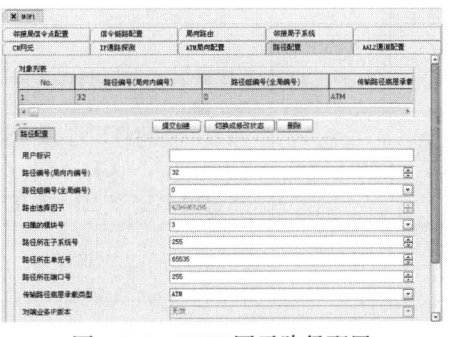

图4-112　MGW网元路径配置

配置路径相关信息。

当［传输路径底层承载类型］为"ETHERNET"时,需要配置［对端业务IP地址］［对端IP地址的子网掩码］;当［传输路径底层承载类型］为"ATM"时,不需要配置。

输入相应的参数,单击［确定］按钮,创建［路径配置］,关键参数说明见表4-107。

表4-107　关键参数说明

| 参数名称 | 取值范围 | 参数说明 |
|---|---|---|
| 路径编号,局向内变化 | 从0开始 | 邻接局内唯一,从0开始<br>如果某局向下只有一个路径,推荐配置为0 |
| 路径组编号,统一编号 | | 选择对应局向的路径组编号 |
| 对端业务IP有效长度 | 无效 | 无效 |
| 对端业务IP地址 | 全0 | IP承载时有效,全填0时无效 |
| 对端IP地址的子网掩码 | 全0 | IP承载时有效,全填0时无效 |
| 是否进行UDP校验和计算 | 不进行UDP校验和计算 | |
| 传输路径底层承载类型 | ATM | |
| 前向带宽 | 路径带宽 | 实验室里,配置为AAL2的带宽,<br>外场开局时,按照规划设置 |
| 后向带宽 | 路径带宽 | 同上 |

### 10. 第十步:创建MGW的AAL2通道配置

配置AAL2通道时,需要在PVC配置下,将归属于某个ATM局向的所有PVC链路中的AAL2链路,逐一配置在该局向下。

① 在［网元信息配置］下找到MGW网元信息配置,双击选择［AAL2通道配置］,如图4-113所示,关键参数说明见表4-108。

表4-108　关键参数说明

| 参数名称 | 取值范围 | 参数性质 | 参数说明 |
|---|---|---|---|
| AAL2通道的局向内编号 | PATH ID<br>与CN协商确定 | 对接一致 | PATH ID与MGW对接参数 |
| AAL2通道的全局编号 | RNC全局统一编号 | | 实验室里,可以自己设定;外场开局时,根据规划设置 |
| 通道类型 | 根据业务类型选择 | 数据规范 | "STRINGENTENTCLASS":表示承载实时业务;<br>"TOLERANTCLASS":表示承载混合业务;<br>"STRINGENT_BI-LEVEL_CLASS":表示非实时业务 |
| AAL2通道归属的传输路径标识 | 选择路径 | | 选择对应局向的路径号 |
| 通道承载的业务类型 | MIX | 数据规范 | RT:实时业务;NRT:非实时业务;MIX:混合业务 |
| 管理标识 | 邻接局 | | |

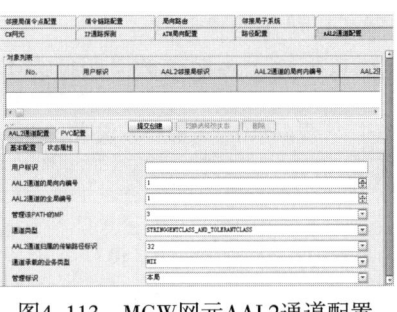

图4-113　MGW网元AAL2通道配置

② MGW网元PVC配置如图4-114，图4-115所示，输入相应的参数点击<提交创建>，创建"AAL2通道配置"。关键参数说明见表4-109。

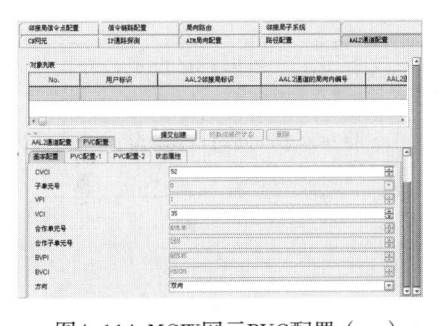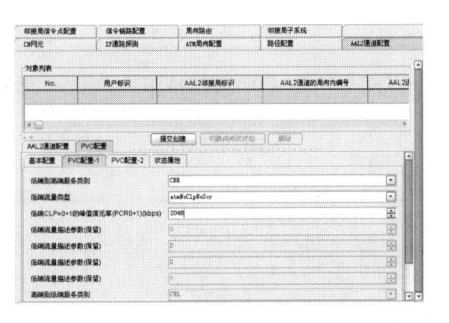

图4-114　MGW网元PVC配置（一）　　　　图4-115　MGW网元PVC配置（二）

表4-109　关键参数说明

| 参数名称 | 取值范围 | 参数性质 | 参数说明 |
|---|---|---|---|
| PVC业务类别 | AAL2用户数据 | 研制规范 | |
| PVC承载接口的类型 | Iu-CS接口 | 研制规范 | |
| 子系统号 | 所在机框号 | | |
| 单元号 | 所在槽位号 | | |
| ATM端口号 | 单板对应的UTOPIA物理地址 | 数据规划 | 4～7，APBE板的光口对应的UTOPIA物理地址；<br>1～30，IMA板的IMA组对应的UTOPIA物理地址；<br>10～13，APBE-2板的光口对应的UTOPIA物理地址；<br>14～43，带IMA功能的APBE-2板的IMA组对应的UTOPIA物理地址 |
| CVPI、CVCI | 与CN协商确定 | 对接一致 | PVC对外的VPI和VCI，与CN协商一致 |
| VPI/VCI | | | PVC对内编号，相互区别 |
| 低端到高端服务类型<br>低端流量类型<br>低端流量描述参数1<br>低端流量描述参数2 | | | 参数组合，表示ATM的服务类别；<br>实验室里，可以简单地设置为CBR；<br>外场开局时，必须根据规划设置 |

11. 第十一步：MSC-SERVER网元信息创建

网管操作参考MGW网元信息创建，关键参数说明见表4-110。

表4-110　关键参数说明

| 参数名称 | 取值范围 | 参数性质 | 参数说明 |
|---|---|---|---|
| 网元所在国家码/移动号（MCC/MNC） | 与CN协商确定 | 对接一致 | MCC，对接参数，实验室里，可以跟CN协商设置；<br>外场开局时，必须按照规划设置 |
| 网元类型 | MGW网元 | | |
| 网元内部编号 | 参考"网元ANI" | | 本局RNC固定为0；当邻接网元类型为RNC、MSCSERVER、SGSN时，取0～4095；邻接MGW编号从4096开始，CN/RNC/Node B各自独立编号 |
| 网元ANI | ATM局向号 | 数据规划 | 实验室里，可以自己设定；外场开局时，必须按照规划设置 |
| 七号局向号 | MGW对应的七号局向 | | 实验室里，可以自己设定；外场开局时，必须根据规划设定 |

**大开眼界**

由于RNC支持IuFlex功能，所以有如下两种情况。

• 对于MSC Server类型的网元，需要首先创建［网元信息配置/CN/RNC属性配置 -2/是否为CS域缺省局向］选择为"是"的网元。如果有多个MSCServer网元，则最多有一个为CS缺省局向。

• 对于SGSN类型的网元，需要首先创建［网元信息配置/CN/RNC属性配置 -2/是否为PS域缺省局向］选择为"是"的网元。如果有多个SGSN网元，则最多有一个为PS域缺省局向。

12. 第十二步：创建MSC SERVER的ATM局向配置

网管操作过程请参见MGW的ATM局向配置，关键参数说明见表4-111。

表4-111　关键参数说明

| 参数名称 | 取值范围 | 参数性质 | 参数说明 |
|---|---|---|---|
| AAL2邻接局号 | 网元ANI | | 与网元信息的ANI对应 |
| AAL2邻接局对应的七号局向号 | | | 与七号局向对应选择 |
| ATM编码计划 | NSAP(无效) | | 不是ALCAP局向无效 |
| 邻接局是否与本局直接物理连接 | 与本局非直接物理连接 | | 只有MSC Server局向需选择"与本局非直接物理连接" |
| UNI还是NNI | NNI | | 信令承载为MTP3B的是NNI型实体，其他的都是UNI |
| 邻接局向ATM地址 | 与CN协商确定 | 对接互配 | 外场开局时，必须按照规划填写 |

### 13. 第十三步：MSC SERVER的邻接局信令点配置

网管操作过程请参见MGW邻接局信令点配置，关键参数说明见表4-112。

表4-112 关键参数说明

| 参数名称 | 取值范围 | 参数性质 | 参数说明 |
|---|---|---|---|
| 邻接局局向号 | | 数据规划 | 实验室里，可以自己定义；外场开局时，根据数据规划设置 |
| 网络序号 | 与CN对应 | 对接一致 | 外场开局时，根据数据规范设置 |
| 信令点编码、子信令点编码、主信令点编码 | 与CN协商确定 | 对接互配 | 设置时，注意信令点码、子信令点码、主信令点码的顺序；<br>外场开局时，需要根据数据规划设置 |
| 局向类型 | MSC Server | | |
| 域类型 | 邻接局信令点处于SCN中 | 研制规范 | |
| 邻接局信令点类型 | SEP | 研制规范 | 与CN对应 |
| 子业务字段 | 与CN对应 | 对接一致 | 子业务字段的配置与信令点编码类型配置数据要保持一致；<br>选"国际信令点编码"，对应信令点编码类型"14位信令点编码"；<br>中国区内则一般选"国内信令点编码"，对应"24位信令点编码"；<br>选"国内备用信令点编"，对应"14位信令点编码"；<br>其他国家"国内信令点编码"和"国内备用信令点编码"对应的信令点编码类型要根据其他国家实际情况确定 |
| 信令点编码类型 | | | 如信令点编码为24位，则必须首先选择对应类型，否则会提示出错 |
| 与本信令点的连接关系 | 准直连方式 | 研制规范 | |

### 14. 第十四步：MSC SERVER的邻接局子系统创建

网管操作过程请参见MGW邻接局子系统创建。MSC SERVER需要创建SCCP管理和RANAP两个子系统。

## 4.2.5 任务五：Iu-PS接口数据配置

### 4.2.5.1 任务描述

配置完Iu-CS域的数据，接下来配置Iu-PS域的数据。

### 4.2.5.2 任务分析

将Iu-PS邻接局配置划分为"SGSN的七号信令"配置、"SGSN的信令承载"配置、"SGSN的数据承载"配置三部分，Iu-PS邻接局配置流程如图4-116所示。

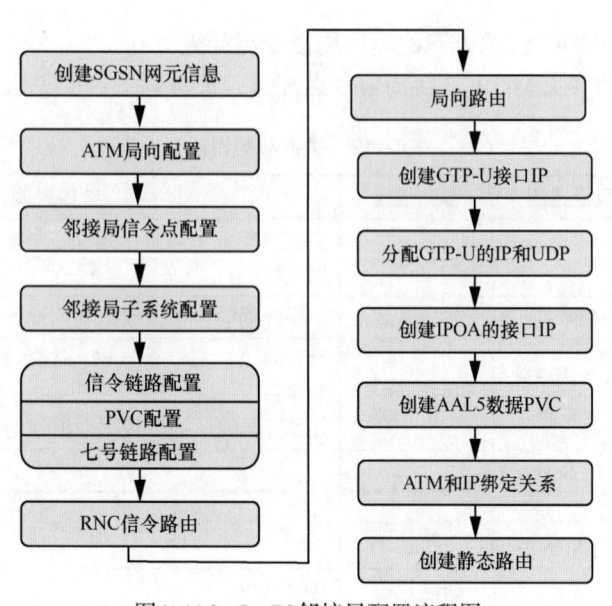

图4-116  Iu-PS邻接局配置流程图

### 4.2.5.3  任务实施

#### 1. 第一步：SGSN 网元信息创建

① 右击选择［网元信息→创建→CN网元］，如图4-117所示。

② 弹出如图4-118所示界面，选中［基本配置］选项，弹出对话框，关键参数说明见表4-113所示。

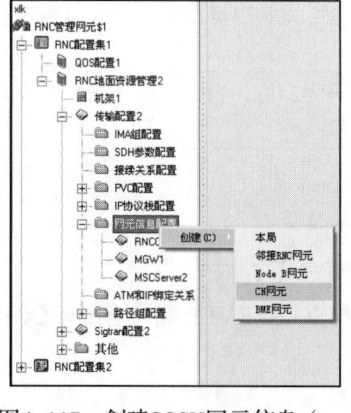

图4-117  创建SGSN网元信息（一）

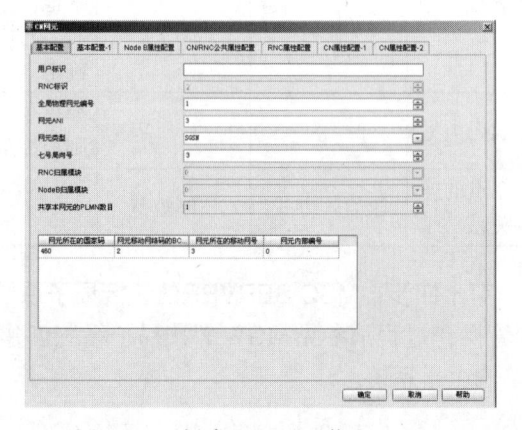

图4-118  创建SGSN网元信息（二）

表4-113  关键参数说明

| 参数名称 | 取值范围 | 参数性质 | 参数说明 |
|---|---|---|---|
| 网元所在国家码/移动号（MCC/MNC） | 与CN协商确定 | 对接一致 | MCC，对接参数。实验室里，可以跟CN协商设置；<br>外场开局时，必须按照规划设置 |
| 网元类型 | SGSN网元 | | |

（续表）

| 参数名称 | 取值范围 | 参数性质 | 参数说明 |
|---|---|---|---|
| 网元内部编号 | 参考"网元ANI" | | 本局RNC固定为0；当邻接网元类型为RNC、MSCSERVER、SGSN时，取0～4095；邻接MGW编号从4096开始，CN/RNC/Node B各自独立编号 |
| 网元ANI | ATM局向号 | 数据规划 | 实验室里，可以自己设定；外场开局时，必须按照规划设置 |
| 七号局向号 | SGSN对应的七号局向 | | 实验室里，可以自己设定；外场开局时，必须根据规划设定 |

提示

[网元内部编号] 指同一网元类型的所有网元的编号，如 Node B 网元的编号。

[网元ANI]，指对传输局向的编号，通过ATM地址区别，是对所有ATM网元的统一编号，ANI：Adjacent AAL type 2 Node Identifier。

[七号局向号] 指该ATM网元对应的七号局向号,将ATM网元和七号局向关联起来。

③ 单击 [CN属性配置-2]，将该SGSN设置为PS域缺省局向，创建SGSN网元信息如图4-119所示。

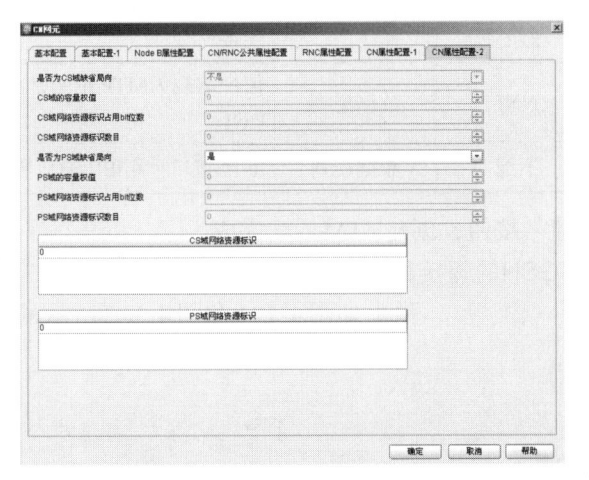

图4-119　创建SGSN网元信息（三）

提示

[是否为PS域缺省局向]，如果有多个SGSN局向，最多有一个为PS域缺省局向。

④ 双击 [网元信息→SGSN网元]，单击 ▨ 进入修改模式，配置SGSN信息。

2. 第二步：创建SGSN的ATM局向配置

① 单击 [ATM局向配置]，弹出如图4-120所示的界面，关键参数说明见表4-114。

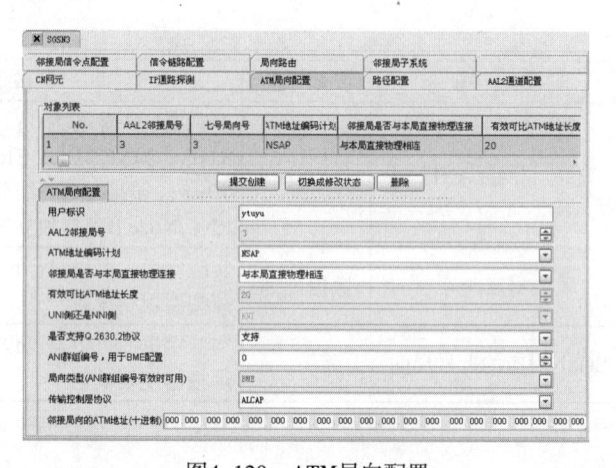

图4-120　ATM局向配置

表4-114　关键参数说明

| 参数名称 | 取值范围 | 参数性质 | 参数说明 |
|---|---|---|---|
| AAL2邻接局号 | 网元ANI | 数据规划 | 与网元信息的ANI对应 |
| ATM编码计划 | NSAP | 数据规划 | 与ZTE设备对接时，都选NSAP；与其他厂家设备对接时，需要协商 |
| 邻接局是否与本局直接物理连接 | 与本局直接物理连接 | 数据规划 | 只有MSC Server局向需选择"与本局非直接物理连接" |
| UNI还是NNI | NNI | 数据规划 | 信令承载为MTP3B的是NNI型实体，其他的都是UNI |
| 邻接局向ATM地址 | 不配 | 数据规划 | Iu-PS接口采用IP传输，所以不需要配置ATM地址 |

② 单击［提交创建］按钮，创建ATM局向完成。

### 3. 第三步：创建SGSN的邻接局信令点

单击［邻接局信令点配置］，弹出如图4-121和图4-122所示的界面，关键参数说明见表4-115。

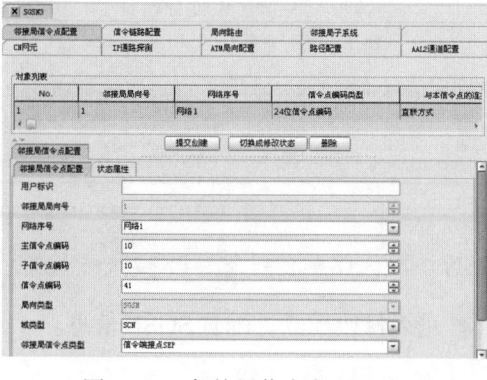

图4-121　邻接局信令点配置（一）　　　图4-122　邻接局信令点配置（二）

表4-115 关键参数说明

| 参数名称 | 取值范围 | 参数性质 | 参数说明 |
|---|---|---|---|
| 邻接局局向号 | | 数据规划 | 实验室里，可以自己定义；外场开局时，根据数据规划设置 |
| 网络类别 | 与CN对应 | 对接一致 | 外场开局时，根据数据规范设置 |
| 信令点编码、子信令点编码、主信令点编码 | 与CN协商确定 | 对接互配 | 设置时，注意信令点码、子信令点码、主信令点码的顺序；<br>外场开局时，需要根据数据规划设置 |
| 局向类型 | SGSN | | |
| 域类型 | 邻接局信令点处于SCN中 | 研制规范 | |
| 邻接局信令点类型 | 信令端或转接点STEP | 研制规范 | 与CN对应 |
| 信令点编码类型 | | | 如信令点编码为24位，则必须首先选择对应类型，否则会提示出错 |
| 与本信令点的连接关系 | 直连方式 | 研制规范 | MSC Server为准直连，其余均为直连方式 |

### 4. 第四步：创建SGSN的邻接局子系统

SGSN需要创建SCCP管理和RANAP两个子系统。

### 5. 第五步：创建SGSN的信令链路配置

① 单击［信令链路配置］，如图4-123所示，关键参数说明见表4-116。

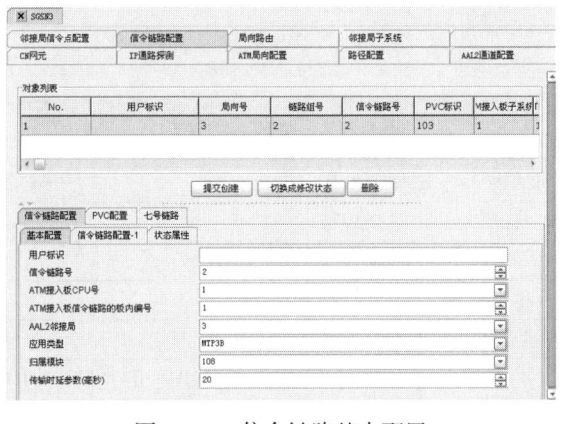

图4-123 信令链路基本配置

表4-116 关键参数说明

| 参数名称 | 取值范围 | 参数性质 | 参数说明 |
|---|---|---|---|
| 信令链路号 | 关联七号链路 | | 实验室里，可以自己设定；外场开局时，必须根据规划设定 |
| AAL 2 邻接局 | 网元ANI | | 与网元信息的ANI对应 |
| 应用类型 | MTP3B | 数据规范 | |

② 单击［PVC配置］，出现如图4-124和图4-125所示的界面，关键参数说明见表4-117。

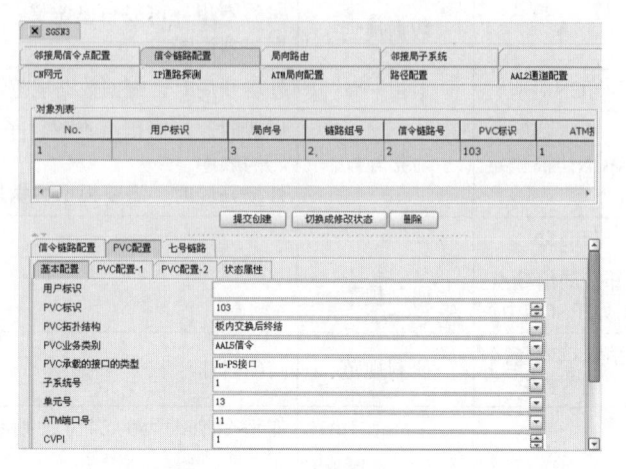

图4-124　PVC配置（一）

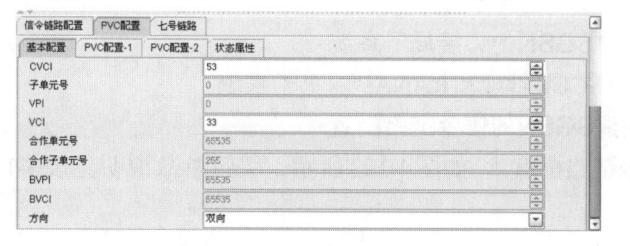

图4-125　PVC配置（二）

表4-117　关键参数说明

| 参数名称 | 取值范围 | 参数性质 | 参数说明 |
|---|---|---|---|
| PVC业务类别 | AAL5信令 | 研制规范 | |
| PVC承载接口的类型 | Iu-PS接口 | 研制规范 | |
| 子系统号 | 所在机框号 | | |
| 单元号 | 所在槽位号 | | |
| ATM端口号 | 单板对应的UTOPIA物理地址 | 数据规划 | 4~7，APBE板的光口对应的UTOPIA物理地址；<br>1~30，IMA板的IMA组对应的UTOPIA物理地址；<br>10~13，APBE-2板的光口对应的UTOPIA物理地址；<br>14~43，带IMA功能的APBE-2板的IMA组对应的UTOPIA物理地址 |
| CVPI、CVCI | 与CN协商确定 | 对接一致 | PVC对外的VPI和VCI，与CN协商一致 |
| VPI/VCI | | | PVC对内编号，相互区别 |
| 低端到高端服务类型<br>低端流量类型<br>低端流量描述参数1<br>低端流量描述参数2 | | | 参数组合，表示ATM的服务类别；<br>实验室里，可以简单地设置为CBR；<br>外场开局时，必须根据规划设置 |

③ 单击［七号链路］，出现如图4-126所示的界面，关键参数说明见表4-118。

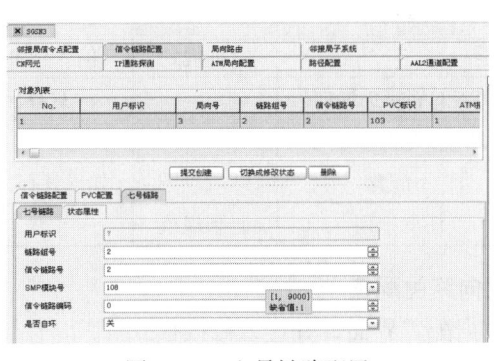

图4-126　七号链路配置

表4-118　关键参数说明

| 参数名称 | 取值范围 | 参数类型 | 参数说明 |
| --- | --- | --- | --- |
| 链路组号 | | 数据规划 | 信令链路组号，索引字段，全局唯一 |
| 信令链路号 | 关联七号链路 | | 实验室里，可以自己设定；外场开局时，必须根据规划设定 |
| SMP模块号 | 七号链路归属的SMP | | |
| 信令链路编码 | 与CN对接一致 | 对接一致 | |

### 6. 第六步：RNC信令路由配置

重新打开RNC本局网元信息配置界面，进入修改模式。单击［信令路由］配置，弹出如图4-127所示的界面，创建与RNC直连的SGSN的信令路由，关键参数说明见表4-119。

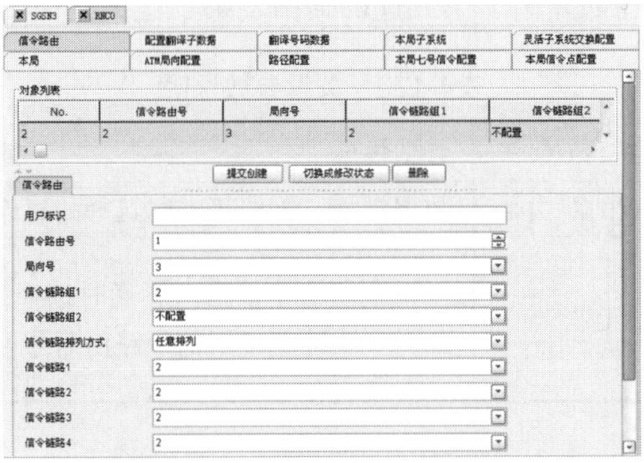

图4-127　RNC信令路由配置

 **注意**

创建和本RNC所有直联的七号邻接局之间的［信令路由］，所以只需创建RNC到MGW和SGSN之间的信令路由；MSC Server的信令由MGW转接，不需要创建。

表4-119 关键参数说明

| 参数名称 | 取值范围 | 参数性质 | 参数说明 |
|---|---|---|---|
| 信令路由号 | | 数据规划 | 信令路由号，索引字段，全局唯一 |
| 局向号 | SGSN的邻接局局向号 | | 选择已创建好的SGSN局向号 |
| 信令链路组1 | 引用信令链路组号 | | |
| 信令链路组2 | 不配置 | | 如果只有一个信令链路组，则不配置 |
| 信令链路排列方式 | 任意排列 | 研制规范 | |

### 7. 第七步：SGSN局向路由配置

① 重新打开SGSN数据配置界面，并进入修改模式。

② 单击［局向路由］，弹出如图4-128所示的界面。

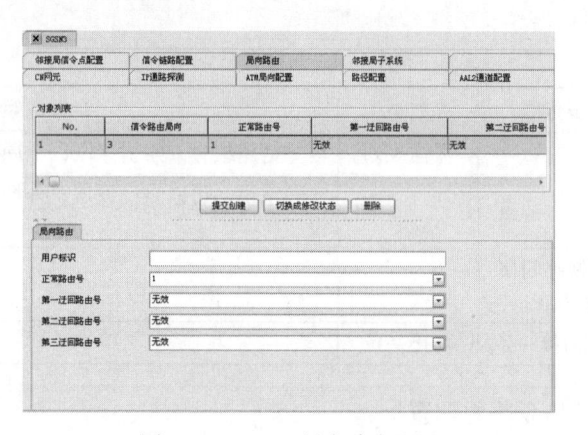

图4-128 SGSN局向路由配置

将RNC本局［信令路由］中配置的"路由号"，选择配置在对应的各个邻接局局向路由下。可以配置正常路由、第一迂回路由、第二迂回路由、第三迂回路由，关键参数说明见表4-120。

表4-120 关键参数说明

| 参数名称 | 取值范围 | 参数性质 | 参数说明 |
|---|---|---|---|
| 正常路由号 | MGW的路由号 | 数据规划 | 网络正常时选择的直连路由号 |
| 第一迂回路由号 | | | |
| 第二迂回路由号 | 无效 | | 正常路由不通时选择的迂回路由号，需要单独配置迂回信令路由后才可选，没有时选择"无效" |
| 第三迂回路由号 | | | |

### 8. 第八步：SGSN的数据承载配置

参考信息

① Iur接口的两种接口单板如下。

• 使用APBE单板STM-1方式连接邻接RNC，不需要配置［接口］。

• 使用GIPI单板IP方式连接邻接RNC，需要配置［接口］。

② Iu接口的两种接口单板如下。

• 使用APBE单板STM-1方式连接核心网，其中Iu-PS接口使用IPOA方式，因此需要配置［接口］。

- 使用GIPI单板IP方式连接核心网，需要配置［接口］。

③ Iub接口的六种连接单板如下。

- APBE单板。
- GIPI单板。
- EIPI单板。
- GIPI单板。
- IMAB单板。
- APBE单板。

④ RNC上的接口配置的IP地址要求。

- 所有接口单板的IP地址都不在同一个网段（各IP地址＆掩码均不相同）。
- 每个接口单板上最多可配置4个IP地址。

**举例**

［接口］和［静态路由］配置举例如图4-129所示，涉及如下信令、业务和数据流。

① IP信令流。

② IP业务流。

③ Iu-PS业务流。

④ OMCB数据流。

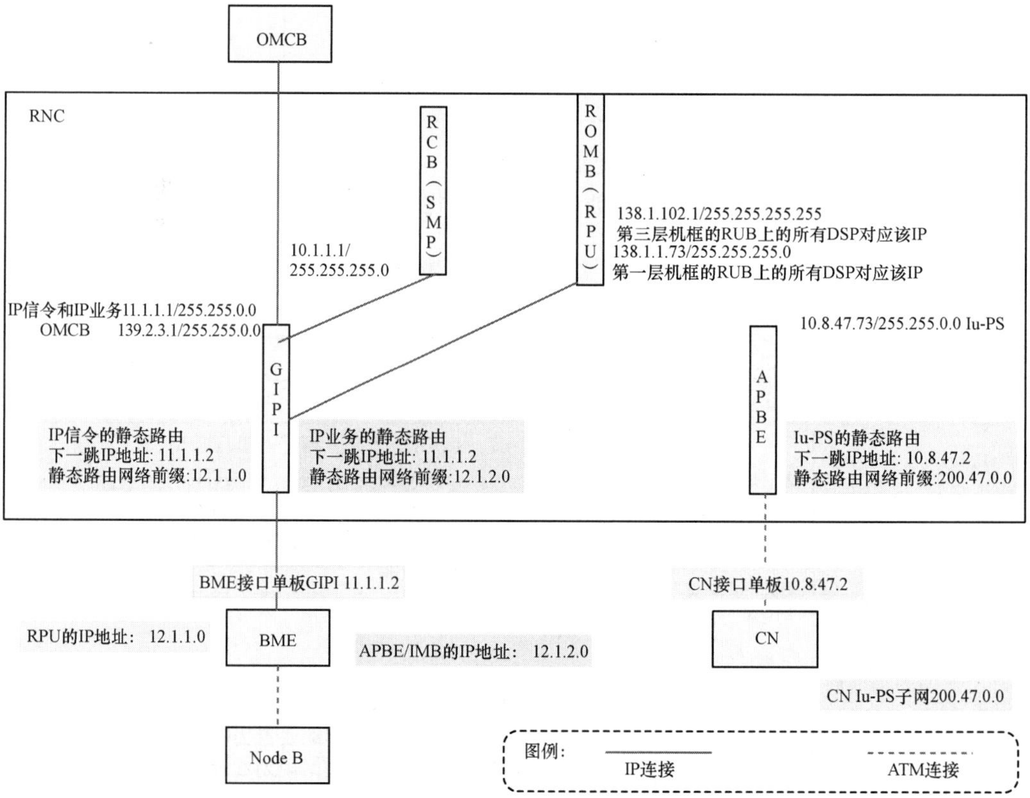

图4-129　接口和静态路由配置举例

在图4-129中，［接口］配置的IP地址见表4-121。

表4-121　接口配置的IP地址举例

| 类型 | 归属的单板 | IP地址/子网掩码 | 说明 |
|---|---|---|---|
| GIPI接口地址 | GIPI | 11.1.1.1/ 255.255.255.0 | 连接BME，BME和RNC侧的接口板（GIPI）地址必须在同一个网段 |
| | | 139.2.3.1/ 255.255.255.0 | 连接OMCB |
| IP业务地址 | ROMB（RPU） | 138.1.102.1/ 255.255.255.0 | RUB单板上的DSP需要配置这些业务地址一般每层机框上DSP对应1个IP地址。 |
| | | 139.1.1.73/ 255.255.255.255 | |
| IP信令地址（本端偶联IP地址） | RCB（SMP） | 10.1.1.1/ 255.255.255.0 | 用于SIGTRAN信令处理 |
| APBE接口地址 | APBE | 10.8.47.73/ 255.255.0.0 | 连接Iu-PS |

［静态路由］配置的IP地址见表4-122。

表4-122　静态路由配置的IP地址举例

| 静态路由前缀 | 静态路由网络掩码 | 下一跳IP | 说明 |
|---|---|---|---|
| 12.1.1.0 | 255.255.255.0 | 11.1.1.2 | IP信令的静态路由 |
| 12.1.2.0 | 255.255.255.0 | 11.1.1.2 | IP业务的静态路由 |
| 200.47.0.0 | 255.255.0.0 | 10.8.47.2 | Iu-PS的静态路由 |

### 9. 第九步：创建AAL5数据PVC配置

创建AAL5数据PVC配置关键参数说明见表4-123。

表4-123　关键参数说明

| 参数名称 | 取值范围 | 参数性质 | 参数说明 |
|---|---|---|---|
| PVC业务类别 | AAL5数据 | | |
| PVC承载接口的类型 | Iu-PS接口 | | |
| 高端ATM子单元号 | 单板对应的UTOPIA物理地址 | | 4～7，APBE板的光口对应的UTOPIA物理地址；1～30，IMA板的IMA组对应的UTOPIA物理地址；10～13，APBE-2板的光口对应的UTOPIA物理地址；14～43，带IMA功能的APBE-2板的IMA组对应的UTOPIA物理地址 |
| CVPI、CVCI | 与CN协商确定 | 对接一致 | |
| 低端到高端服务类型 低端流量类型 低端流量描述参数1 低端流量描述参数2 | | | 参数组合，表示ATM的服务类别实验室里，可以简单地设置为CBR；外场开局时，必须根据规划设置 |
| 高、低端接口类型 | UNI/NNI | 研制规范 | 对于Iu接口、Iur接口，低端为UNI，高端为NNI |

### 10. 第十步：创建接口IP

配置接口单板的IP地址、MAC地址等路由相关信息。

① 右击选择［IP协议栈配置］下的［接口→创建→接口］，如图4-130所示。

② 单击［接口］，弹出对话框如图4-131所示。在［单元类型］下拉对话框中选择IP地址建立在哪个单元类型上，然后在［子系统：模块：单元：子单元］下拉框中选择单元所对应的位置。

**提示**

> 子系统号即资源框的机框号，控制框的子系统号为255。

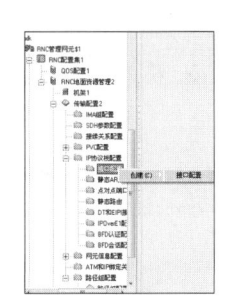

图4-130　创建接口IP（一）

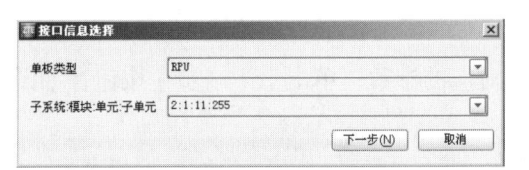

图4-131　创建接口IP（二）

③ 选择对应的参数，单击［下一步］，弹出对话框，如图4-132所示。

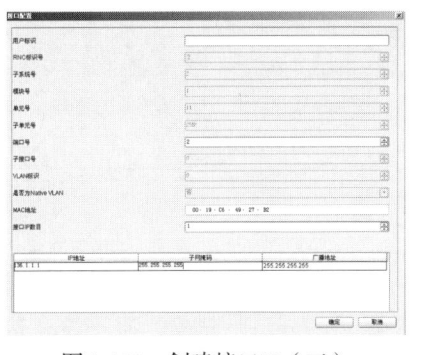

图4-132　创建接口IP（三）

④ 输入相应的参数，单击［确定］，创建［接口］地址，关键参数说明见表4-124。

表4-124　关键参数说明

| 参数名称 | 取值范围 | 参数性质 | 参数说明 |
| --- | --- | --- | --- |
| 接口端口号 | 1~128 | | RPU上的虚拟端口号 |
| MAC地址 | 全0 | | |
| 接口IP数目 | 1~4 | | 最多配置4个IP地址 |
| IP地址/子网掩码/广播地址 | 与CN协商确定 | 对接互配 | 业务地址<br>RNC和CN需要互相配业务地址的静态路由 |

> **注意**
>
> 对应接口板和处理板上都需要配置IP地址，具体如下：
>
> APBE/IMAB：接口IP地址，对应的接口端口号为光口号或IMA组号；
>
> ROMB（RPU）：处理业务的GTP-U的IP地址。

### 11. 第十一步：创建IPOA的接口IP地址

① 同上，单击［接口］按钮，选择Iu-PS的接口板，如图4-133所示。

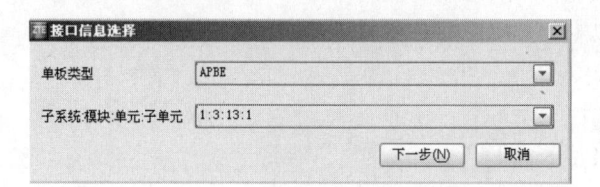

图4-133　创建IPOA接口地址（一）

② 选择对应的参数，单击［下一步］按钮，如图4-134所示。

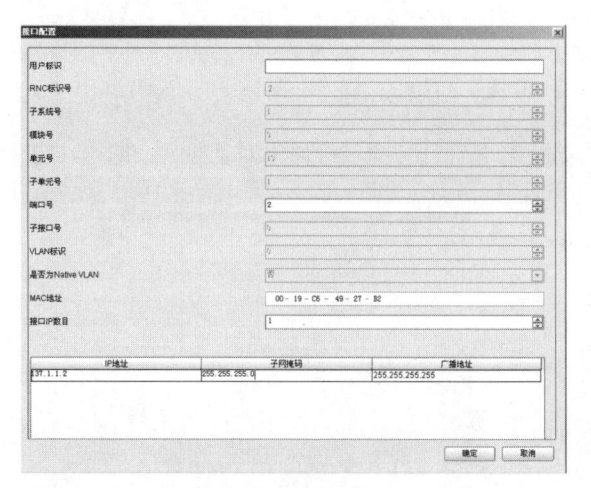

图4-134　创建IPOA接口地址（二）

③ 输入相应的参数，单击［确定］按钮，创建［接口］地址，关键参数说明见表4-125。

表4-125　关键参数说明

| 参数名称 | 取值范围 | 参数性质 | 参数说明 |
|---|---|---|---|
| 接口端口号 | 接口板实端口号，即 Iu-PS接口所用的端口号 | | APBE：1～4；<br>IMAB：1～30；<br>地址有效，端口必须是UP状态 |
| MAC地址 | 系统自动计算 | | |
| 接口IP数目 | 1～4 | | |
| IP地址/子网掩码/广播地址 | 与CN协商确定 | 对接互配 | RNC和CN需要互配接口地址 |

**12. 第十二步：分配业务IP地址和UDP端口号**

分配本RNC的RUB单板上的DSP的IP地址，待分配的IP地址时在ROMB单板的RPU上配置的。

本步用于配置DSP和本端业务IP地址、UDP端口的映射关系。每个DSP必须配置IP地址及UDP端口资源。

> **提示**
>
> 每层资源框最多配置5块RUB，每块RUB单板有14个DSP，同一个IP地址尽量不要分配给不同资源框的DSP使用。分配DSP的IP地址，规则是，一个DSP占用800个UDP端口，一个IP是60000个UDP端口，所以一个IP可以配置75个DSP。

① [RNC配置集→创建→全局补充配置]。

创建全局补充配置如图4-135所示。

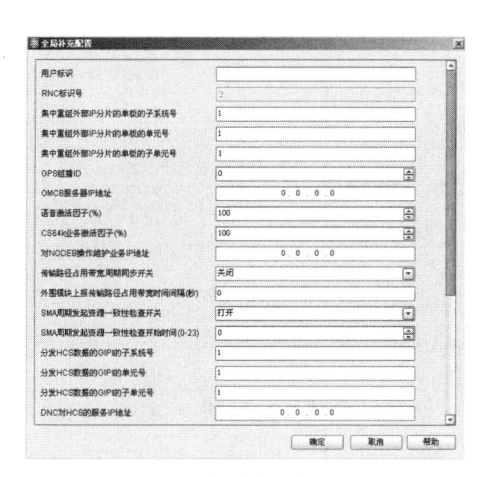

图4-135 创建全局补充配置

② 输入对应的GIPI单板的子系统号（所在机框号）、单元号（所在槽位号）、子单元号，关键参数说明见表4-126。

表4-126 关键参数说明

| 参数名称 | 取值范围 | 参数说明 |
|---|---|---|
| RUIB的子系统号、单元号、子单元号 | RUIB的架、框、槽 | V3.07因为创建全局补充配置，需要RUIB |
| OMCB服务器地址 | | |
| 语音激活因子(%) | 100 | |
| CS64K激活因子(%) | 100 | |
| 对Node B操作维护业务IP地址 | | |

③ 双击机架，打开机架图。右击"RUB单板"选择［DSP业务IP地址分配］，如图4-136所示。

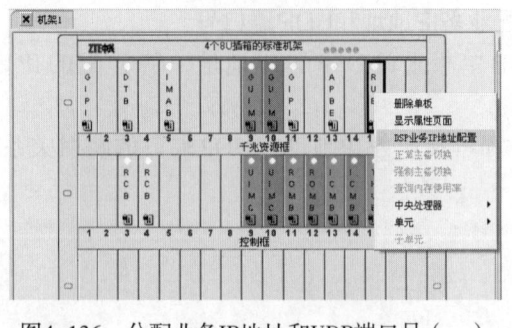

图4-136 分配业务IP地址和UDP端口号（一）

④ 单击［DSP业务IP地址分配］，弹出对话框，如图4-137所示。

⑤ 单击［批量创建］，弹出对话框，如图4-138所示。

 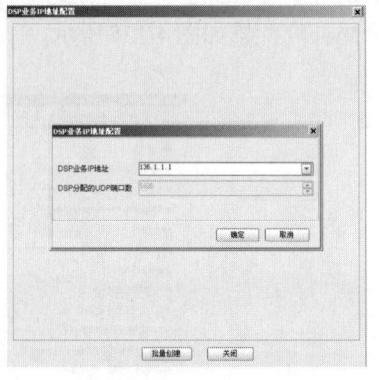

图4-137 分配业务IP地址和UDP端口号（二）　图4-138 分配业务IP地址和UDP端口号（三）

⑥ 输入相应的参数，单击［确定］按钮，批量分配［DSP业务IP和端口号］，如图4-139所示。

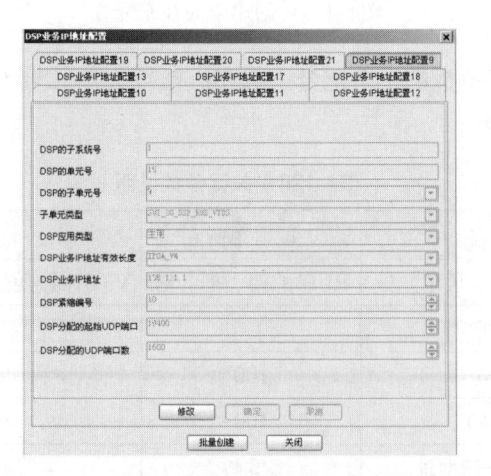

图4-139 分配业务IP地址和UDP端口号（四）

⑦ 单击［关闭］按钮，完成业务IP地址的分配，关键参数说明见表4-127。

表4-127　关键参数说明

| 参数名称 | 取值范围 | 参数性质 | 参数说明 |
| --- | --- | --- | --- |
| DSP业务IP地址 | 选择创建的业务IP |  | 接口IP设置中，在RPU上创建的业务IP |
| DSP分配UDP端口数 | 800 | 研制规范 |  |

### 13. 第十三步：创建IPOA通道（ATM和IP绑定关系）

配置RNC的Iu-PS接口的PVC对应的目的IP地址。

① 右击选择［ATM和IP绑定关系→创建→ATM和IP绑定关系］，如图4-140所示。

② 单击［ATM和IP绑定关系］，弹出对话框，如图4-141所示。

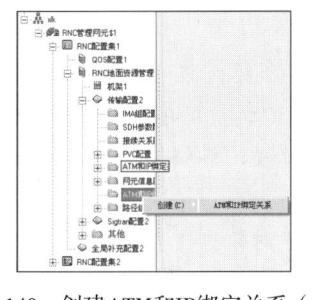
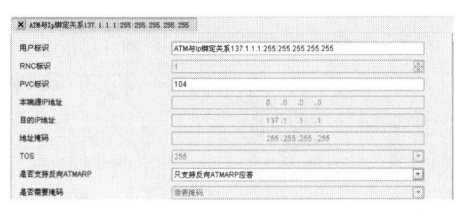

图4-140　创建ATM和IP绑定关系（一）　　图4-141　创建ATM和IP绑定关系（二）

③ 输入相应的参数，单击［确定］按钮，创建"接口"地址，关键参数说明见表4-128。

表4-128　关键参数说明

| 参数名称 | 取值范围 | 参数性质 | 参数说明 |
| --- | --- | --- | --- |
| PVC表示 | PVC ID |  | Iu-PS承载业务的PVC，即AAL5 DATA |
| 目的IP地址/地址掩码 | CN的接口地址和掩码 | 对接互配 |  |

### 14. 第十四步：创建静态路由

- 当目标IP和接口IP，不在一个网段的时候，需要配置静态路由（下一跳类型为IP）。
- 要通过无IP配置的接口发送数据的时候，需要配置静态路由（下一跳类型为接口）。

① 展开［IP协议栈离线配置］，右击选择［静态路由→创建→静态路由］，如图4-142所示。

② 单击［静态路由］，弹出对话框，如图4-143所示。

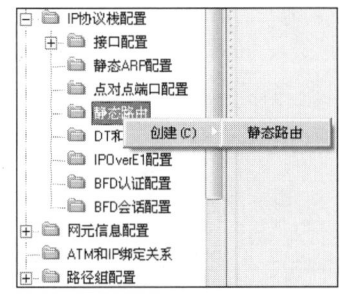
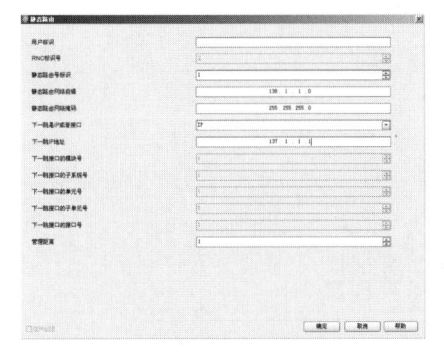

图4-142　创建静态路由（一）　　图4-143　创建静态路由（二）

③输入相应的参数，单击［确定］按钮，创建［静态路由］，关键参数说明见表4-129。

表4-129　关键参数说明

| 参数名称 | 取值范围 | 参数性质 | 参数说明 |
|---|---|---|---|
| 静态路由网络前缀/网络掩码 | CN的业务地址段和掩码 | 对接互配 | 即CN侧PS业务处理板的IP地址前缀/网络掩码 |
| 下一跳是接口还是IP | IP | | |
| 下一跳IP地址 | CN的接口地址 | | |

## 知识总结

本项目首先对RNC的设计原则与特点进行了系统性介绍，之后结合仿真机房，针对产品外观、机架构成、机框形状分类进行识别；并对系统的运行环境、组网方式进行解构。

然后以实训的形式，通过机架、机框、单板插拔的过程，详细描述了各步骤的必要性以及所涉及重要板件的功能。

最后以任务驱动的形式，讲述了数据配置的步骤，并对数据配置错误所带来的影响进行分析，以完成RNC数据配置、与核心网数据对接。

## 思考与练习

1. RNC设备的逻辑单元模块有哪些？
2. RNC控制框中的单板有哪些？作用如何？
3. 分析RNC数据配置流程图。

## 实践活动

### RNC数据配置

1. 打开仿真界面，记录常用菜单功能项。
2. 打开机房中的机柜，记录单板位置及线缆连接方式。
3. 进行多种机柜组合配置硬件。
4. 配置RNC数据。

 # 项目 5　基站数据配置

项目引入

张工："RNC的硬件认识了，数据配置也学会了吧？"

小孙："是的。"

张工："那就只剩最后一步了，Node B！"

小孙："努力了那么久，都是为这一步做铺垫。学完了这一步，你就成为通信工程师中的无线基站工程师了！"

学习目标

1. 掌握：BBU、RRU各硬件单板功能，基站信号处理流程及原理。
2. 整合：Node B的组网及配置方法。
3. 应用：基站数据配置，业务验证。

## ▶▶5.1　知识准备

### 5.1.1　SDR系列一体化基站概述

中兴通讯的Node B设备均基于SDR软基站统一平台设计。SDR软基站即软件无线电采用了模块化、平台化的设计理念，整个基站分为基带模块和射频模块两部分，两者通过光纤互连。SDR软基站射频模块采用了宽带多载波数字信号处理技术，可在连续的20MHz频带范围内通过软件配置，同时支持GSM/WCDMA/LTE等多种制式，完成对多制式射频信号的收发处理。SDR软基站基带模块则采用了统一的MicroTCA平台架构设计，具有体积小、功耗低、模块化、扩展能力强的突出特点，同样可支持GSM/WCDMA/LTE多种制式的基带信号处理。与传统基站架构相比，基于SDR技术的多模软基站具有如下突出特点。

### 1. 无线制式软件可定义

在相同频段下，SDR软基站可通过软件配置实现多种无线制式的接入；在不同频段下，支持多制式混合，实现多频段、多制式网络的有机整合，有效降低网络的TCO。

### 2. MicroTCA统一硬件平台

中兴通讯WCDMA、GSM、TD-SCDMA、CDMA2000、WIMAX无线产品均采用统一的MicroTCA平台架构设计SDR基站，为快速、经济、易扩展和高可靠性的WCDMA网络建设提供良好的基站平台。基带池单元BBU和射频远端单元RRU之间采用标准CPRI接口，并具有丰富的网络管理功能，支持灵活的星形、链形和环形组网结构。实际组网中可将基站配置成WCDMA/GSM双模，也可配置成WCDMA/LTE双模，还可配置成WCDMA/GSM/ LTE多模，从而实现了无线设备在同频段多制式情况下的融合和演进。

### 3. MCPA技术

单个MCPA多载波模块等同于多个常规射频模块，可以得到更高的功放效率和更低的功耗，更适合宽带射频技术要求。采用MCPA技术的基站尺寸和重量将减小，大大提高了设备集成度，可以在相同体积的机柜中提供更多容量，或者相同容量下大幅减小基站体积和重量。 中兴通讯SDR 8000系列基站支持4个WCDMA载扇或者6个GSM载频，在建网初期可以减少站点数量，并降低对站点的条件要求。在网络扩容阶段，可以提供更高的下行链路容量，保证更高的网络服务质量。

### 4. 高效功放技术

WCDMA基站的功放功耗占基站总体功耗60%，对实现节能减排影响最大。中兴通讯SDR 8000系列基站采用DPD+Doherty+DPA技术，功放效率可以达40%，业界居于领先水平，相对业界平均水平可以有效节电48%以上。

### 5. HSPA+/LTE平滑演进

ZXSDR 8000系列基站软件升级即可满足向HSPA+的平滑演进，升级到LTE也只需在BBU增加基带处理板和相应的射频模块即可。

## 5.1.2　BBU模块

### 1. 概述

BBU为NODE B的基带部分处理单元模块，ZXSDR B8200是一款全新设计的新一代多模基带池单元。B8200突破性的支持多种无线接入制式的基带处理，包括WCDMA、GSM、CDMA2000、TD-SCDMA和WiMAX。

本节以B8200为例，全面介绍BBU功能模块。

### 2. 物理外观

B8200为室内型基带池单元，外观尺寸仅为2U高，宽度为标准19英寸（1英寸=2.54厘米），可放置在任意标准19英寸机柜内，也可以采用挂墙安装、支架安装及龙门架安装方式，最大程度的节省安装面积，方便灵活，物理外观图如图5-1所示，尺寸重量见表5-1。

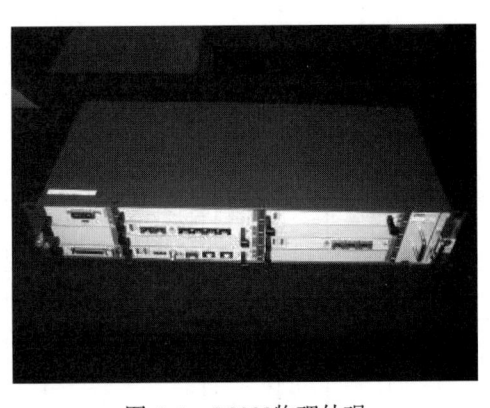

图 5-1 B8200物理外观

表 5-1 B8200物理指标

| 项目 | 指标 |
|---|---|
| 机柜外观 | 尺寸（高×宽×深）：<br>88.4mm×482.6mm×197mm（3.48in× 19in×7.76in）；<br>重量/机柜：<br>满配重量8.75kg |
| 颜色 | 深蓝色 |

### 3. 功能特点

① 提供ATM/IP双协议栈：支持Hybrid IP和All IP组网。

② 支持WCDMA/GSM双模配置：

• WCDMA单模配置，Phase I支持128CE/3CS，Phase II支持192CE/6CS，提供24CS基带处理能力；

• GSM单模配置，提供60载频的基带处理能力。

③ 支持向增强EDGE/HSPA+/LTE平滑升级。

④ 支持HSPA：14.4/5.76Mbit/s(DL/UL)。

⑤ 支持MBMS：支持接入4×256kbit/s/8×128 kbit/s /16×64 kbit/s。

⑥ 丰富Iub/Abis接口类型：提供 E1/T1、STM-1 、FE 和 GE 等多种接口类型，满足多种传输条件下的组网需求。

⑦ 提供12对1.25G的CPRI接口。

⑧ 支持WCDMA R99、R4、R5、R6、R7版本，演进支持R8版本。

⑨ 支持GSM Phase I/Phase II/Phase II +版本。

### 4. 硬件结构

B8200硬件结构主要包括控制与时钟（CC）板、光纤交换（FS）板、基带处理板（包括BPC/UBPG）、现场告警（SA）板、现场告警扩展（SE）板、STM-1接口（NIS）板、电源模块和风扇模块。B8200硬件结构如图 5-2所示。

B8200面板图如图 5-3所示。

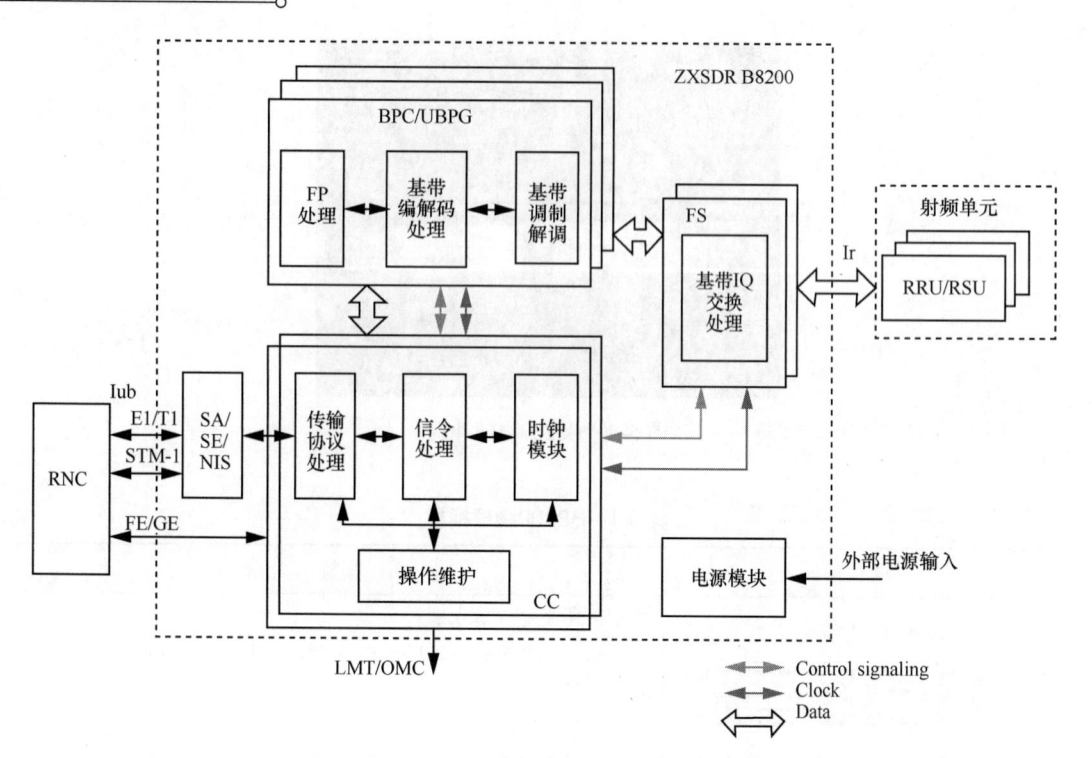

图 5-2 B8200硬件结构

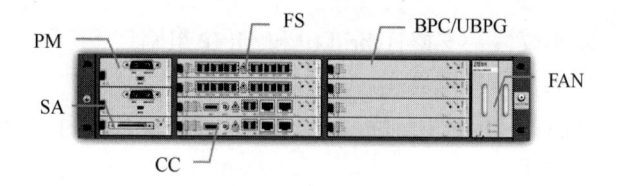

图 5-3 B8200 面板图

B8200主要功能单板名称及功能描述见表5-2。

表 5-2 B8200主要功能单板描述

| 单板名称 | 单板功能描述 |
|---|---|
| CC | 控制与时钟（Control & Clock）板 |
| FS | 光纤交换（Fabric Switch）板 |
| UBPG | GSM基带处理（GSM Baseband Processing）板 |
| BPC | WCDMA基带处理（WCDMA Baseband Processing）板 |
| SA | 现场告警（Site Alarm）板 |
| SE | 现场告警扩展（Site alarm Extension）板 |
| NIS | STM-1网络接口（Network Interface of STM-1）板 |
| PM | 电源模块（Power Module） |
| FAN | 风扇模块（FAN Module） |

### 5. 控制与时钟（CC）板

CC板是控制与时钟板，主要实现B8200的控制管理、以太网交换和提供系统时钟。CC板面板示意如图5-4所示。

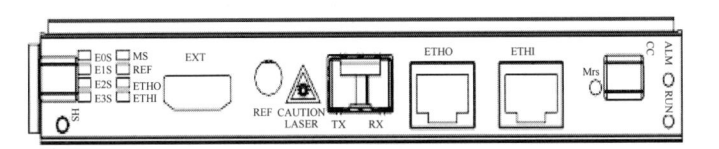

图5–4　CC面板示意

CC板接口说明见表5-3。

表5-3　CC板面板接口说明

| 接口名称 | 说明 |
| --- | --- |
| ETH0 | 用于B8200与BSC/RNC之间连接的以太网接口，该接口为10M/100M/1000M自适应电接口 |
| ETH1 | 用于B8200级联、调试或本地维护的以太网接口，该接口为10M/100M/1000M自适应电接口 |
| TX/RX | 用于B8200与BSC/RNC之间连接的以太网接口，该接口为100M/1000M光接口，与ETH0互斥 |
| EXT | 外置通信口，连接外置接收机、测试接口 |
| REF | 外接GPS天线，SMA（F）接口 |

CC板主要功能如下。

① 以太网交换功能，实现系统内业务和控制流的数据交换功能。

② Iub / Abis接口协议处理。

③ 监控基站系统的控制和维护，提供LMT接口。

④ 软件版本管理和可编程器件管理，并提供本地和远端软件升级支持。

⑤ 监控系统内运行板件的运行状态。

⑥ 和外部基准时钟进行同步，包括Iub / Abis接口恢复时钟、GPS时钟和BITS提供的时钟；CC板可根据实际需要选择配置方式。

⑦ 按需要发生和传送时钟信息。

⑧ 提供GPS信号接口并对GSP接收器进行管理。

⑨ 为系统操作和维护提供统一的基准时钟，实时时钟可以进行校准。

⑩ 板件电源接口有回路保护机制（-48V，-48V接地，保护接地，数字接地）。

⑪ 读取系统中硬件的管理信息，包括机架号码、后台类型号、槽位号、板件类型号、板件版本号和板件功能配置信息。

⑫ 支持主备切换。

### 6. GSM基带（UBPG）板

UBPG板是GSM基带处理板，用来处理物理层的协议和3GPP定义的帧协议，UBPG面板示意如图5-5所示。

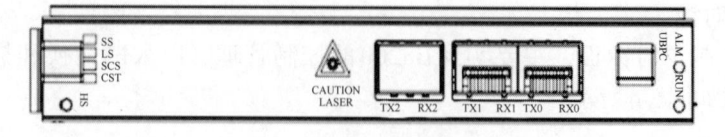

图5-5　UBPG面板示意

UBPG板接口说明见表5-4。

表5-4　UBPG板面板接口说明

| 接口名称 | 说明 |
|---|---|
| TX0 RX0 ~ TX2 RX2 | 系统预留，暂不适用 |

UBPG板主要功能如下：

① 完成速率适配、信道编码和交织、加密，产生TDMA突发脉冲，GMSK/8PSK调制，最后输出IQ基带数字信号；

② 上行接收IQ数据，进行接收机分集合并、数字解调(GMSK和8PSK解调，均衡)、解密、去交织、信道解码及速率适配，通过GE以太网口送给CC单板处理；

③ 无线信道同步，传输帧的处理；

④ 测量功率控制和切换所需的数据；

⑤ 发射和接收分集；

⑥ 通过以太网接口和CC板进行通信；

⑦ 读取硬件管理标识符，包括后台型号、槽位号、单板功能型号、单板版本、单板功能配置标识符和CPU序列号。

**7. WCDMA基带（BPC）板**

BPC板是WCDMA基带处理板。用来处理物理层的协议和3GPP定义的帧协议。BPC板面板示意如图5-6所示。

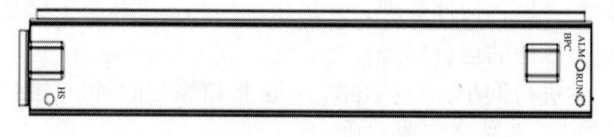

图5-6　BPC板面板示意

BPC板没有对外接口，其主要功能如下：

① 完成下行基带信号处理，包括下行数据的编码、复用，码率匹配，信道映射、扩频和加扰、功率调整和信道组合；

② 完成上行基带信号处理，包括上行数据的RAKE信令接收、信道解码，将数据送到Iub接口进行处理；

③ 无线信道同步，传输帧的处理；

④ 测量功率控制和切换所需的数据；

⑤ 软切换和载扇分集；

⑥ 通过以太网接口和CC板进行通信；

⑦ 读取硬件管理标识符，包括后台型号、槽位号、单板功能型号、单板版本、单板功能配置标识符和CPU序列号。

### 8. 光纤交换（FS）板

FS板是光纤交换板，主要提供BBU和RRU间的基带光纤接口，实现基带IQ数据的交换处理。FS板面板示意如图5-7所示。

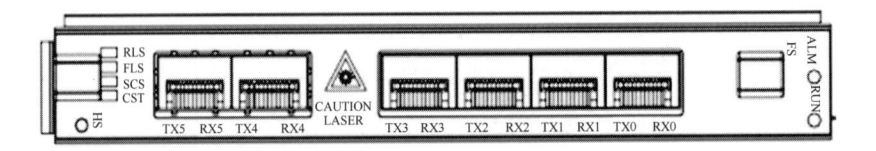

图5-7 FS板面板示意

FS板面板接口说明见表5-5。

表5-5 FS板面板接口说明

| 接口名称 | 说明 |
| --- | --- |
| TX0 RX0 ~ TX5 RX5 | 6对光接口，用于BBU与RRU连接 |

FS板主要功能如下：

① 下行方向上，从背板接收信号并提取数据和定时；

② 复用接收数据并提取I/Q信号；

③ I/Q数据在下行方向的映射以及将I/Q信号复用为光信号；

④ 上行方向上接收I/Q信号并对I/Q信号进行解复用和映射；

⑤ 将完成复用的I/Q信号传输到BP板上；

⑥ 通过HDLC接口和RRU交换CPU接口信号；

⑦ MicroTCA协议模块维护功能。

### 9. 现场告警（SA）板

SA板是现场告警板，其面板示意如图5-8所示。

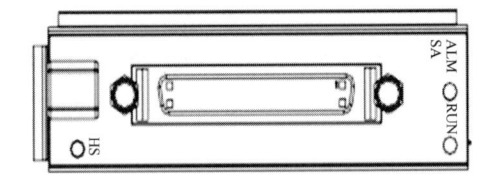

图5-8 SA板面板示意

SA板面板接口说明见表5-6。

表5-6 SA板面板接口说明

| 接口名称 | 说明 |
| --- | --- |
| — | 8路E1/T1接口，RS485/232接口，6+2干节点接口（6路输入，2路双向） |

SA板的主要功能如下：

① 提供最多风扇告警监控和转速控制；

② 负责机柜的信号监控和接口防雷。

### 10. 现场告警扩展（SE）板

SE板是现场告警扩展板，其面板示意如图5-9所示。

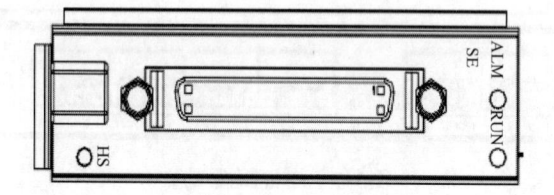

图5-9　SE板面板示意

SE板面板接口说明见表5-7。

表5-7　SE板面板接口说明

| 接口名称 | 说明 |
|---|---|
| — | 8路E1/T1扩展接口，RS485/232接口，6+2干节点接口（6路输入，2路双向） |

SE板的主要功能如下。

对外接口扩展功能，包括8路E1/T1接口，RS485/232接口和6+2干节点接口。

### 11. 电源模块（PM）

PM是电源模块，其面板示意如图5-10所示。

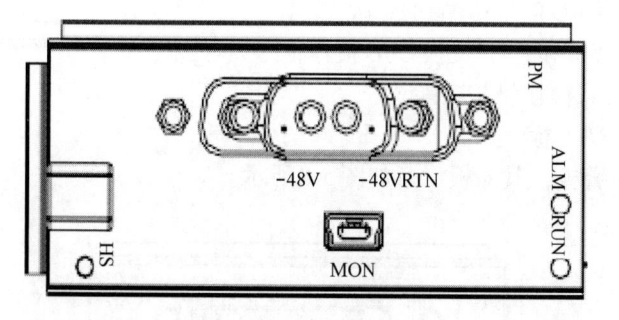

图5-10　PM面板示意

PM面板接口说明见表5-8。

表5-8　PM面板接口说明

| 接口名称 | 说明 |
|---|---|
| MON | 调试用接口，RS232接口 |
| -48V/-48VRTN | -48V输入接口 |

PM主要功能如下：

① 提供16路+12V负载电源能力；

② 提供16路+3.3V管理电源的能力；

③ 提供EMMC管理功能；

④ 输入过压、欠压测量和保护功能；

⑤ 输出过流保护和负载电源管理功能。

### 12. 风扇模块（FAN）

FAN是风扇模块，其面板示意如图5-11所示。

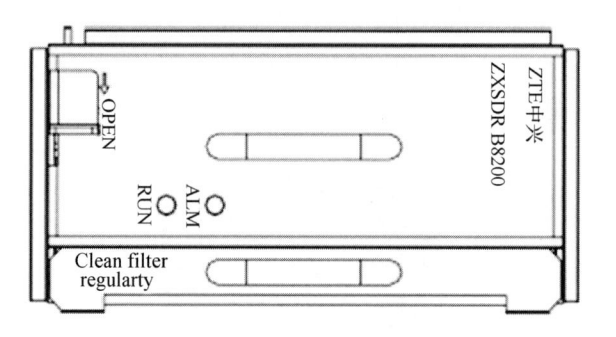

图5-11　FAN面板示意

FAN主要功能如下：

① 系统温度的检测控制；

② 风扇状态监测、控制与上报。

### 13. 接口描述

B8200对外提供多种功能接口，接口类型和指标见表5-9。

表5-9　B8200接口类型和指标

| 接口 | 项目 | 指标 | 接口类型 | 标准 |
|---|---|---|---|---|
| Abis/Iub接口 | STM-1光接口 | 2对（选配） | SFP (LC) | ITU G.957、ITU G.707 |
| | E1/T1接口 | 16对（8对选配） | DB44 | ITU G.703/G.704 |
| | 以太网口 | 1个10M/100M/1000M电接口 Auto-Negotiation、Auto-MDI/MDIX | RJ45 | 10/100/1000BASE-T IEEE 802.3 compatible |
| | | 1个1000M光接口或 1个100M光接口 | SFP (LC) | 1000BASE-LX IEEE 802.3 compatible 100BASE-FX IEEE 802.3 compatible |
| 基带射频接口 | CPRI接口 | 12对 | SFP (LC) | CPRI 2.0 |
| 时钟接口 | GPS | 1个 | SMA | GPS天馈接口 NMEA 0183 V3.0 |
| 外部告警和监控接口 | 干节点 | 6个输入、2个输入/输出 （可扩展至12个输入，4个输入/输出） | DB44 | |
| | RS232 | 1 | DB44 | |
| | RS485 | 1 | DB44 | |

### 5.1.3 RRU模块

**1. 概述**

RRU为NODE B的射频处理单元模块，本节以中兴R8840和RSU40为例来介绍。

R8840是中兴通讯一款大功率室外射频拉远单元，而RSU40为中兴通讯一款大功率室内射频模块，R8840和RSU40其内部收发信单元、功放、双工滤波器以及电源模块完全相同，工作原理和软件结构完全相同，R8840与RSU40的差异主要为外部物理结构的差异。

**2. 物理外观**

R8840物理外观如图5-12所示。

图5-12　R8840物理外观

R8840体积仅19L，物理尺寸为370mm×320mm×160mm（高×宽×深），重量仅16.5kg，搬运方便，支持室外抱杆、壁挂、平台及塔顶安装，摆脱机房和配套设施限制，全面提升3G网络的建设速度。

射频模块RSU40物理外观如图5-13所示，RSU40为WCDMA单模多载波射频模块，为竖插机柜式射频模块，工作在2100MHz频段下，RSU40模块最大可支持4载波，机顶输出功率为40W/60W。RSU40对外提供两路天馈接口及两对CPRI接口。

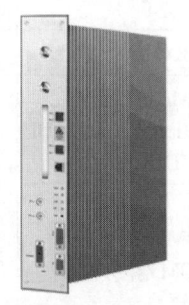

图5-13　射频模块RSU40物理外观

**3. 功能特点**

① 体积小、重量轻、布设灵活。

② 支持20W/40W/60W功率配置。

③ 4载频支持能力，满足平滑扩容。

④ R8840/RSU40射频单元最大可支持4载频，可通过配置高效功放，实现1～4载频平滑扩容，全面满足未来3G网络扩容需求。

⑤40%高效功放，有效降低整机功耗。

⑥R8840/RSU40功放单元采用中兴通讯自主开发的高效率Doherty PA和DPD线性化技术，功放效率高达40%；R8840/RSU40 40W配置下典型功耗仅为140W，R8840/RSU40 60W配置下典型功耗仅为175W，有效降低了未来网络的运营成本。

⑦单R8840/RSU40支持两个接收通道（接收分集）和一个发射通道，通过并柜，支持单扇区四天线接收分集配置，通过并柜，支持发射分集配置，不需要增加天线，达到与原来相同的灵敏度。

⑧R8840支持灵活组网模式。

⑨支持星形，链形，环形，混合形组网，支持4级级联。

⑩R8840支持IP65防护等级，满足室外多场景安装环境。

### 4. 硬件结构

R8840/RSU40主要包括收发信单元，功放，双工滤波器，以及电源模块。

R8840/RSU40硬件结构如图5-14所示。

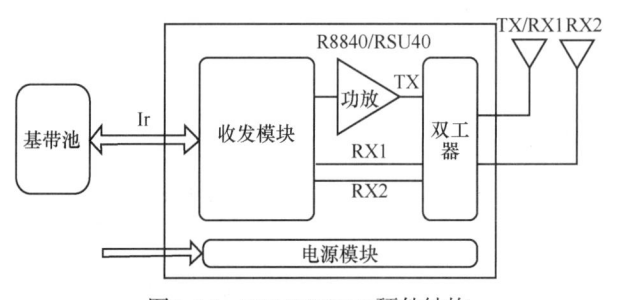

图5-14　R8840/RSU40硬件结构

### 5. 接口描述

R8840/RSU40主要硬件单元的功能描述见表5-10。

表5-10　R8840/RSU40主要硬件单元功能描述

| 硬件单元名称 | 功能描述 |
| --- | --- |
| 收发信单元 | 提供处理2路接收和1路发射信号功能；无线链路信号上下行转换；信号的放大、滤波、A/D与D/A变换；通过Ir接口提取时钟参考信号，向内部各模块提供时钟；实现数字中频、削峰、数字预失真（DPD）等功能；RTWP和TSSI测量、上报；驻波比的测量、上报；硬件失效自检测和上报；环境检测；提供2个CPRI接口；外部告警输入 |
| 功放单元 | 射频信号放大；<br>温度上报功能；<br>过流、过温、过功率，过驻波保护功能 |
| 双工滤波器单元 | 提供射频信号收发合路分路功能；<br>提供发射和接收的射频通道滤波；<br>提供LNA（低噪放）功能；<br>向收发信单元提供LNA告警上报功能 |
| 电源模块 | 电源模块分为交流和直流，RPW AC/DC，当使用交流输入的时候，使用RPWAC；当使用直流输入的时候使用RPW DC，实现的功能主要有：<br>交直流电源转换功能；向收发信单元提供过压/欠压/过流等告警上报功能 |

R8840系统的外部接口集中在设备底部，接口外观如图 5-15所示，相应接口描述见表5-11。

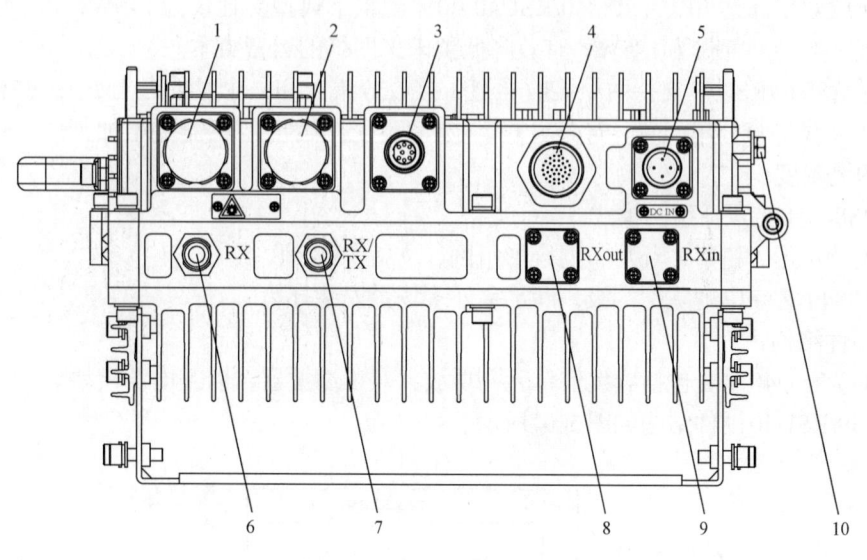

图5-15　R8840系统接口说明

表5-11　R8840外部接口描述

| 编号 | 标签 | 接口 | 接口类型/连接器 |
| --- | --- | --- | --- |
| 1 | LC1 | BBU与RRU的接口/RRU级联接口 | LC型光接口（IEC 874），支持CPRI V2.0标准，扩展后支持2.5Gbit/s |
| 2 | LC2 | BBU与RRU的接口/RRU级联接口 | LC型光接口（IEC 874），支持CPRI V2.0标准，扩展后支持2.5Gbit/s |
| 3 | AISG | AISG设备接口 | 8芯航空插座（IEC 60130-9-ED） |
| 4 | MON | 外部设备接口 | 37芯航空插座 |
| 5 | PWR | 电源接口 | 交流接口：<br>连接器XCE18T3K1P1-02+FJJP1-7.5线缆截面积1mm$^2$；<br>直流接口：<br>连接器XCG18T4K1P1-01+XC18FJJP1-10.5线缆截面积1.5mm$^2$ |
| 6 | ANT2 | 接收分集射频线接口 | 50Ω N型连接器 |
| 7 | ANT1 | 发射/接收主集射频线接口 | 50Ω N型连接器 |
| 8 | RXout | 频点扩展接口 | N-KY (MIL-C-39012 或 IEC169-16) |
| 9 | RXin | 频点扩展接口 | N-KY (MIL-C-39012 或 IEC169-16) |
| 10 | GND | 整机接地 | 线缆截面积35mm$^2$ |

RSU40模块外部接口集中在模块正面板，如图5-16所示，RSU40外部接口描述见表5-12。

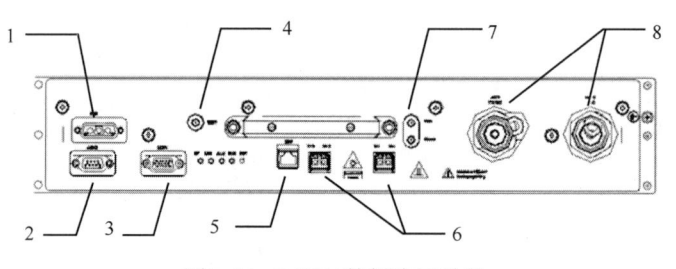

图5-16 RSU40外部接口说明

表5-12 RSU40外部接口

| 编号 | 标签 | 接口 | 接口类型/连接器 |
|---|---|---|---|
| 1 | Power | 电源接口 | — |
| 2 | AISG | AISG设备接口 | 8芯航空插座（IEC 60130-9-ED） |
| 3 | Mon | 外部设备接口 | DB15插座 |
| 4 | TEST | 测试接口 | — |
| 5 | DBG | 调试网口 | RJ45插座 |
| 6 | TX1 RX1 | BBU与RRU的接口/RRU级联接口 | LC型光接口（IEC 874），支持CPRI V2.0标准，扩展后支持2.5Gbit/s |
| | TX2 RX2 | BBU与RRU的接口/RRU级联接口 | LC型光接口（IEC 874），支持CPRI V2.0标准，扩展后支持2.5Gbit/s |
| 7 | RXout | 频点扩展接口 | SMA-KY（IEC169-15） |
| | RXin | 频点扩展接口 | SMA-KY（IEC169-15） |
| 8 | ANT2 | 接收分集射频线接口 | 50 Ω DIN型连接器 |
| | ANT1 | 发射/接收主集射频线接口 | 50 Ω DIN型连接器 |

## 5.1.4 BBU与RRU的典型组网

NODE B主要由BBU和RRU两大功能模块组成，两者之间通过光纤互联。B8200和R8840连接方式示意如图 5-17所示。

BBU+RRU 3种典型的组网方式如图 5-18所示。

### 1．RRU环型组网方式

环型网络是使用一个连续的环将每台设备RRU连接在一起。它能够保证一台设备上发送的信号可以被环上其他所有的设备都看到。在简单的环形网中，网络中任何部件的损坏都将导致系统出现故障，这样将会阻碍整个系统的正常工作。而具有高级结构的环形网则在很大程度上改善了这一缺陷。 这种结构的网络形式主要应用于令牌网中，在这种网络结构中，各设备是直接通过电缆来串接的，最后形成一个闭环，整个网络发送的信息就是在这个环中传递，通常把这类网络称之为"令牌环网"。

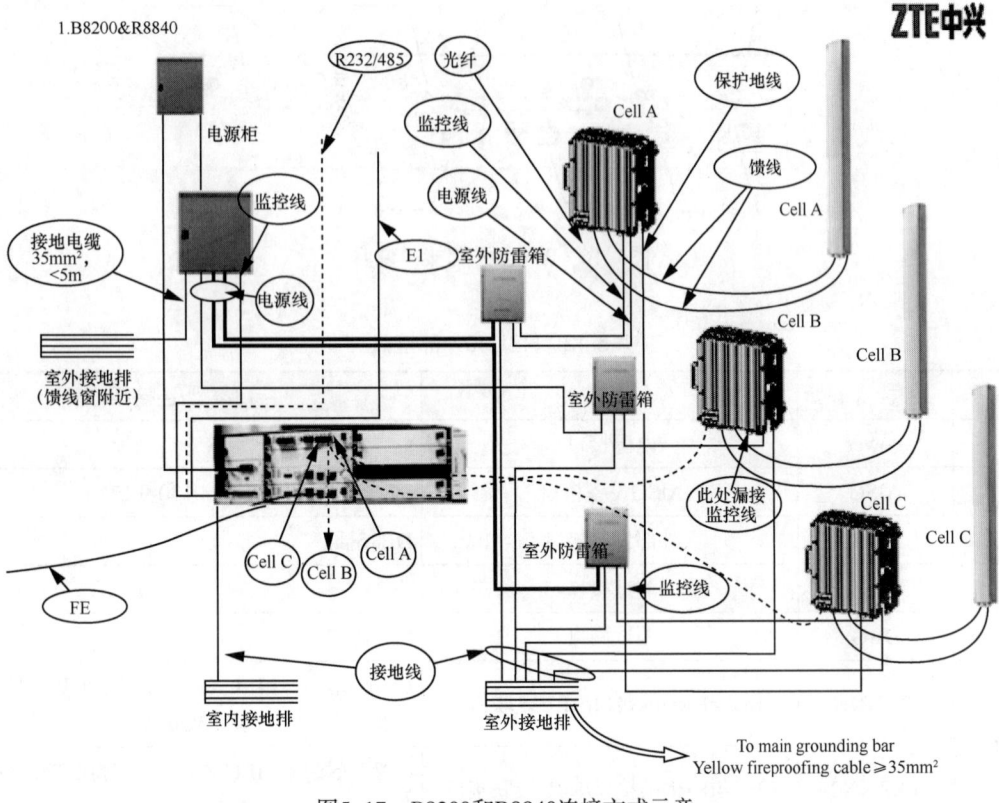

图5-17　B8200和R8840连接方式示意

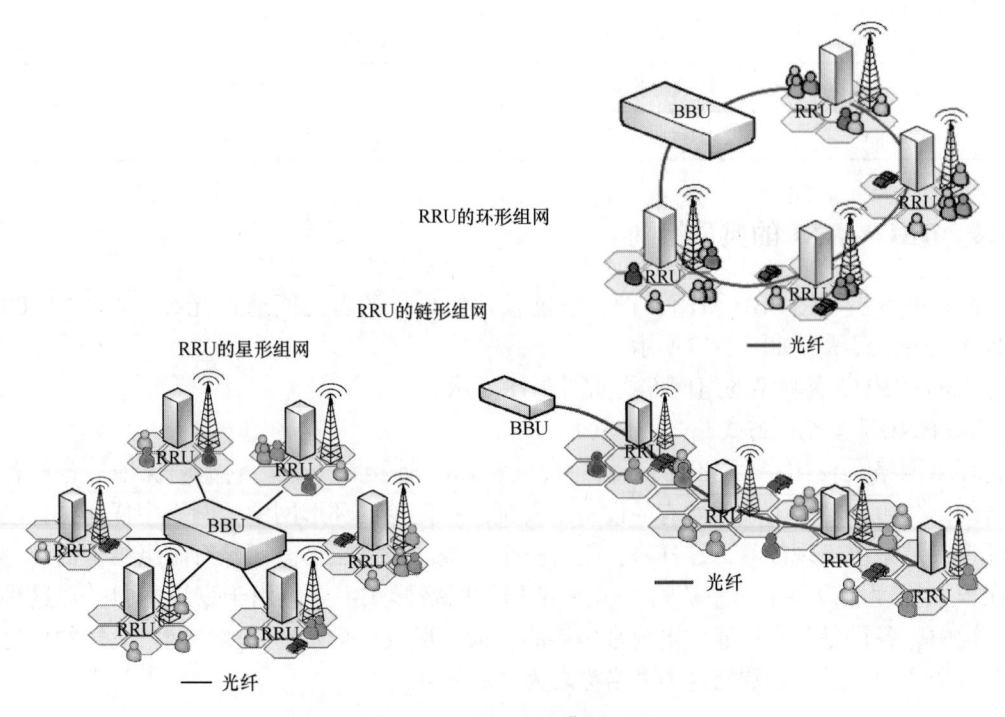

图5-18　BBU+RRU典型组网

### 2．RRU星形组网方式

这种结构便于集中控制，因为端用户RRU之间的通信必须经过中心站BBU。由于这一特点，同时也带来了易于维护和安全等优点。端用户RRU设备因为故障而停机时也不会影响其他端用户RRU间的通信。但这种结构非常不利的一点是，中心系统BBU必须具有极高的可靠性，因为中心系统一旦损坏，整个系统便趋于瘫痪。对此中心系统通常采用双机热备份，以提高系统的可靠性。

星形拓扑结构具有以下优点。

① 控制简单。

② 故障诊断和隔离容易。

③ 方便服务。

星形拓扑结构的缺点。

① 电缆长度和安装工作量可观。

② 中央节点的负担较重，形成瓶颈。

③ 各站点的分布处理能力较低。

### 3．RRU链形组网方式

最简单的组网连接方式，相对来说可靠性差，但易于实现。

## 5.1.5 BS8800产品及应用

### 1．概述

ZXSDR BS8800是中兴通讯推出的新一代紧凑型室内多模宏基站产品，该基站采用了先进的SDR技术，硬件架构基于中兴通讯统一的MicroTCA平台，射频部分采用MCPA技术。该平台突破性的支持目前所有的无线接入方式，包括GSM、WCDMA、CDMA2000和WiMAX。根据具体支持的网络模式，ZXSDR BS8800可以分为多种型号。其中，针对G/W双模的产品型号为ZXSDR BS8800 GU360（以下简称BS8800）。

### 2．产品特点

BS8800作为一款紧凑型双模宏基站，是未来WCDMA网络建设中的主力站型，具有如下特点。

① 体积小、容量大、可靠性高。BS8800高度仅950mm，深度仅450mm，可提供24CS的基带容量，并同时提供单站下行216Mbit/s和上行45Mbit/s的HSPA处理能力。

② 接收灵敏度高、覆盖能力强。BS8800提供单天线-126.5dBm/双天线-129.2dBm的接收灵敏度，大幅提高WCDMA网络的覆盖质量和容量。

③ BBU+RRU模块化架构设计，基带BBU单元和射频RRU单元直接通过光纤互联，取消了传统基站的射频电缆连接方式，操作维护简单方便。

④ 射频一体化模块设计，实现自然散热，有效降低站点功耗，降低网络运营成本。

⑤ ATM/IP双协议栈支持，可提供E1、STM-1、FE和GE多种接口类型，具备混合IP和全IP组网能力。

⑥ GSM/WCDMA双模，支持WCDMA/HSPA/HSPA+等多种制式，并支持平滑向LTE演进，同时通过软件配置和少量的硬件补充即可按需配置为GSM/WCDMA双模基站，可支持GSM/GPRS/EDGE/ Enhanced EDGE等多种GSM制式。

BS8800基站为GSM/WCDMA双模组网和网络演进提供了全新的解决方案，不仅能广泛应用于密集城区、城区、郊区和远郊、公路覆盖等环境，充分满足了运营商对不同场景的覆盖需求，而且还能全面降低移动网络建设和运营成本。

### 3. 物理外观

BS8800采用标准的19英寸（1英寸=2.54厘米）机架，整个设备采用主机柜和辅机柜的分层设计，便于后续容量扩展。其中主机柜尺寸为950mm×600mm×450mm（H×W×D），辅机柜主要用于GSM模式下的容量扩展，其尺寸为700mm×600mm×450mm（H×W×D）。BS8800主机柜中包括射频单元框、电源分配框、传输设备框、

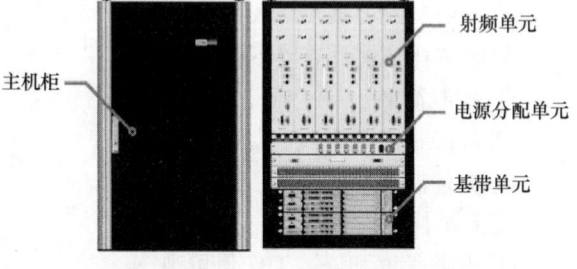

图5-19　ZXSDR BS8800主机柜布局

风扇框、基带单元框以及散热框；辅机柜包括射频单元框、电源分配框、传输设备框、风扇框以及散热框。ZXSDRBS8800主机柜布局如图5-19所示。

### 4. 技术指标

BS8800技术指标见表5-13。

表 5-13　BS8800技术指标

| 类型 | 项目 | 指标 | |
|---|---|---|---|
| 性能指标 | 工作频段 | GSM：900/1800 MHz；<br>WCDMA：900/1800/2100 MHz | |
| | 容量指标 | WCDMA单模最大支持载扇数 | 24CS |
| | | WCDMA单模最大支持载频数 | 4 |
| | | GSM单模最大支持载频数 | 主机柜支持36TRX（单RSU模块支持6TRX，满配最大6个RSU），可通过辅机柜扩展至72TRX |
| | | 最大支持纯语音信道CE数 | 上行：960CE<br>下行：960CE |
| | | 系统最大吞吐量 | 216Mbit/s |
| | 载频输出功率 | 射频模块类型 | 机顶输出功率 |
| | | RSU40 | 40W |
| | | | 60W |
| | | RSU60 | 60W |
| | 接收机灵敏度 | −112dBm@GSM单天线接收 | |
| | | −126.5dBm@WCDMA单天线接收 | |
| | | −129.2dBm@WCDMA双天线接收 | |
| | | −131.9dBm@WCDMA四天线接收 | |

（续表）

| 类型 | 项目 | 指标 | | | |
|---|---|---|---|---|---|
| 接口指标 | Iub/Abis接口 | 接口项目 | 数量 | | 接口类型 |
| | | STM-1光接口 | 2对 | | SFP (LC) |
| | | E1/T1接口 | 16对 | | DB44 |
| | | 以太网口 | 10M/100M/1000M电接口<br>Auto-Negotiation<br>Auto-MDI/MDIX | | RJ45 |
| | | | 1个1000M光接口或<br>1个100M光接口 | | SFP (LC) |
| | 基带射频接口 | CPRI | 12对 | | SFP (LC) |
| | 电调天线接口 | AISG | 1个 | | Iuant |
| | 天馈接口 | ANT接口 | 2个 | | DIN |
| | 时钟接口 | GPS | 1个 | | SMA |
| 物理指标 | 机柜尺寸 | 主机柜尺寸（高×宽×深）：950mm × 600mm × 450mm<br>辅机柜尺寸（高×宽×深）：700mm × 600mm × 450mm | | | |
| | 满配重量 | 主机柜：150kg<br>辅机柜：130kg | | | |
| 电源指标 | 供电方式，允许电压变化范围 | -48V DC（变化范围为 -57 ~ -40V DC） | | | |
| 功耗指标 | WCDMA单模 | 频段 | 典型站型 | 典型功耗 | 峰值功耗 |
| | | 2100MHz | S111 | 425W | 530W |
| | | | S222 | 565W | 810W |
| | | | S333 | 735W | 1060W |
| | | | S444（2×RSU40） | 1085W | 1525W |
| | | | S444（1×RSU80） | 880W | 1275W |
| 环境指标 | 环境温度 | 长期条件：-5℃ ~ +45℃<br>短期条件：-35℃ ~ +60℃ | | | |
| | 环境相对湿度 | 长期条件：5% ~ 95%<br>短期条件：5% ~ 100% | | | |
| | 防水防尘等级 | IP20 | | | |
| | 接地要求 | ≤10 Ω | | | |
| | 存储条件 | 需室内打包存放<br>温度：-45℃ ~ +70℃<br>相对湿度：10% ~ 90% | | | |

（续表）

| 类型 | 项目 | 指标 |
|------|------|------|
| 电磁兼容性指标 | 国家标准<br>国际标准 | YD/T 1595.2-2007<br>ETSI EN 301 489-01，ETSI EN 301 489-23<br>ETSI EN 300 386–V1.3.2<br>(CISPR22) Class B<br>Directive 1999/5/EC (R&TTE) |
| 可靠性指标 | MTBF | ≥135000 h |
| | MTTR | 0.5 h |
| | 可用性 | ≥99.99962% |
| | 停机时间 | ≤1.947 min/年 |

**5. 硬件结构**

ZXSDR BS8800包括以下两个主要部分：基带单元和射频单元，其硬件结构如图 5-20 所示。

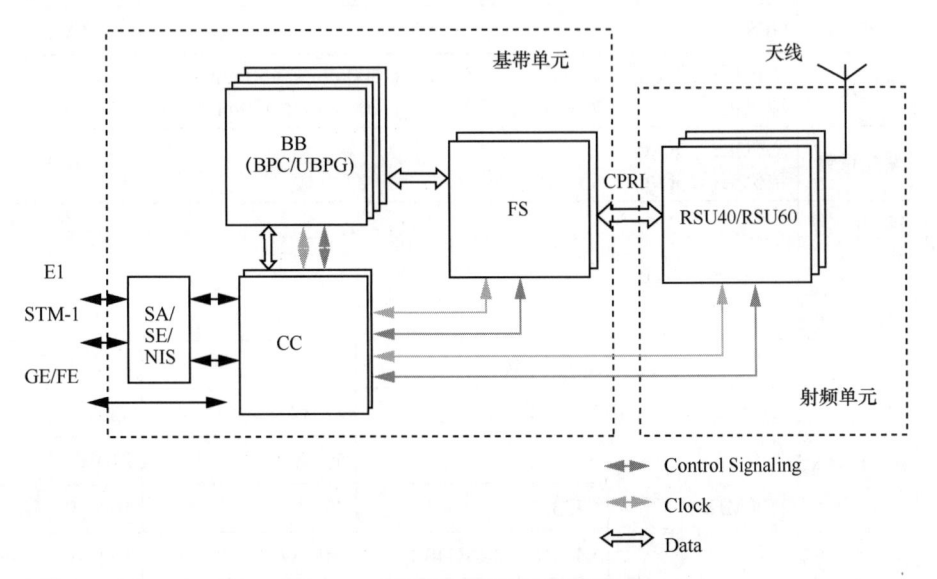

图5-20　ZXSDR BS8800硬件结构图

BS8800基带单元采用B8200基带池模块，射频单元可采用RSU40/RSU60模块，主机柜在WCDMA单模配置下支持24CS，同时提供上行960CE和下行960CE的基带处理能力。在GSM单模配置下提供36TRX。当站点载频数量超过36TRX时，可通过辅机柜以叠加方式进行扩展。辅机柜同样支持36TRX。此外，可通过辅机柜叠加方式，实现多模共站点的部署方式，以节省占地面积。

**6. 配置原则**

（1）基带配置原则

BS8800主机柜基带单元B8200可根据制式不同，配置不同类型的基带处理板，WCDMA制式下，则配置BPC板，GSM制式下，配置UBPG板。BPC板和UBPG板的处理能力为：

单块BPC 支持6CS，同时提供上行192CE 和下行192CE 处理能力；

单块UBPG 支持12TRX。

标准配置下，BS8800的基带单元提供4个基带处理板槽位。如果仅配置一个光交换板，则最大可配置5块基带处理板。

（2）射频配置原则

BS8800主机柜射频单元可配置6个RSU40/RSU60单元。RSU40为WCDMA 2100M单模，RSU60为900M/1800M双模，可配置为GSM单模，WCDMA单模，或GSM/WCDMA双模。通过配置不同频段的射频单元和软件设置，BS8800可以支持以下配置。

WCDMA单模：支持O1 ～ O4、S11 ～ S444、S111111 ～ S444444配置。

GSM单模：支持S1/1/1 ～ S12/12/12的配置。

GSM/WCDMA使用相同频段时，1个RSU60最大支持2个WCDMA载波和4个GSM载频的配置。

异频单模配置：支持 WCDMA2100 + WCDMA900，WCDMA2100 + WCDMA1800，WCDMA2100 + WCDMA900 + WCDMA1800，GSM 900 + GSM1800等组合。

同频双模配置：支持 WCDMA900 + GSM900，WCDMA1800 + GSM1800等组合。

同频双模配置：支持 WCDMA2100 + GSM900，WCDMA2100 + GSM1800，WCDMA900 + GSM1800，WCDMA1800 + GSM900等组合。

### 7. 应用方式

（1）本地覆盖方式

BS8800作为一款紧凑型双模宏基站，具有体积小、容量大、发射功率高、载扇数支持多、扩容能力强、技术演进全面等诸多特点，是未来 WCDMA 网络建设中的主力站型。

BS8800主要在有机房，且机房空间和地面承重条件满足要求的场景下使用，或者在室外条件下，配合方舱使用。BS8800采用前走线、前维护设计，可直接靠墙安装，其高度仅950mm，深度仅450mm，落地安装占地面积0.27m²，加上正面维护面积仅需0.63m²，即可对其进行正常操作维护，极大地降低了对机房空间和机房面积的要求，具有很强的环境适应能力。ZXSDR BS8800安装及维护占地面积示意如图 5-21 所示。

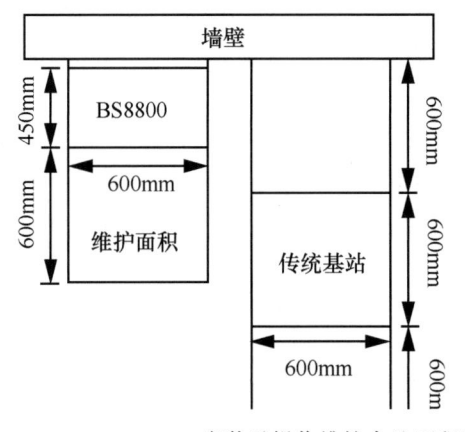

图5-21  ZXSDR BS8800安装及操作维护占地面积示意

（2）本地覆盖 + RRU拉远应用方式

BS8800在WCDMA单模配置下可支持24CS的基带容量，在WCDMA网络建设中，宏基站本地覆盖的典型配置为S111、S222、S333、S444、S222222，即最大站型容量为12CS。BS8800在满足本地12CS覆盖容量需求的同时，还有12CS的剩余容量，可通过R8840拉远方式实现周边区域的室外覆盖，还可通过R8810拉远方式实现周边高档写字楼、商场、会议中心等室内场景的室内覆盖，从而实现以BS8800为核心的"本地+拉远"一体化覆盖解决方案。BS8800一体化覆盖应用示意如图5-22所示。

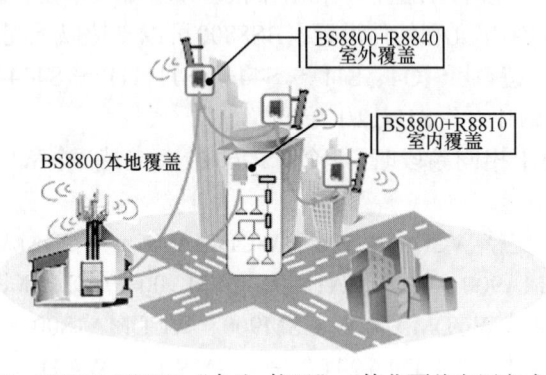

图5-22　ZXSDR BS8800 "本地+拉远" 一体化覆盖应用方式示意

### 5.1.6　D-B8200产品及应用

#### 1. 概述

ZXSDR D-B8200是中兴通讯推出的新一代系列化分布式基站产品，它以基带池单元B8200为核心，由R8840/R8860/R8810系列化射频拉远单元组成。ZXSDR D-B8200采用了先进的SDR技术，硬件架构基于中兴通讯统一的MicroTCA平台，射频部分采用MCPA技术。该平台突破性的支持目前所有的无线接入方式，包括GSM、WCDMA、CDMA2000和WiMAX。针对G/W双模的产品，型号为ZXSDR D-B8200 GU360（以下简称D-B8200）。

根据组网模式、覆盖场景的不同，D-B8200可选择不同类型的射频拉远单元，形成B8200+R8840，B8200+R8860和B8200+R8810 3种分布式基站组合。

① B8200+R8840：单模宏蜂窝分布式基站，用于WCDMA2100M单模组网，主要在室外覆盖场景下使用。

② B8200+R8860：双模宏蜂窝分布式基站，用于WCDMA900/1800M和GSM/WCDMA双模组网，主要在室外覆盖场景下使用。

③ B8200+R8810：单模微蜂窝分布式基站，用于WCDMA2100M单模组网，主要在室内覆盖场景下使用。

B8200对外提供面向RNC/BSC的Iub/Abis接口和面向RRU的基带射频接口。其中，Iub/Abis接口提供E1/T1、STM-1、FE和GE等多种物理接口类型，支持全IP传输方式和混合IP传输方式。面向RRU的基带射频接口提供12对CPRI光接口，接口速率为1.2288Gbit/s。

#### 2. 产品特点

与传统的一体化基站相比，D-B8200分布式基站具有如下特点。

① 系列化射频拉远单元，满足室内外多场景覆盖需求。D-B8200系列化RRU有用于室外宏蜂窝覆盖的大功率射频拉远R8840/R8860，机顶发射功率60W，有专用于室内覆盖的微功率射频拉远R8810，机顶发射功率10W，可满足多环境、多场景的覆盖需求。

② 体积小、重量轻，安装灵活，加快建网速度。R8840体积仅19升，重量仅16.5kg，搬运方便。支持室外抱杆、壁挂、平台及塔顶安装，全面提升3G网络建设速度。

③ 近天面安装，节约馈线损耗，增强站点覆盖。系列化RRU可直接拉远到室外近天面安装，更靠近天线，减小馈线长度，进而减小射频馈线的损耗。相比传统宏基站，D-B8200可获得3dB以上的覆盖增益，增强了基站的覆盖能力。

④ 插箱式设计，实现机房零占地部署。基带单元B8200高度仅2U，重量仅8.75公斤，可直接安装在2G设备机柜/传输设备的机柜中，也可挂墙安装，还可安装在室内弱电井、一体化电源柜及地下机房中，实现零占地部署，相比传统宏基站，大大降低了对机房空间和面积的需求，实现网络快速部署，投入运营。

⑤ 基带资源共享，话务灵活调度。针对商务办公区和住宅区以及部分集会场所和旅游景点等存在明显的话务动态迁移和突发话务问题，采用BBU资源池实现基带处理共享，通过动态话务调整，避免每个区域都按最大话务量进行规划，造成资源浪费。

⑥ ATM/IP双协议栈支持，可提供E1、STM-1、FE和GE多种接口类型，具备混合IP和全IP组网能力。

⑦ GSM/WCDMA双模支持，支持WCDMA/HSPA/HSPA+等多种制式，并支持平滑向LTE演进，同时通过软件配置和少量的硬件补充即可按需配置为GSM/WCDMA双模基站，可支持GSM/GPRS/ EDGE/ Enhanced EDGE等多种GSM制式 。

D-B8200基站为GSM/WCDMA混合组网和网络演进提供了全新的解决方案，不仅能广泛应用于密集的城区、城区、郊区和远郊、公路覆盖等环境，也能够充分满足运营商对不同场景的覆盖要求，而且还能全面降低移动网络建设和运营成本。

### 3. 物理外观

D-B8200由基带池单元B8200和R8840、R8860和R8810系列化射频拉远单元组成的分布式基站系列，其中B8200+R8840组合构成了单模宏蜂窝分布式基站，B8200+R8860组合构成了双模宏蜂窝分布式基站，B8200+R8810组合构成了室内微蜂窝分布式基站。D-B8200各种组合方式外观如图5-23所示。

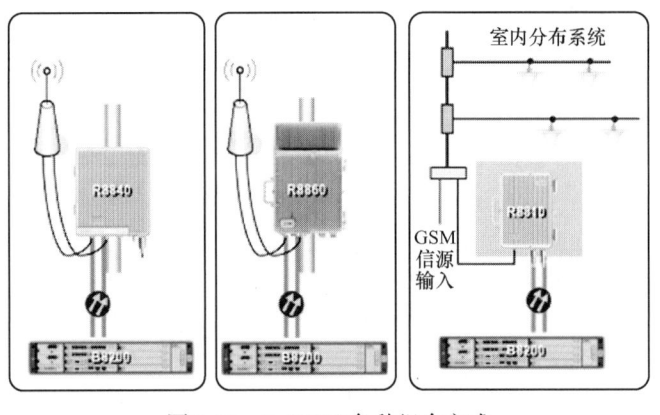

图5-23 D-B8200各种组合方式

B8200和R8840、R8860和R8810机械尺寸见表5-14。

表5-14　D-B8200基带单元和射频拉远单元机械尺寸

| 机械尺寸 | 高（mm） | 宽（mm） | 深（mm） |
|---|---|---|---|
| B8200 | 88.4 | 482.6 | 197 |
| R8840 | 370 | 320 | 160 |
| R8860 | 500 | 320 | 172 |
| R8810 | 360 | 235 | 118 |

### 4. 技术指标

D-B8200（B8200+R8810）的技术指标见表5-15。

表5-15　D-B8200（B8200+R8810）技术指标

| 类型 | 项目 | 指标 | | |
|---|---|---|---|---|
| 性能指标 | 工作频段 | 2100 MHz<br>上行：1920～1980MHz<br>下行：2110～2170MHz | | |
| | 容量指标 | 最大支持载扇数 | 24CS | |
| | | 最大支持载频数 | 2 | |
| | | 最大支持纯语音信道CE数 | 上行：960CE<br>下行：960CE | |
| | | 系统最大吞吐量 | 216Mbit/s | |
| | 载频输出功率 | 射频单元类型 | 机顶输出功率 | |
| | | R8810 | 10W | |
| | 接收机灵敏度 | −121dBm@单天线接收 | | |
| 接口指标 | Iub接口 | 接口项目 | 数量 | 接口类型 |
| | | STM-1光接口 | 2对 | SFP (LC) |
| | | E1/T1接口 | 16对 | DB44 |
| | | 以太网口 | 10M/100M/1000M电接口<br>Auto-Negotiation<br>Auto-MDI/MDIX | RJ45 |
| | | | 1个1000M光接口或<br>1个100M光接口 | SFP (LC) |
| 物理指标 | 机柜尺寸 | B8200尺寸（高×宽×深）：88.4mm×482.6mm×197mm<br>R8810尺寸（高×宽×深）：360mm×235mm×118mm | | |
| | 满配重量 | B8200：8.75kg<br>R8810：9.5kg | | |

（续表）

| 类型 | 项目 | 指标 | | |
|---|---|---|---|---|
| 电源指标 | 供电方式，电压允许变化范围 | B8200：-48V DC（变化范围 -57 ～ -40V DC）<br>R8810：220V AC（变化范围 154 ～ 300V AC）<br>　　　　-48VDC（变化范围 -38 ～ -60V DC）<br>　　　　110V AC（变化范围 85 ～ 135V AC） | | |
| 功耗指标 | WCDMA单模 | 类型 | 典型功耗 | 峰值功耗 |
| | | B8200 3CS | 75W | 78W |
| | | B8200 6CS | 110W | 115W |
| | | B8200 9CS | 145W | 150W |
| | | B8200 12CS | 185W | 197W |
| | | R8810 | 88W | 98W |
| 环境指标 | 环境温度 | B8200：长期条件：-15℃～+50℃；短期条件：-35℃～+60℃<br>R8810：长期条件：-15℃～+50℃；短期条件：-35℃～+60℃ | | |
| | 环境相对湿度 | B8200：长期条件：5% ～95%；短期条件：5% ～100%<br>R8810：长期条件：5% ～95%；短期条件：5% ～100% | | |
| | 防水防尘等级 | B8200：IP20<br>R8810：IP51 | | |
| | 接地要求 | ≤10 Ω | | |
| | 存储条件 | B8200：需室内打包存放；<br>　　　　温度：-45℃～+70℃<br>　　　　相对湿度：10% ～90%<br>R8810：需室内打包存放<br>　　　　温度：-40℃～+70℃<br>　　　　相对湿度：10% ～100% | | |
| 电磁兼容性指标 | 国家标准国际标准 | YD/T 1595.2-2007<br>ETSI EN 301 489-01，ETSI EN 301 489-23<br>ETSI EN 300 386-V1.3.2<br>(CISPR22) Class B<br>Directive 1999/5/EC (R&TTE) | | |
| 可靠性指标 | MTBF | B8200≥230000 h<br>R8810：≥170000 h | | |
| | MTTR | B8200：0.5 h<br>R8810：0.5 h | | |
| | 可用性 | B8200：≥99.9997%<br>R8810：≥99.9997% | | |
| | 停机时间 | B8200：≤1.143 min/年<br>R8810：≤1.546 min/年 | | |

D-B8200（B8200+R8840）的技术指标见表5-16。

表5-16　D-B8200（B8200+R8840）技术指标

| 类型 | 项目 | 指标 | | |
|------|------|------|------|------|
| 性能指标 | 工作频段 | 2100 MHz<br>上行：1920 ~ 1980MHz<br>下行：2110 ~ 2170MHz | | |
| | 容量指标 | 最大支持载扇数 | 24CS | |
| | | 最大支持载频数 | 4 | |
| | | 最大支持纯语音信道CE数 | 上行：960CE<br>下行：960CE | |
| | | 单小区最大信道数 | 123 | |
| | | 系统最大吞吐量 | 216Mbit/s | |
| | 载频输出功率 | 射频单元类型 | 机顶输出功率 | |
| | | R8840 | 40W | |
| | | | 60W | |
| | 接收机灵敏度 | −126.5dBm@WCDMA单天线接收<br>−129.2dBm@WCDMA双天线接收<br>−131.9dBm@WCDMA4天线接收 | | |
| 接口指标 | Iub接口 | 接口项目 | 数量 | 接口类型 |
| | | STM−1光接口 | 2对 | SFP（LC） |
| | | E1/T1接口 | 16对 | DB44 |
| | | 以太网口 | 10M/100M/1000M电接口<br>Auto-Negotiation<br>Auto-MDI/MDIX | RJ45 |
| | | | 1个1000M光接口或<br>1个100M光接口 | SFP（LC） |
| 物理指标 | 机柜尺寸 | B8200尺寸（高×宽×深）：88.4mm×482.6mm×197mm<br>R8840尺寸（高×宽×深）：370mm×320mm×160mm | | |
| | 满配重量 | B8200：8.75kg<br>R8840：16.5kg | | |
| 电源指标 | 供电方式，电压允许变化范围 | B8200：−48V DC（变化范围−57 ~ −40V DC）<br>R8840：−48V DC（变化范围−35 ~ −60 V DC）<br>220V AC（变化范围90 ~ 300 V AC）<br>110V AC（扩展支持，变化范围85 ~ 135V AC） | | |
| 功耗指标 | WCDMA单模 | 类型 | 典型功耗 | 峰值功耗 |
| | | B8200 3CS | 75W | 78W |
| | | B8200 6CS | 110W | 115W |
| | | B8200 9CS | 145W | 150W |
| | | B8200 12CS | 185W | 197W |
| | | R8840 1C | 105W | 140W |
| | | R8840 2C | 140W | 205W |
| | | R8840 3C | 175W | 265W |

（续表）

| 类型 | 项目 | 指标 | |
|------|------|------|------|
| 环境指标 | 环境温度 | B8200：长期条件：-15℃~+50℃；短期条件：-35℃~+60℃<br>R8840：长期条件：-40℃~+55℃；短期条件：-40℃~+60℃ | |
| | 环境相对湿度 | B8200：长期条件：5%~95%；短期条件：5%~100%<br>R8840：长期条件：5%~100%；短期条件：5%~100% | |
| | 防水防尘等级 | B8200：IP20<br>R8840：IP65 | |
| | 接地要求 | ≤10Ω | |
| | 存储条件 | B8200：需室内打包存放；<br>温度：-45℃~+70℃<br>相对湿度：10%~90%<br>R8840：需室内打包存放<br>存储温度：-40℃~70℃<br>相对湿度：10%~100% | |
| 电磁兼容性指标 | 国家标准<br>国际标准 | YD/T 1595.2-2007<br>ETSI EN 301 489-01，ETSI EN 301 489-23<br>ETSI EN 300 386-V1.3.2<br>(CISPR22) Class B<br>Directive 1999/5/EC (R&TTE) | |
| 可靠性指标 | MTBF | B8200：≥230000 h<br>R8840：≥180000 h | |
| | MTTR | B8200：0.5 h<br>R8840：0.5 h | |
| | 可用性 | B8200：≥99.9997%<br>R8840：≥99.9997% | |
| | 停机时间 | B8200：≤1.143 min/年<br>R8840：≤1.460 min/年 | |

D-B8200（B8200+R8860）的技术指标见表5-17。

表5-17　D-B8200（B8200+R8860）技术指标

| 类型 | 项目 | 指标 | |
|------|------|------|------|
| 性能指标 | 工作频段 | GSM：900/1800 MHz<br>WCDMA：900/1800MHz | |
| | 容量指标 | WCDMA单模最大支持载扇数 | 24CS |
| | | WCDMA单模最大支持载频数 | 4 |
| | | GSM单模最大支持载频数 | 60 TRX |
| | | 最大支持纯语音信道CE数 | 上行：960CE<br>下行：960CE |
| | | 系统最大吞吐量 | 216Mbit/s |
| | 载频输出功率 | 射频单元类型 | 机顶输出功率 |
| | | R8860 | 60W |
| | 接收机灵敏度 | -112 dBm@GSM单天线接收<br>-126.5dBm@WCDMA单天线<br>-129.2dBm@WCDMA双天线 | |

（续表）

| 类型 | 项目 | 指标 | | |
|---|---|---|---|---|
| 接口指标 | Iub接口 | 接口项目 | 数量 | 接口类型 |
| | | STM-1光接口 | 2对 | SFP (LC) |
| | | E1/T1接口 | 16对 | DB44 |
| | | 以太网口 | 10M/100M/1000M电接口<br>Auto-Negotiation<br>Auto-MDI/MDIX | RJ45 |
| | | | 1个1000M光接口或<br>1个100M光接口 | SFP (LC) |
| 物理指标 | 机柜尺寸 | B8200尺寸（高×宽×深）：88.4mm×482.6mm×197mm<br>R8860尺寸（高×宽×深）：500mm × 320mm ×172mm | | |
| | 满配重量 | B8200：8.75kg<br>R8860：22.5kg | | |
| 电源指标 | 供电方式，电压允许变化范围 | B8200：-48V DC（变化范围-57 ~ -40V DC）<br>R8860：-48V DC（变化范围-35 ~ -60 V DC）<br>220V AC（变化范围90 ~ 300 V AC）<br>110V AC（扩展支持，变化范围85 ~ 135V AC） | | |
| 功耗指标 | WCDMA单模 | 类型 | 典型功耗 | 峰值功耗 |
| | | B8200 3CS | 75W | 78W |
| | | B8200 6CS | 110W | 115W |
| | | B8200 9CS | 145W | 150W |
| | | B8200 12CS | 185W | 197W |
| | | R8860 1C | 105W | 140W |
| | | R8860 2C | 140W | 205W |
| | | R8860 3C | 175W | 265W |
| 环境指标 | 环境温度 | B8200：长期条件：-15℃~+50℃；短期条件：-35℃~+60℃<br>R8860：长期条件：-40℃~+55℃；短期条件：-40℃~+60℃ | | |
| | 环境相对湿度 | B8200：长期条件：5% ~95%；短期条件：5% ~100%<br>R8860：长期条件：5% ~100%；短期条件：5% ~100% | | |
| | 防水防尘等级 | B8200：IP20<br>R8860：IP65 | | |
| | 接地要求 | ≤10Ω | | |
| | 存储条件 | B8200：需室内打包存放；<br>　　　　温度：-45℃ ~+70℃<br>　　　　相对湿度：10% ~90%<br>R8860：需室内打包存放<br>　　　　存储温度：-45℃~ 70℃<br>　　　　相对湿度：5% ~ 98% | | |
| 电磁兼容性指标 | 国家标准国际标准 | YD/T 1595.2-2007<br>ETSI EN 301 489-01，ETSI EN 301 489-23<br>ETSI EN 300 386-V1.3.2<br>(CISPR22) Class B<br>Directive 1999/5/EC (R&TTE) | | |

（续表）

| 类型 | 项目 | 指标 |
|------|------|------|
| 可靠性<br>指标 | MTBF | B8200：≥230000 h<br>R8860：≥180000 h |
| | MTTR | B8200：0.5 h<br>R8860：0.5 h |
| | 可用性 | B8200：≥99.9997%<br>R8860：≥99.9997% |
| | 停机时间 | B8200：≤1.143 min/年<br>R8860：≤1.460 min/年 |

### 5. 硬件结构

D-B8200不同射频拉远单元组合方式下的硬件结构基本相同，即基带单元B8200通过标准的CPRI接口与R8840/R8860/R8810实现互联。ZXSDR D-B8200其硬件结构如图5-24所示。

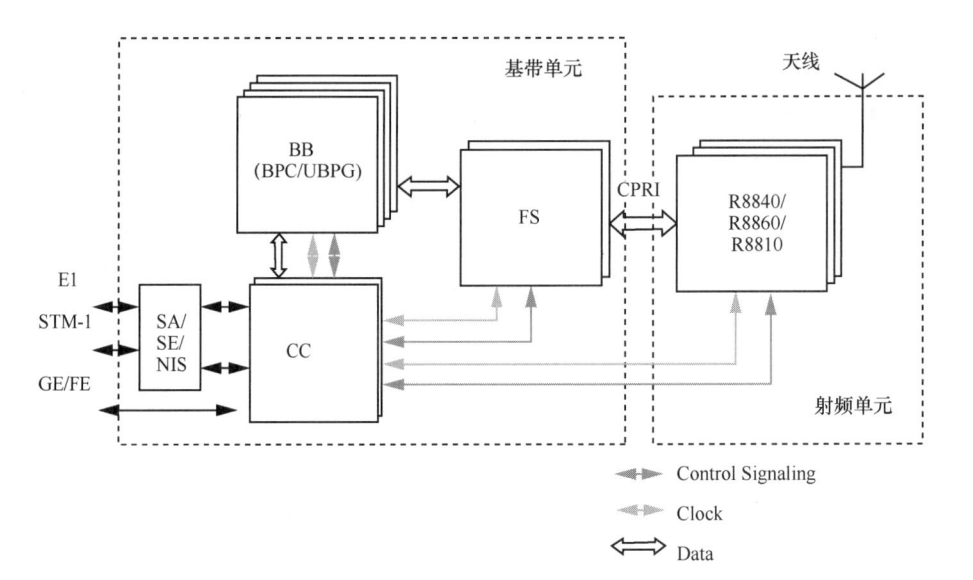

图5-24　ZXSDR D-B8200硬件结构

D-B8200基带单元提供WCDMA单模和G/W双模配置，在WCDMA单模配置下支持24CS，同时提供上行960CE和下行960CE的基带处理能力。在GSM单模配置下可提供36TRX。

D-B8200射频拉远单元分为R8840、R8860和R8810 3种。

① R8840机顶发射功率为40W/60W，具备扇区内4载频的升级能力，R8840主要用于室外宏蜂窝覆盖，也可作为信号源用于室内覆盖。

② R8860机顶发射功率60W，支持双模配置，可同时提供1个WCDMA载波＋4个GSM载频或2个WCDMA载波＋2个GSM载频的射频能力，主要用于室外宏蜂窝覆盖，也可作为信号源用于室内覆盖。

③ R8810机顶发射功率为10W，具备扇区内两载频的升级能力，主要作为信号源用于

室内覆盖，也可以用于室内/外补盲覆盖。

### 6. 配置原则

（1）基带配置原则

D-B8200分布式基站基带单元B8200可根据制式不同，配置不同类型的基带处理板，WCDMA制式下，则配置BPC板，GSM制式下，配置UBPG板。BPC板和UBPG板的处理能力为：

① 单块BPC支持6CS，可同时提供上行192CE和下行192CE处理能力。

② 单块UBPG可处理12TRX。

基带板的数量，根据站点容量需求的不同而不同。标准配置下，B8200的基带单元提供4个基带处理板槽位。如果仅配置一个光交换板，则最大可配置5块基带处理板。

（2）射频配置原则

D-B8200分布式基站的射频拉远单元有3种选择，R8840、R8860和R8810，其中R8840/R8860机顶发射功率为60W，主要用于室外宏蜂窝覆盖，R8810机顶发射功率为10W，主要作为信号源接室内分布系统，用于室内覆盖。R8840为WCDMA 2100M单模；R8860为900M/1800M双模，可配置为GSM单模、WCDMA单模或GSM/WCDMA双模，通过配置不同频段的射频单元和软件设置；R8810为WCDMA 2100M单模。B8200与系列化RRU之间数量关系，根据覆盖和站型要求1:1或1:$N$配置，灵活构成多种站型组合，具体可支持如下站型：

① 支持O1～O4，S11～S444，S111111～S444444配置；

② GSM单模：支持S1/1/1~S12/12/12的配置；

③ GSM/WCDMA使用相同频段时，1个R8860最大支持2个WCDMA载波和4个GSM载频的配置；

④ 异频单模配置：支持WCDMA2100 + WCDMA900，WCDMA2100 + WCDMA1800，WCDMA2100 + WCDMA900 + WCDMA1800，GSM 900 + GSM1800等组合；

⑤ 同频双模配置：支持WCDMA900 + GSM900，WCDMA1800 + GSM1800等组合；

⑥ 异频双模配置：支持WCDMA2100 + GSM 900，WCDMA2100 + GSM1800，WCDMA900 + GSM1800，WCDMA1800 + GSM900等组合。

### 7. 应用方式

D-B8200作为一款宏蜂窝分布式基站，具有容量大、发射功率高、可靠性高、部署灵活等诸多特点，主要应用在无机房或机房空间不足、地面承重不足或机房与天面距离过大等条件下，替代传统室内型宏蜂窝基站用于实现密集城区、一般城区、特殊场景及室内场景的覆盖需求。

D-B8200通过拉远不同的RRU单元可实现如下两类场景的覆盖。

① B8200拉远R8840/R8860实现对室外密集城区/城区的宏蜂窝覆盖。

② B8200拉远R8810实现对写字楼、商场、会议中心等室内场景的微蜂窝覆盖。

与室内型宏基站相比，D-B8200具有安装便利、部署灵活的突出特点，尤其在站址、机房难以获得的密集城区，网络覆盖质量和容量要求很高，而宏基站难以快速部署，可采用D-B8200分布式基站，将R8840/R8860通过光纤拉远到室外天面，利用RRU体积小、重量轻的特点，在楼顶天面通过抱杆或壁挂实现快速安装，完成对密集城区的面覆盖。还可将RRU安装在公路、高架、桥梁、高铁等沿线，通过多RRU链形组网实现对交通沿线的线覆盖。同时，在城市覆盖盲区或覆盖容量不足的地区，还可利用RRU部署的灵活性，实现对市内盲区及覆盖容量不足地区实现补充点覆盖。

　　B8200在实现室外点、线、面覆盖的同时，还可以利用R8810完成以B8200为中心的周边楼宇的室内覆盖，从而构成以B8200为核心的"本地+拉远"的一体化覆盖解决方案。D-B8200一体化覆盖应用BBU+RRU分布式基站点、线、面及室内覆盖场景示意如图5-25所示。

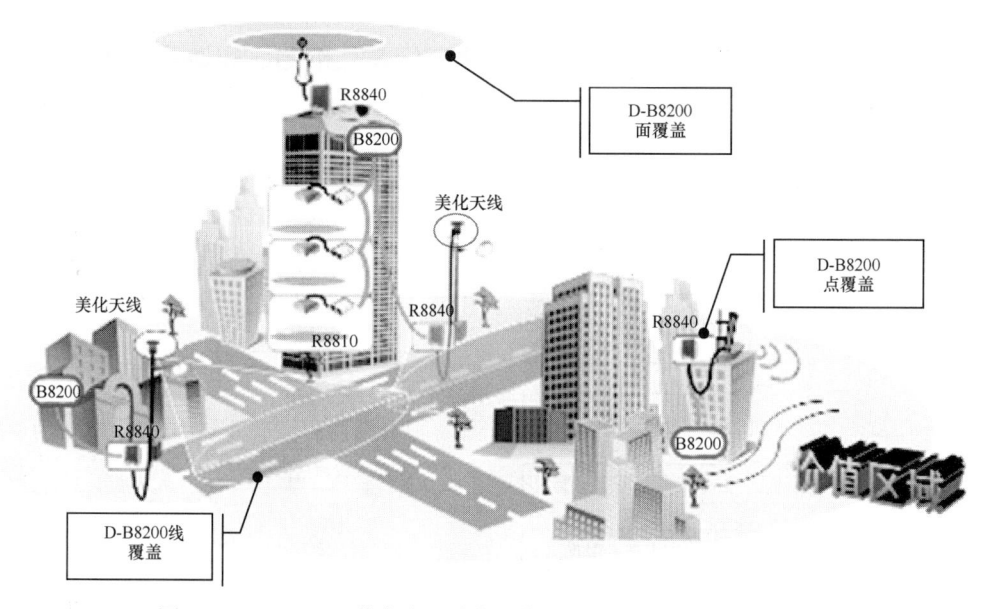

图5-25　BBU+RRU分布式基站点、线、面及室内覆盖场景示意

　　对于无机房室内覆盖场景下，B8200还可以采用一体化室内辅助柜进行室内非机房挂墙应用。非机房室内主要针对室内如走廊、车库、半封闭室内空间的挂墙安装，通过室内辅助柜可实现B8200的快速安装，并通过拉远R8810实现室内覆盖的快速部署。室内辅助柜外观及B8200放置在室内辅助柜中的示意如图5-26所示。

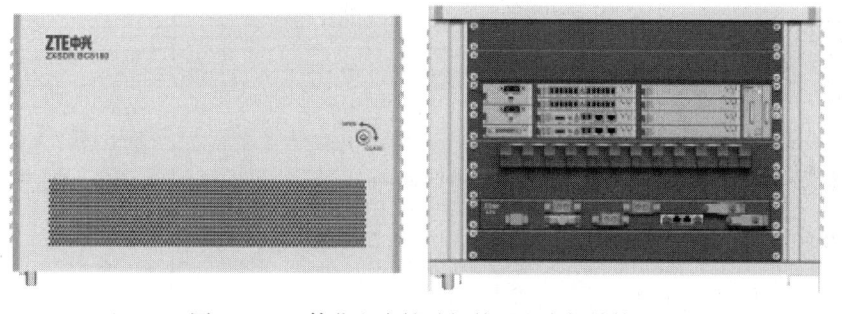

图5-26　一体化室内辅助柜外观和内部结构

## ▶▶5.2 基站数据配置

### 5.2.1 任务一：Iub接口数据配置

#### 5.2.1.1 任务描述

Iub接口是RNC与Node B之间的接口，本次任务完成Iub接口数据配置。

#### 5.2.1.2 任务分析

将Iub接口邻接局配置划分为"Iub信令承载配置"和"Iub数据承载配置"两部分，Iub接口邻接局配置流程如图5-27所示。

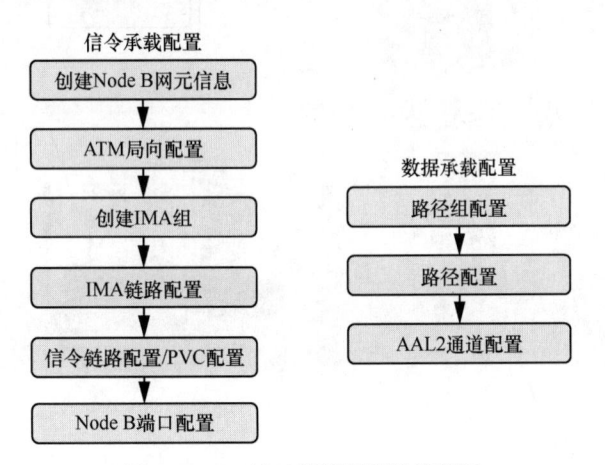

图5-27 Iub接口邻接局配置流程图

#### 5.2.1.3 任务实施

**1. 第一步：Node B网元信息创建**

① 创建Node B网元，如图5-28所示。

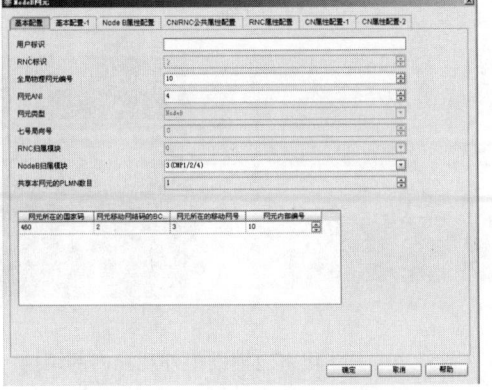

图5-28 Node B网元信息创建

② ATM局向配置如图5-29所示。

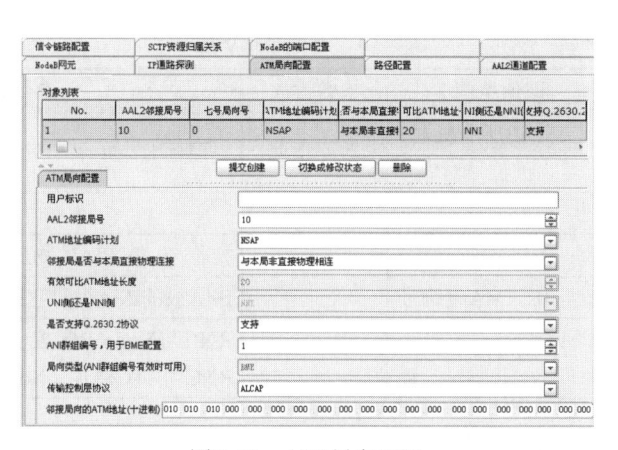

图5-29 ATM局向配置

### 2. 第二步：创建IMA组配置

• 使用IMAB+DTB单板的E1连接方式连接ATM局向时，配置IMAP处理器上面的IMA/TC组配置信息。IMA进程利用这些配置信息创建IMA组和TC组。

• 使用IMAB+SDTB单板的CSTM-1连接方式连接ATM局向时，配置IMAP处理器上面的IMA/TC组配置信息。IMA进程利用这些配置信息创建IMA组和TC组。IMA组和TC组承载在CSTM-1上。

① 右击选择［IMA组配置→创建→IMA组配置］，如图5-30所示。

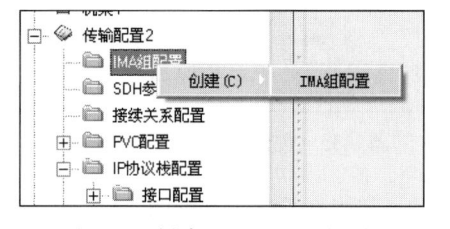

图5-30 创建IMA组配置（一）

② 单击［IMA组配置］，弹出对话框，如图5-31所示。

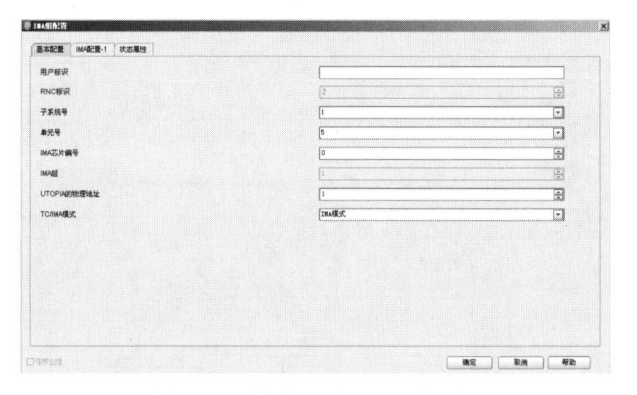

图5-31 创建IMA组配置（二）

③ 输入相应的参数,单击[确定]按钮,创建[IMA组配置],关键参数说明见表5-18。

表5-18　关键参数说明

| 参数名称 | 取值范围 | 参数性质 | 参数说明 |
|---|---|---|---|
| 子系统号/单元号 | 与IMAB所在机框号、槽位号对应 | 数据规划 | 一层框对应一个子系统 |
| IMA芯片号 | 0 ~ 1 | | |
| IMA组 | 1 ~ 32 | | 推荐与UTOPIA的物理地址一致 |
| UTOPIA的物理地址 | 1 ~ 30,IMA组编号 | | IMA板的IMA组对应的UTOPIA物理地址 |
| IMA组近端发送时钟模式 | CTC | | RNC与Node B配置不同的时钟模式,一般RNC为CTC模式,Node B为ITC模式 |

### 3. 第三步:创建IMA链路配置

① 在IMA组配置下面,找到相应的IMA组,右击选择[IMA组配置 X(这里的X表示IMA组号,下同)→创建→E1链路配置],如图5-32所示。

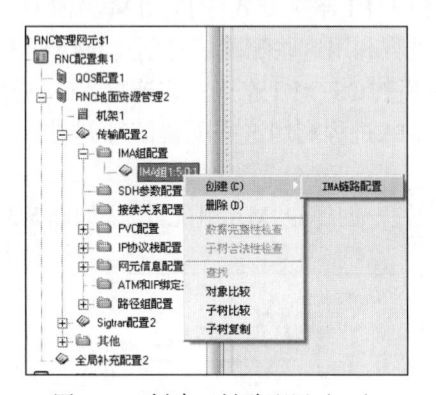

图5-32　创建E1链路配置(一)

② 单击[IMA链路配置],弹出对话框,如图5-33所示。

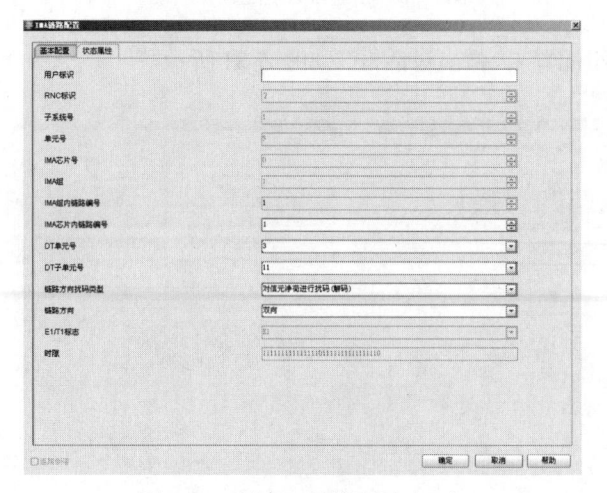

图5-33　创建E1链路配置(二)

③输入相应的参数,单击[确定]按钮,创建"IMA链路配置",关键参数说明见表5-19。

表5-19　关键参数说明

| 参数名称 | 取值范围 | 参数性质 | 参数说明 |
|---|---|---|---|
| 逻辑2MHW编号 | IMA芯片内E1编号 | | IMA芯片内E1编号,0 ~ 31 |
| IMA组内链路编号 | IMA组内E1的顺序 | | 定义 |
| DT单元号 | DTB槽位号对应 | | 与DTB的槽位号对应 |
| DT子单元号 | 9 ~ 40 | | 9 ~ 40,对应DTB面板的E1标号为1 ~ 32;为了维护方便,规划时会将2MHW编号与DT子单元编号对应,对应关系是2MHW变化0 ~ 31,对应DT子单元号9 ~ 40 |

### 4. 第四步:创建信令链路配置

①单击[信令链路配置],如图5-34所示,关键参数说明见表5-20。

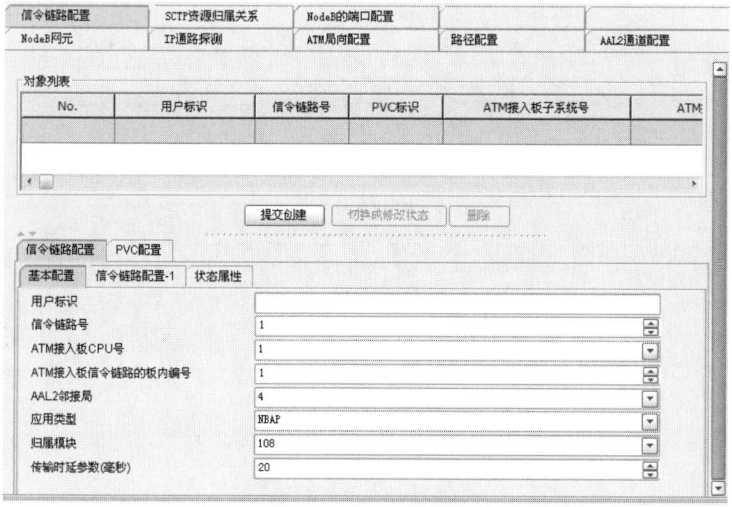

图5-34　信令链路配置

表5-20　关键参数说明

| 参数名称 | 取值范围 | 参数性质 | 参数说明 |
|---|---|---|---|
| 信令链路号 | 关联七号链路 | | 实验室里,可以自己设定;外场开局时,必须根据规划设定 |
| AAL 2 邻接局 | 网元ANI | | 与网元信息的ANI对应 |
| 应用类型 | NBAP | 数据规范 | |

②单击[PVC配置],出现如图5-35、图5-36所示界面,关键参数说明见表5-21。

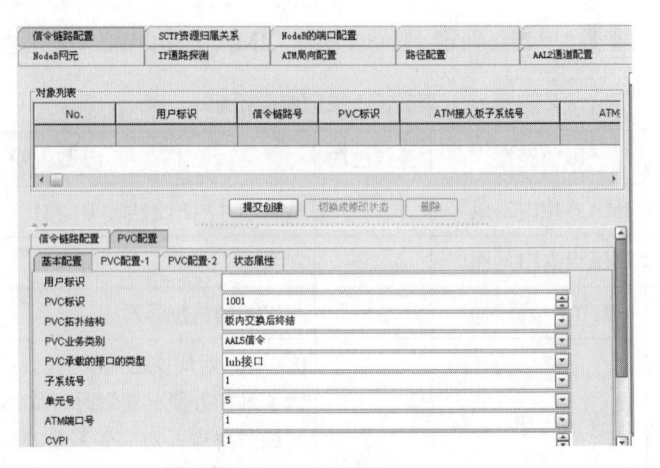

图5-35 PVC配置（一）

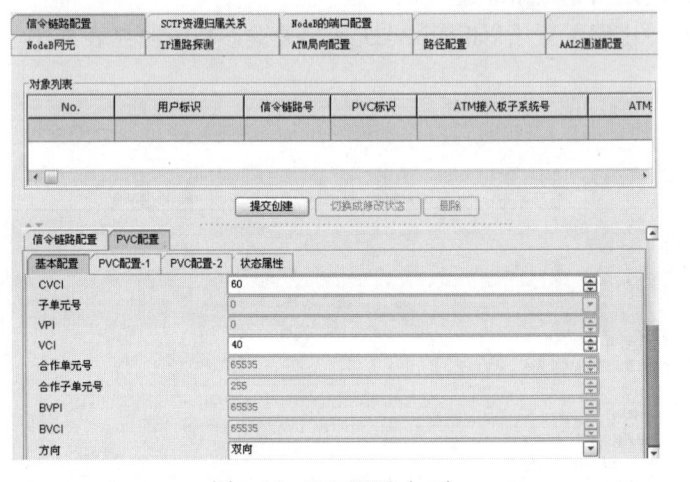

图5-36 PVC配置（二）

表5-21 关键参数说明

| 参数名称 | 取值范围 | 参数性质 | 参数说明 |
|---|---|---|---|
| PVC业务类别 | AAL5信令 | 研制规范 | |
| PVC承载接口的类型 | Iub接口 | 研制规范 | |
| 子系统号 | 所在机框号 | | |
| 单元号 | 所在槽位号 | | |
| ATM端口号 | 单板对应的UTOPIA物理地址 | 数据规划 | 4~7，APBE板的光口对应的UTOPIA物理地址；<br>1~30，IMA板的IMA组对应的UTOPIA物理地址；<br>10~13，APBE-2板的光口对应的UTOPIA物理地址；<br>14~43，带IMA功能的APBE-2板的IMA组对应的UTOPIA物理地址 |
| CVPI、CVCI | 与CN协商确定 | 对接一致 | PVC对外的VPI和VCI，与CN协商一致 |

（续表）

| 参数名称 | 取值范围 | 参数性质 | 参数说明 |
|---|---|---|---|
| VPI/VCI | | | PVC对内编号，相互区别 |
| 低端到高端服务类型<br>低端流量类型<br>低端流量描述参数1<br>低端流量描述参数2 | | | 参数组合，表示ATM的服务类别；<br>实验室里，可以简单地设置为CBR；<br>外场开局时，必须根据规划设置 |

③ 输入相应参数，单击［提交创建］按钮。

### 📖 说明

Iub接口有3种信令数据（NCP、CCP和ALCAP），需要分别创建对应的PVC链路。Node B的端口类型有以下两种。

• Node B控制端口（NCP，Node B Control Port）

RNC侧，1个Node B下NCP端口必须配置，且只能配置1个。

• Node B通信控制端口（CCPCommunication Control Port）

RNC侧，1个Node B下CCP端口必须配置，最多配置5个。

Iub接口上的NBAP控制面协议是通过NCP和CCP端口发送和接收的。ALCAP用于控制AAL2数据的传输。

### 5. 第五步：创建Node B的端口配置NCP和CCP

① 找到［Node B的端口配置］，如图5-37所示。

图5-37　创建NCP的端口配置

② 输入相应的参数，单击［提交创建］，创建［NCP的端口配置］，关键参数说明见表5-22。

表5-22　关键参数说明

| 参数名称 | 取值范围 | 参数说明 |
|---|---|---|
| 端口类型 | NCP | |
| Node B通信端口标识，Node B内统一编号 | 与Node B协商确定 | 对于NCP的配置来说无效 |
| 信令链路号1 | ATM信令链路号 | 为NCP选择对应的AAL5信令链路号 |
| 信令链路号2 | 无效 | |

③ 继续创建CCP端口配置，如图5-38所示。

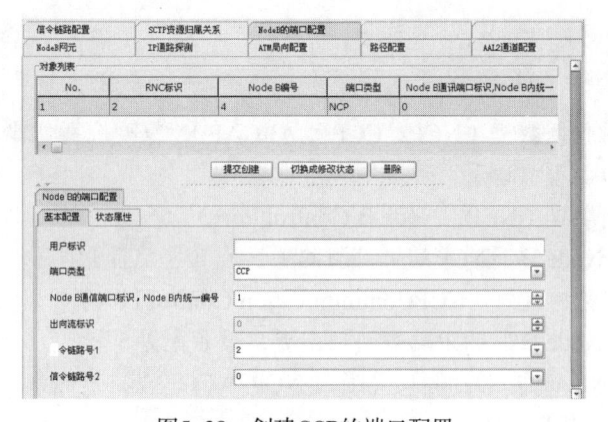

图5-38　创建CCP的端口配置

④ 输入相应的参数，单击［提交创建］，创建"CCP的端口配置"，关键参数说明见表5-23。

表5-23　关键参数说明

| 参数名称 | 取值范围 | 参数性质 | 参数说明 |
|---|---|---|---|
| 端口类型 | CCP | | |
| Node B通信端口标识，Node B内统一编号 | 与Node B协商确定 | 对接参数 | 即CCP ID，仅对CCP的配置有效，RNC与Node B两侧必须一致 |
| 信令链路号1 | ATM信令链路号 | | 为CCP选择对应的AAL5信令链路号 |
| 信令链路号2 | 无效 | | |

### 6. 第六步：创建路径组配置

网管操作参见MGW路径组配置，创建路径组如图5-39所示。

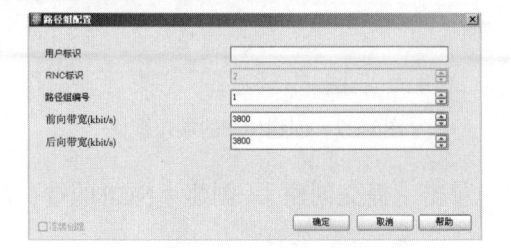

图5-39　创建路径组

## 7. 第七步：创建路径配置

创建路径配置如图5-40所示。

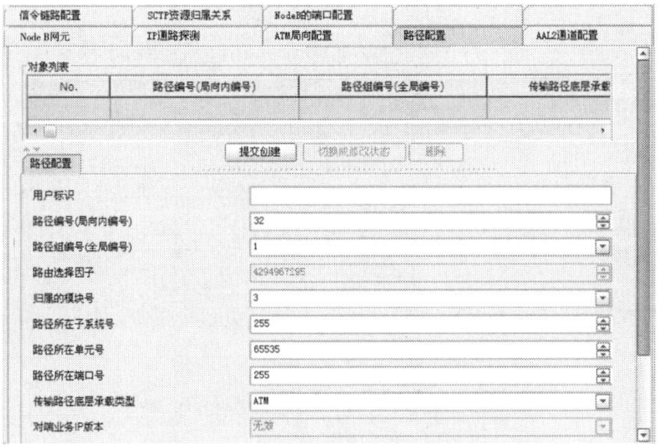

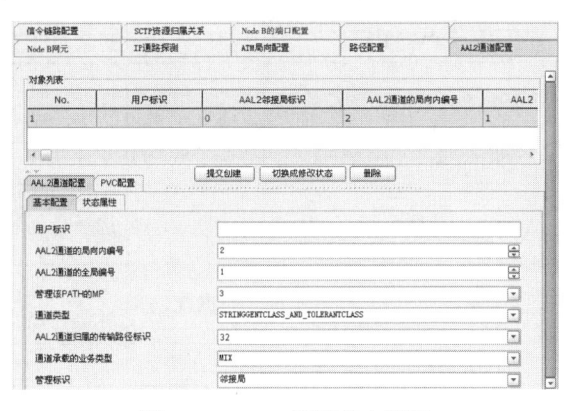

图5-40 创建路径配置

## 8. 第八步：创建AAL2通道配置

AAL2通道基本配置如图5-41所示，AAL2通道PVC配置如图5-42、图5-43所示，关键参数说明见表5-24、表5-25。

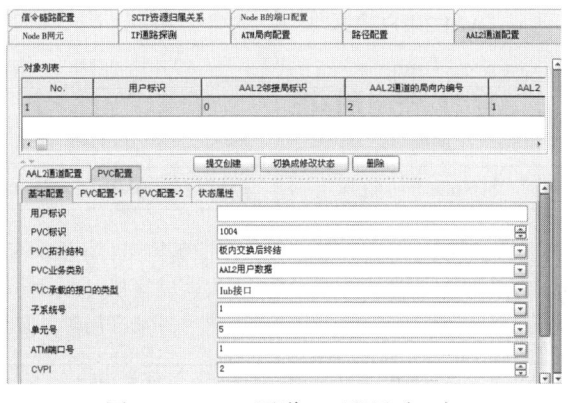

图5-41 AAL2通道基本配置

图5-42 AAL2通道PVC配置（一）

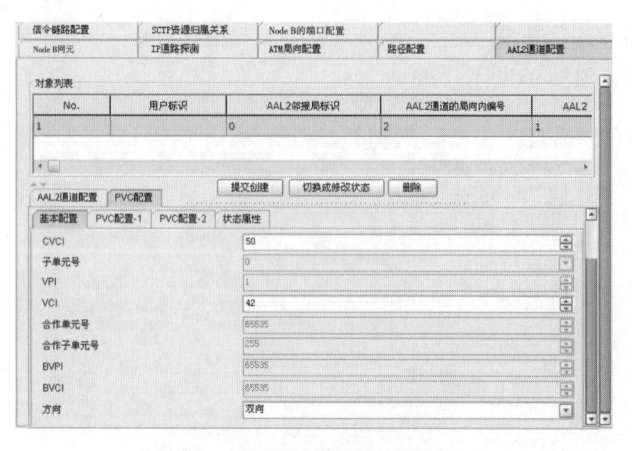

图5-43　AAL2通道PVC配置（二）

表5-24　关键参数说明

| 参数名称 | 取值范围 | 参数性质 | 参数说明 |
|---|---|---|---|
| AAL2通道的局向内编号 | Path ID与Node B协商确定 | | |
| AAL2通道的全局编号 | 全局统一编号 | | 实验室里，可以自己设定；外场开局时，根据规划设置 |
| PVC标识 | PVC ID | | 选择AAL2通道对应的PVC ID |
| 管理该PATH的SMP/CMP | Node B对应的RCP模块号 | | |
| 通道类型 | Stringent bi-level Class | | |
| AAL2通道归属的传输路径标识 | 选择路径 | | 选择已创建的到Node B的路径标识 |
| 通道承载的业务类型 | | 数据规划 | 实验室里，建议选择"MIX"；外场开局时，必须根据规划设置 |
| 管理标识 | 邻接局 | | |

表5-25　关键参数说明

| 参数名称 | 取值范围 | 参数说明 |
|---|---|---|
| PVC业务类别 | AAL2用户数据 | |
| PVC承载接口的类型 | Iub | |
| 高端ATM子单元号 | 单板对应的UTOPIA物理地址。 | — |
| CVPI、CVCI | 与Node B协商确定 | PVC对外的VPI和VCI，设置时要与Node B一致 |
| 低端到高端服务类型<br>低端流量类型<br>低端流量描述参数1<br>低端流量描述参数2 | | 参数组合，表示ATM的服务类别；实验室里，可以简单地设置为CBR；外场开局时，必须根据规划设置 |
| 高、低端接口类型 | UNI | 没有MTP3B的接口类型为UNI |

## 5.2.2 任务二：小区配置

### 5.2.2.1 任务描述

完成小区配置任务书。

### 5.2.2.2 任务分析

小区配置属于无线资源管理的范畴，首先要创建RNC无线资源管理，其次创建Node B无线参数配置信息，最后完成创建小区配置。

### 5.2.2.3 任务实施

#### 1. 第一步：创建RNC无线资源管理

一个UTRAN子网下的一个RNC可以配置多套数据（即RNC配置集）。每一套数据都有一个唯一的ID标识。每套完整的RNC配置数据应当包括地面资源数据和无线资源数据两部分。

在配置无线资源数据之前，应当确认地面资源数据已经配置完成。RNC无线资源管理由向导完成，只需填入几个关键参数，网管自动完成所有配置，这个过程大约需要几分钟时间，请耐心等待。

① 右击选择［RNC配置集→创建→RNC无线资源管理］，如图5-44所示。

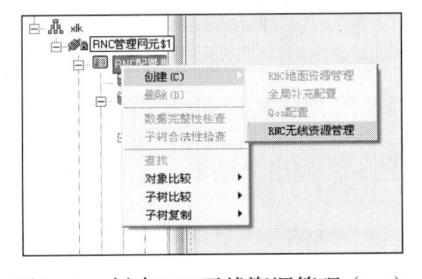

图5-44 创建RNC无线资源管理（一）

② 单击［RNC无线资源管理］，弹出对话框，如图5-45所示。

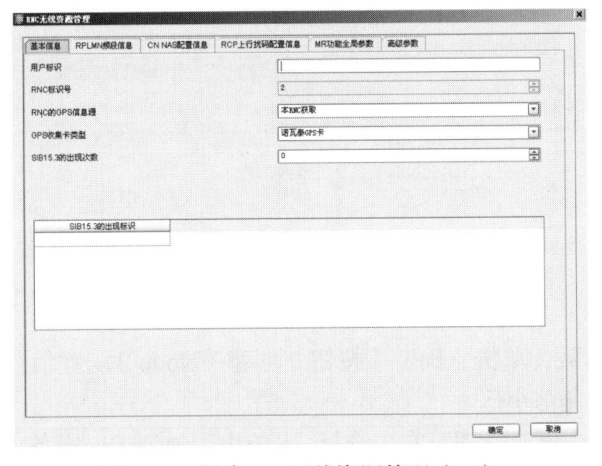

图5-45 创建RNC无线资源管理（二）

③ 输入相应的参数，单击［确定］按钮，创建［RNC无线资源管理］，关键参数说明见表5-26。

表5-26　关键参数说明

| 参数名称 | 取值范围 | 参数性质 | 参数说明 |
|---|---|---|---|
| MCC | 移动国家码 | | |
| MNC | 移动网络码 | 对接一致 | 与CN侧的配置一致 |
| LAC | 位置区码 | | |
| RAC | 路由区码 | | |

### 2. 第二步：创建Node B无线参数配置信息

① 展开"RNC无线资源管理"，右击选择［Node B配置信息→创建→Node B配置信息］，如图5-46所示。

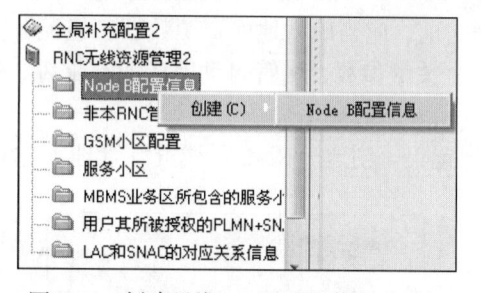

图5-46　创建无线Node B配置信息（一）

② 单击 < Node B配置信息 > ，弹出对话框，如图5-47所示。

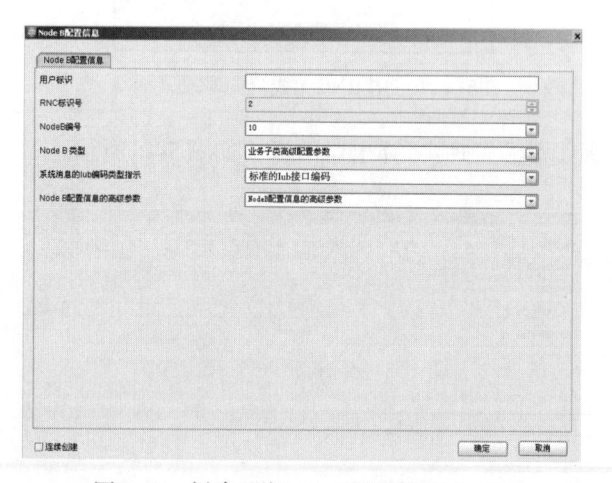

图5-47　创建无线Node B配置信息（二）

③ 输入相应的参数，单击［确定］按钮，创建［Node B配置信息］。

### 3. 第三步：创建服务小区

① 展开"RNC无线资源管理"，右击选择［服务小区→创建→服务小区］，如图5-48所示。

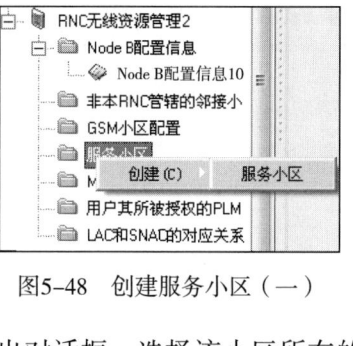

图5-48 创建服务小区（一）

② 单击［服务小区］，弹出对话框，选择该小区所在的移动国家码、移动网路码和RNCID，如图5-49、图5-50、图5-51所示。

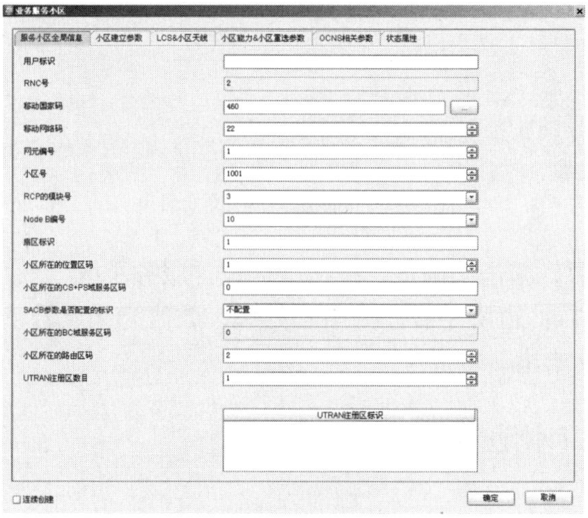

图5-49 创建服务小区（二）

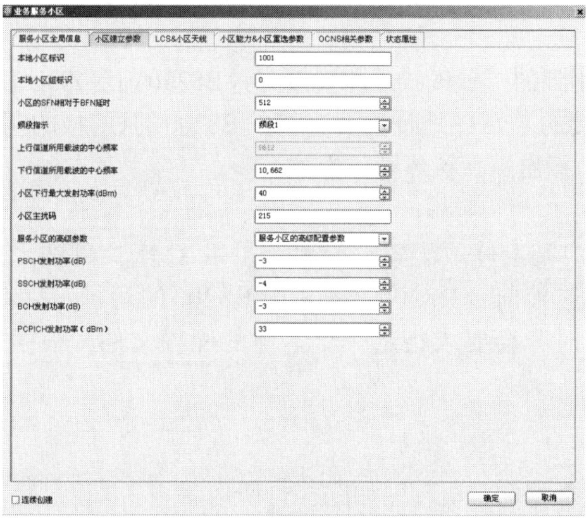

图5-50 创建服务小区（三）

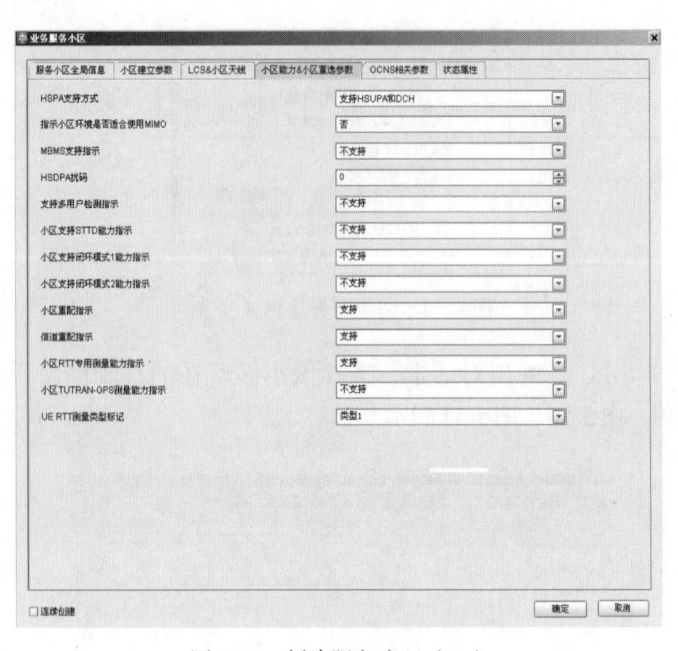

图5-51　创建服务小区（四）

③输入相应的参数，单击［确定］按钮，创建"服务小区"。

说明：小区上/下行信道所用载波的中心频率，数值为频点号，为200kHz，输入下行频率后，上行频率自动给出。

## 5.2.3　任务三：LMT本地基站配置

### 5.2.3.1　任务描述

LMT是基站本地数据配置工具，该软件通过TCP/IP网络与基站CC单板上的DEBUG/OMC网口通信（ETH1口），支持在线配置和离线配置两种方式。

**1. 在线配置**

在线配置是最常用到的配置模式，即直接配置B8200前台ZDB表。该模式配置出的数据是立即生效的，连接的基站IP地址为要连接的B8200的CC板的调试网口地址，然后运行LMT程序即可。CC板出厂默认环境号为254。

**2. 离线配置**

离线配置是在客户端上修改配置，配置结果以XML文件的形式保存到一个指定的目录里，离线配置不连接前台B8200，不影响B8200的运行。启动LMT工具后，使用离线配置，离线配置时，会要求指定一个本地的配置文件，根据需要选择B8200或者B8800。

### 5.2.3.2　任务分析

①基站ATM方式数据配置流程图如图5-52所示。

②用LMT配置基站数据的步骤和流程见表5-27。

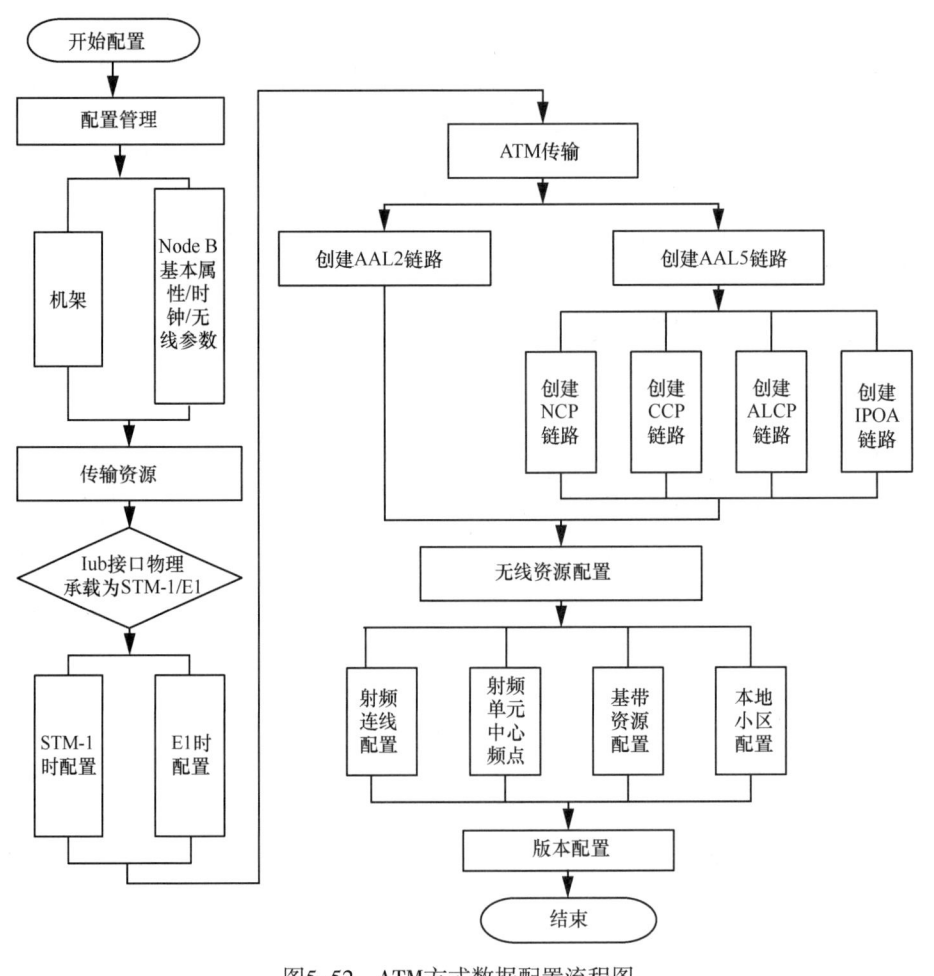

图5-52 ATM方式数据配置流程图

表5-27 LMT配置基站数据的步骤和流程

| 步骤 | 数据类别 | 步骤 | 配置 | 与RNC对接参数 |
|------|---------|------|------|--------------|
| Step1 | 基站配置 | Step1.1 | 基站基本属性配置 | WCDMA站点号 |
|  |  | Step1.2 | B8200单板和R8840机架与单板配置 |  |
|  |  | Step1.3 | 时钟参考源配置 | 无 |
| Step2 | 地面资源配置 | Step2.1 | 启动并登录LMT工具 | 无 |
|  |  | Step2.2 | 设置基站基本属性 | 无 |
|  |  | Step2.3 | 拓扑结构配置 | 无 |
|  |  | Step2.4 | 设置时钟参考源 | 无 |
|  | IP Over E1 | Step3.1 | 配置E1/T1连线 | 无 |
|  |  | Step3.2 | 配置IMA参数 | 无 |
|  |  | Step3.3 | 创建ALL2链路 | 无 |
|  |  | Step3.4 | 创建ALL5链路 | 包括NCP、CCP、ALCAP、IPOA链路 |

（续表）

| 步骤 | 数据类别 | 步骤 | 配置 | 与RNC对接参数 |
|---|---|---|---|---|
| | | Step4.1 | 配置射频连线 | 小区频点配置范围 |
| | | Step4.2 | 配置射频单元中心频点 | 无 |
| Step4 | 无线资源配置 | Step4.3 | 配置基带资源池 | 无 |
| | | Step4.4 | 配置基带资源 | 无 |
| | | Step4.5 | 配置本地小区 | 小区信息 |
| Step5 | 版本配置 | Step5.1 | 版本配置 | 无 |

### 5.2.3.3 任务实施

首先登入对话框，填写完需要连接的B8200地址后点确定，如图5-53所示，单击登录按钮，系统经与基站通信、获取动态信息、获取告警信息后进入基站的配置界面。

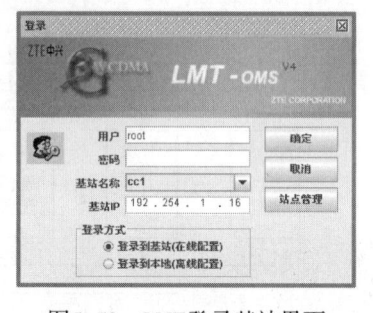

图5–53 LMT登录基站界面

### 1. 基站基本属性设置

正常登录进入LMT配置工具后，LMT配置管理—Node B下会默认有主机架1和拉远机架2两个选项，如图5-54所示。

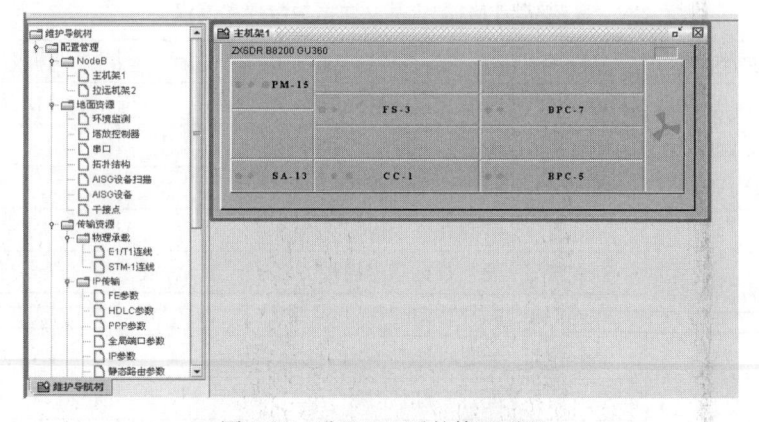

图5–54 进入LMT后的管理页面

右击Node B，如图5-55所示，选择［设置基本属性］，查看［其他相关参数］选项卡，对该选项卡中的参数按照实际情况设置。

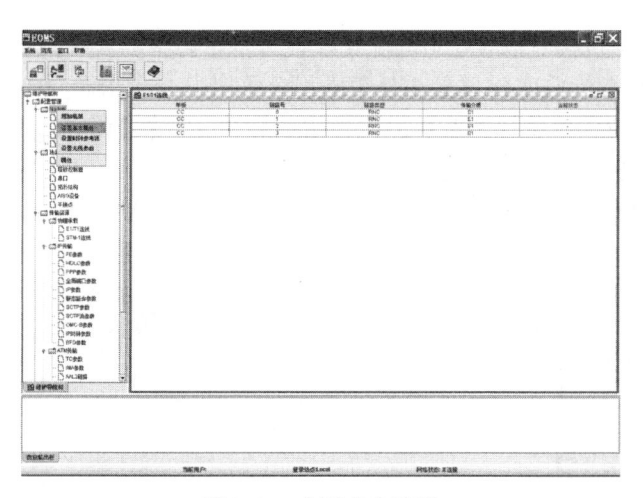

图5-55　右键点出选项

选择［设置基本属性］后，首先设置基本参数，如图5-56所示。

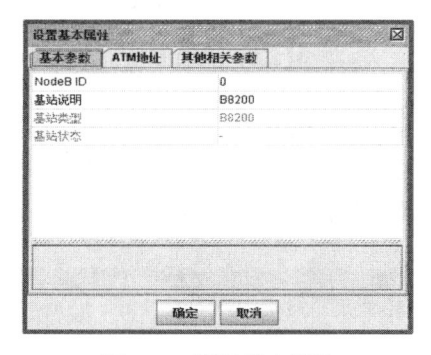

图5-56　设置基本属性

图5-56中Node B ID指基站编号，属于规划数据，在［其他相关参数］中按下述方法设置，如图5-57所示。

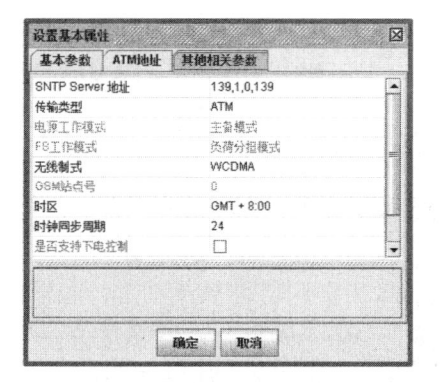

图5-57　其他相关属性

（1）增加机架并配置单板

一个基站中可以有多个机架，其中基带处理单元对应一个机架，是必须配置的；射频单元对应一个或多个机架。以B8200的配置模板对基站初始配置后,还需要增加射频单元。在RS8800中,射频单元与基带单元共处于同一个机架中;在RS8900中,每个射频单元都表现为一个单独的拉远机架。本章中的描述以射频单元为拉远机架为例,除非特别说明,拉远机架也表示射频单元,或者称为RRU。

BBU上每个槽位可以配置的单板如图5-58所示,根据需要在图中添加所需单板。

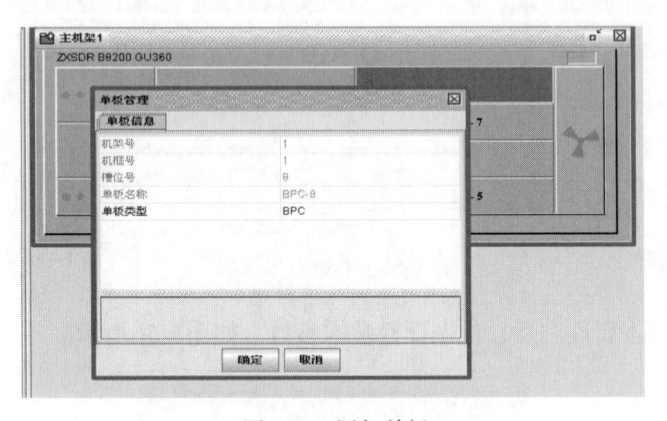

图5-58 添加单板

添加BBU单板时,右击相应的单板槽位,单击增加单板即可。以拉远机架的配置为例:在LMT中默认有一个拉远机架2,可以根据需要增加,一个BBU最多可以连接12个。右击配置管理中的Node B,单击"增加机架"来增加机架,如图5-59所示。

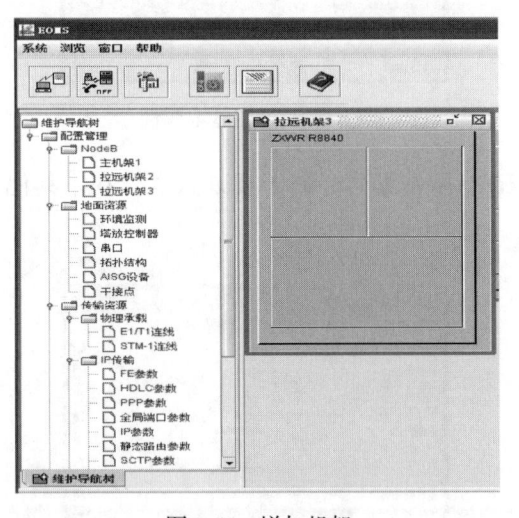

图5-59 增加机架

[拉远机架类型]:有3种选择,R8840_GU906支持WCDMA射频单元,R8840_GU906也支持GSM射频单元,RU02只支持GSM射频单元,本文中根据硬件实际配置选择R8840_GU906。

为新增机架添加天线和单板,右击射频单元上部两个天线位置中的一个,单击"增加天线",如图5-60所示。

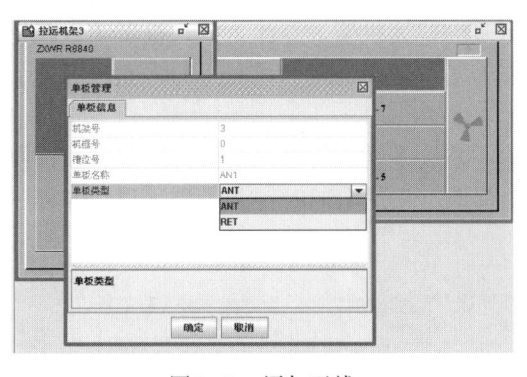

图5-60　添加天线

[单板类型]：有两种选择，ANT和RET。根据需要选择，一般选择ANT。ANT表示普通天线；RET表示机械可调天线。

其他参数由系统根据单击位置自动提取。第二个天线的创建采用同样的方法，创建成功后的界面如图5-61所示。

射频单元最后还需要添加一块单板，右击拉远机架下半部单板空白槽位，单击"增加单板"，如图5-62所示。

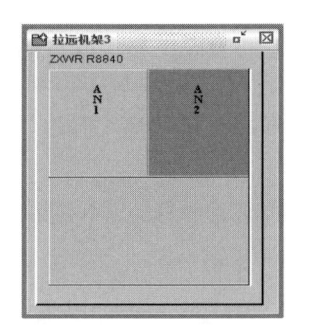

图5-61　天线创建成功

图5-62　添加RTR单板

[单板类型]：WCDMA基站在选择单板为R8840时有很多选法，在这里我们一般只选RTR格式。

其他参数由系统根据单击的位置自动提取，不能修改。单击[确定]后执行单板添加操作，成功后的界面如图5-63所示。

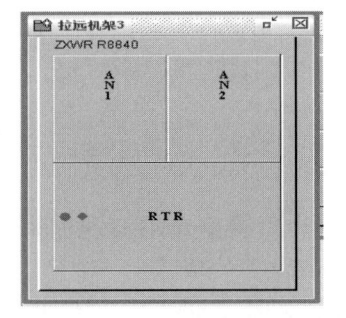

图5-63　RRU创建成功

按照现场情况配置更多的拉远机架。至此，拉远机架（也就是基站射频单元）的添加结束，后面可以配置射频单元与基带处理单元之间的物理连接关系。

（2）设置时钟参考源

在维护导航树界面内，右击［配置管理→Node B→设置时钟参考源］，在弹出［设置时钟参考源］的界面中，修改基站提取的时钟参考源，现在外场一般会使用GPS提取，如图5-64所示。

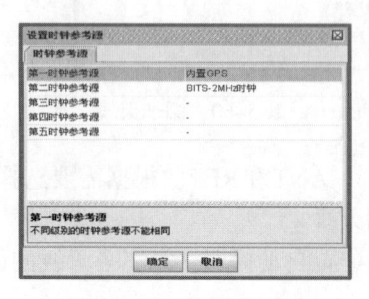

图5-64　设置时钟参考源

### 2. 地面资源配置

（1）环境监测设置

设置B8200工作环境范围。如果设备检测到工作环境温度超过设定范围会上报环境温度告警信息。

在维护导航树界面内，单击［配置管理→地面资源→环境检测］，弹出［环境检测］界面，如图5-65所示。

右击［环境检测］空白处选择［增加］弹出对话框，进行站点环境温度设置，如图5-66所示。

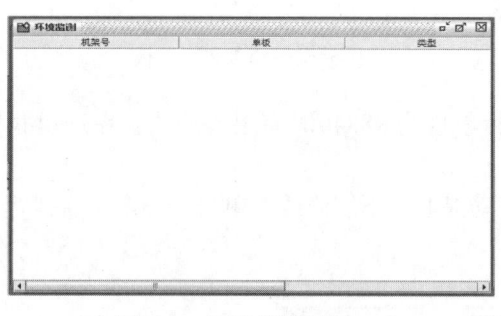

图5-65　环境监测界面

图5-66　设置环境监测管理

（2）串口设置

目前版本和网络中没有使用串口设置，在此不进行讲述。

（3）拓扑结构配置

拓扑结构配置用于确定每一个射频单元RRU通过哪一块FS板的哪一个端口连接到BBU，这通过在LMT中配置拓扑结构来完成。

单击［地面资源］中的［拓扑结构］，进入拓扑结构配置界面，如图5-67所示。

右击右侧拓扑结构界面的空白处，在弹出的快捷菜单中单击"增加"，然后根据实际的物理连接关系在弹出的界面中进行设置，如图5-68所示。

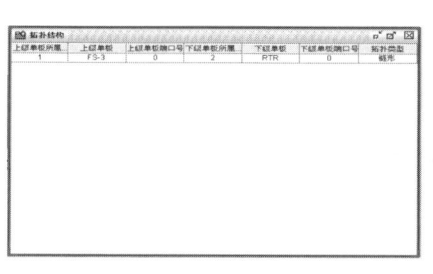

图5-67　增加拓扑结构界面

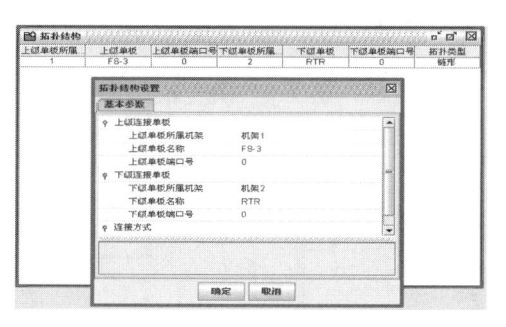

图5-68　设置拓扑结构

SDR基站的基带处理单元BBU和射频单元之间RRU的接口为CPRI接口，ZXSDR基站在CPRI接口上使用的物理媒介为单模光纤。关于上级和下级的概念：靠近基带处理单元的单板或机架为上级，远离基带处理单元的单板或机架为下级。

基带处理单元上每个FS单板提供6个用于连接RRU的光纤接口，从FS单板前面看自右到左的光口编号分别为0、1、2、3、4、5；射频处理单元通过DTR单板提供两个光纤接口，一个用于连基带处理单元，光口号为LC0；另一个用于级联下级RRU光口号为LC1。图5-68表示的是，机架1上第3槽位的FS单板的最右边一个光口（编号为0）通过光纤连接机架2上DTR单板编号为0的光纤接口。

配置拓扑结构时需要确定上下级的连接方式，有两种选择：星形和链形。星形表示RRU直接连接到BBU上，链形表示的是2~4个RRU级联后和BBU连接。FS单板的每个光口最多可以级联4个RRU。星形和链形简化图如图5-69、图5-70所示。

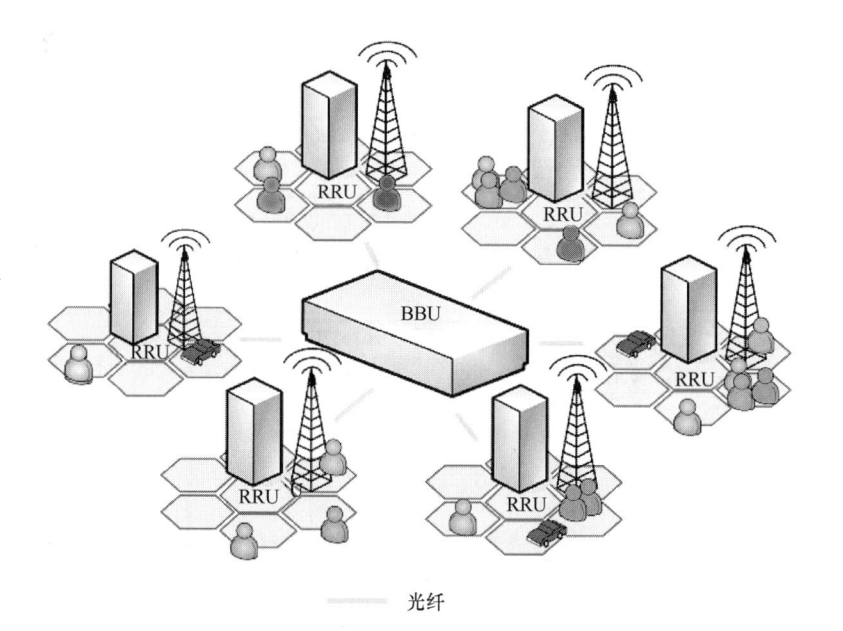

光纤

图5-69　星形组网

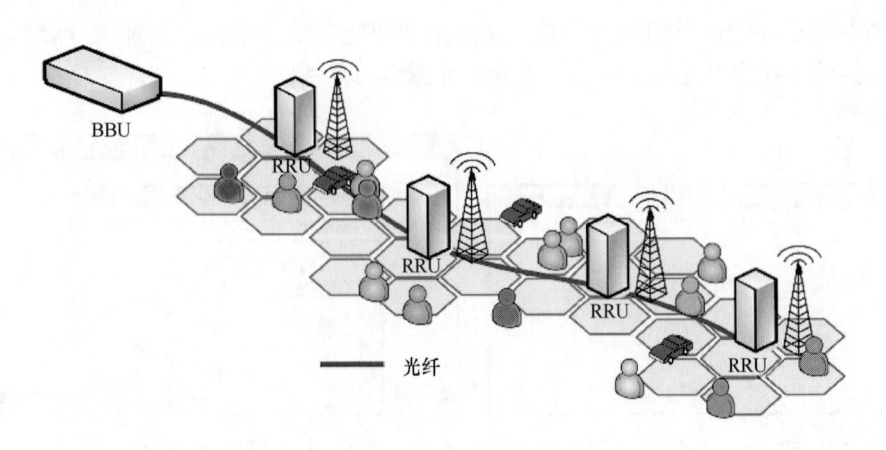

图5-70　链形组网

当连接方式为链形时，拓扑类型选择链形，上下级机架按照需要选择，如图5-71所示。

注：只有拓扑结构为链形时才能进行RRU的级联。

拓扑结构配置完成后将在界面中生成一条记录，如图5-72所示。

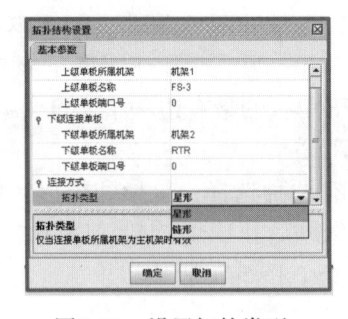

图5-71　设置拓扑类型

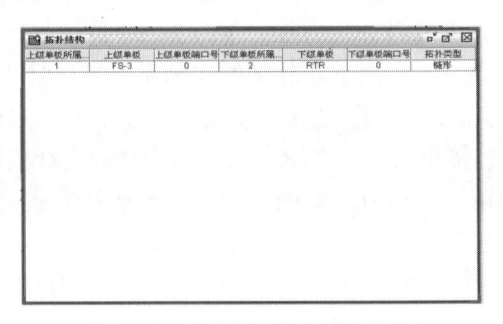

图5-72　拓扑结构配置完成界面

　　按照上面的方法，将每一对有直接连接关系的BBU和RRU或两个直接相连的RRU添加拓扑结构的配置数据即可。配置完机架和拓扑结构之后就需要开始对Iub接口的传输资源进行配置。

（4）干结点配置

　　干结点根据Node B的需要进行配置即可，如图5-73所示。

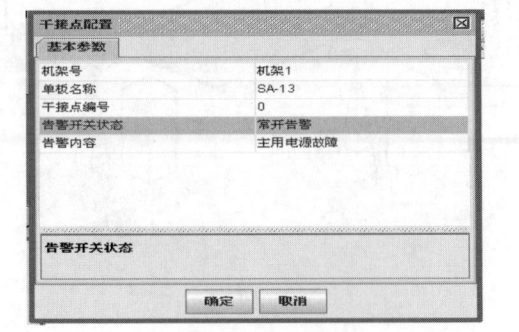

图5-73　设置干接点

注意：当Iub接口是IP传输且仍旧是选用线路时钟时，需要将第8路E1接进来用作时钟信号的提取线路。

### 3. 传输资源配置

这里配置的是Iub接口的传输资源，SDR基站的Iub接口支持下面几种传输类型：

① ATM；

② 全IP，包括：IP Over FE和IP Over E1/T1；

③ ATM+IP。

本章将分别介绍Iub接口在采用这几种方式时的传输配置方法。

### 4. ATM方式的配置

（1）配置E1连线

当传输介质为E1/T1时，一个B8200（一块SA单板）最多可配置8条E1。

单击［配置管理→传输资源→物理承载→E1/T1连线］，会在右侧弹出［E1/T1连线］界面，右击该界面的空白处，在弹出的菜单中，单击［增加］，进入［E1/T1连线管理］对话框，E1/T1连线管理界面如图5-74所示。

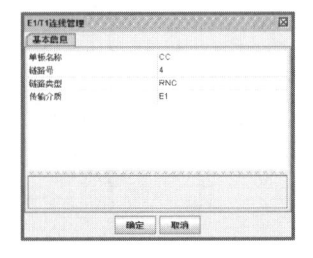

图5-74 E1/T1连线管理

---

📖 **说明**

①［链路号］：0 ～ 7，对应SA单板的8个E1/T1。

②［链路类型］：默认选择RNC。

---

（2）配置IMA参数

单击［配置管理→传输资源→ATM传输→IMA参数］，会在右侧弹出［IMA参数］界面，右击该界面的空白处，在弹出的菜单中，单击［增加］，进入［IMA参数管理］对话框，IMA参数管理界面如图5-75所示。

图5-75 IMA参数管理

［IMA组号］：0～7，从0开始依次排序，本IMA组在本Node B的IMA组集合中的序号。

［链接对象］：默认选择RNC，若去向是RNC，则取值为RNC；若去向是BSC，则取值为BSC；若去向是BSC+RNC，则取值为BSC+RNC；若去向是Node B，说明本IMA组用于向下一级Node B级联，则取值为Node B。

［是否加解扰］：使用IMA组通信的两端，必须使用相同的加解扰配置。

［时钟模式］：IMA对接时，两端的时钟模式必须配置为一主一从方式，从（线路）时钟侧在建组时建议使用ITC时钟模式。（CTC时钟模式是指组内所有链路的传输时钟都取自同一时钟源。ITC时钟模式是指组内各链路的传输时钟取自不同的时钟源。）

（3）配置AAL2链路

在维护导航树界面内，单击［配置管理→传输资源→ATM传输→AAL2链路］，弹出［AAL2链路］界面，如图5-76所示。

在图5-76所示界面中，右击界面内的空白处，单击［增加］，在弹出的界面中，增加AAL2链路，如图5-77所示。

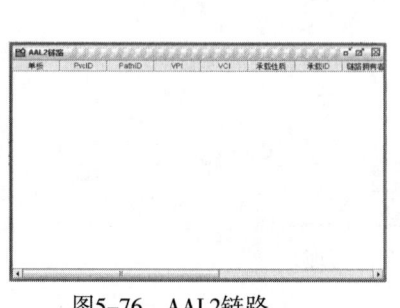

图5-76　AAL2链路

图5-77　AAL2链路管理

---

 **说明**

［PathID］［VPI］［VCI］需要与RNC侧协商一致。

［承载性质］：E1选择IMA或TC，光纤选择STM-1。

［业务类型］：与RNC侧配置一致。

带宽（根据RNC数据配置相应值）不小于RNC侧带宽即可，其余参数是默认值，无需配置。

---

（4）配置AAL5链路

AAL5链路需要配置NCP、CCP、ALCAP和OMCB的IPOA链路。

1）创建OMCB链路

在维护导航树界面内，单击［配置管理→传输资源→ATM传输→AAL5链路］，弹出［AAL5链路］界面，如图5-78所示。

在图5-78所示界面中，右击界面内的空白处，单击［增加］，在弹出的［AAL5链路管理］窗口中，增加OMCB链路，如图5-79所示。

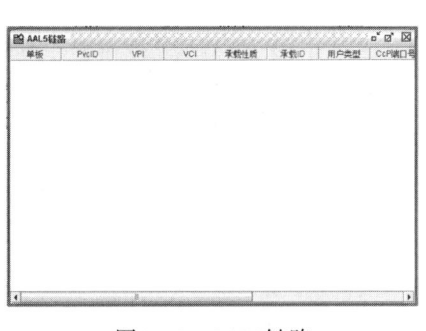

图5-78 AAL5链路

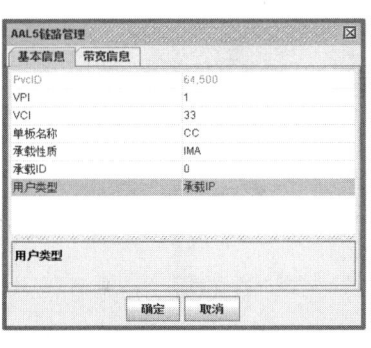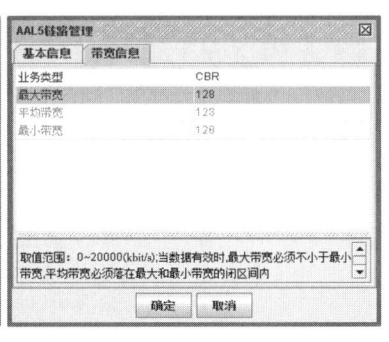

图5-79 创建OMCB链路

---

📖 **说明**

[VPI][VCI] 根据实际填写，与RNC一致。

[承载性质]：E1选择IMA，光纤选择STM-1。

[用户类型]：承载IP。

[业务类型]：选择CBR。

输入带宽根据RNC数据配置相应值，其余参数默认即可。

---

2）创建NCP链路

在图5-78所示界面中，右击界面内的空白处，单击[增加]，在弹出的[AAL5链路管理]窗口中，增加NCP链路，配置界面如图5-80所示。

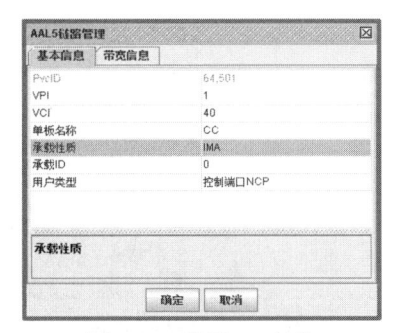

图5-80 配置NCP链路

**说明**

［用户类型］：承载控制端口NCP。

［业务类型］：选择CBR。

其余参见OMCB链路。

3）创建ALCAP链路

在图5-78所示界面中，右击界面内的空白处，单击［增加］,在弹出的［AAL5链路管理］窗口中，增加ALCAP链路，如图5-81所示。

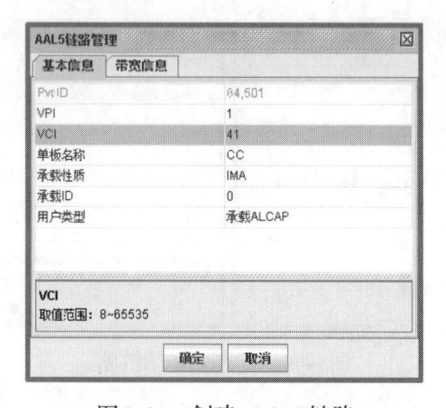

图5-81　创建ALCAP链路

**说明**

［用户类型］：承载ALCAP。

其余参见OMCB链路。

4）创建CCP链路

在图5-78所示界面中，右击界面内的空白处，单击［增加］,在弹出的［AAL5链路管理］窗口中，增加CCP链路，配置界面如图5-82所示。

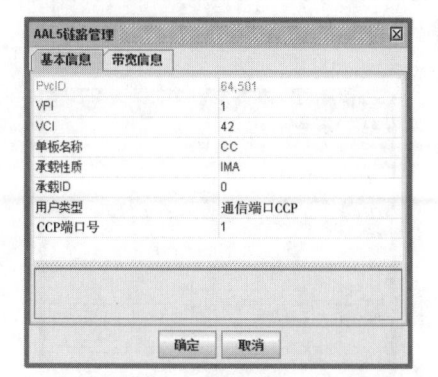

图5-82　配置CCP链路

**说明**

［用户类型］：承载通信端口CCP。

［CCP端口号］：与RNC侧保持一致，注意：一块BPC单板只能配置一条CCP链路。其余参见OMCB链路。

### 5. 无线资源配置

（1）配置射频连线

配置拉远机架的射频连线，设置射频连线界面如图5-83所示。

［射频连线］：射频连线号，从1开始，依次类推。

［收发指示］：配置发射或者接收。

［RX/TX］：选择端口。

［ANT］：单击选择天线。

说明：目前一个机架只能配置单发双收或单发单收，天线2只能作为接收，天线1可配置发射和接收，配置完成后如图5-84所示。

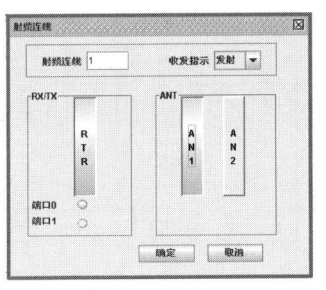

图5-83　设置射频连线

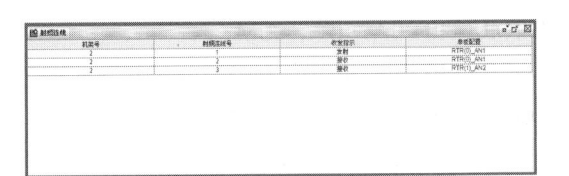

图5-84　射频连线设置完成界面

（2）配置射频单元中心频点

单击无线资源–配置射频单元中心频点，在右侧空白处右击，选择［增加］，进入射频单元中心频点的配置界面，如图5-85所示。

图5-85　设置射频单元中心频点

［单板名称］：指拉远机架上的射频单板名称，按照顺序分别配置2#DTR、3#DTR,依次配置完所有的拉远机架。

［射频工作模式］：根据基站的无线制式选择,有GSM、WCDMA和WCDMA/GSM 3种。

一般选择WCDMA。

[频段名称]：从下拉框中选择合适的频段，需要与RRU的硬件型号匹配起来。型号匹配情况如图5-86所示。

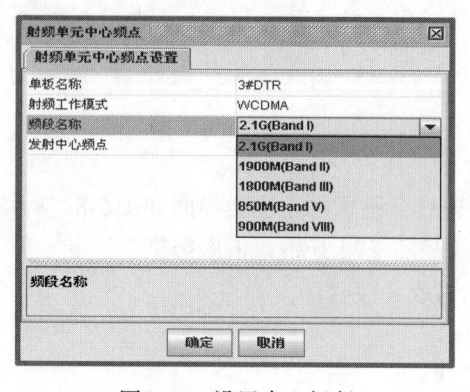

图5-86　设置中心频点

[发射中心频点]：按规划填入。

R8840各频段产品及名称(WCDMA单模)：

ZXWR R8840 21A: 40W,2100M；

ZXWR R8840 85A: 40W,850M；

ZXWR R8840 90A: 40W,900M；

ZXWR R8840 18A: 40W, 1800M；

ZXWR R8840 19A: 40W, 1900M。

R8840各频段产品及名称(WCDMA/GSM双模)：

ZXSDR R8840: 60W,900M　(DTRC)；

ZXSDR R8840: 60W, 1800M　(DTRD)。

RU02各频段产品及名称(GSM单模)：

ZXWG RU02(1800M)；

ZXWG RU02E (1800M)。

[发射中心频点]：下行中心频率，按照规划数据填入。

目前版本的RRU有15M的带宽限制，即只能接收此处设置的中心频点7.5M左右的信号，带外信号不能保证，所以在配置逻辑收发信机的频点时，要注意不能超过中心频点7.5M左右。例如，配置中心频点为945MHz，根据上述带宽限制，则支持的频率范围为937.5~952.5MHz，换算成绝对频点，对应的频点范围为12~87。在中心频点中设置的频点默认是中频的下行频点；在创建小区时引用这个频点创建小区，即图中设置中心频点为2122.4，则创建小区时默认的低频小区发射频点为2117.4。低中高频，依此类推。

（3）配置基带资源池

单击无线资源 – 基带资源池，在右侧空白处右击，选择增加，进入WCDMA基带资源池的配置界面，如图5-87所示。

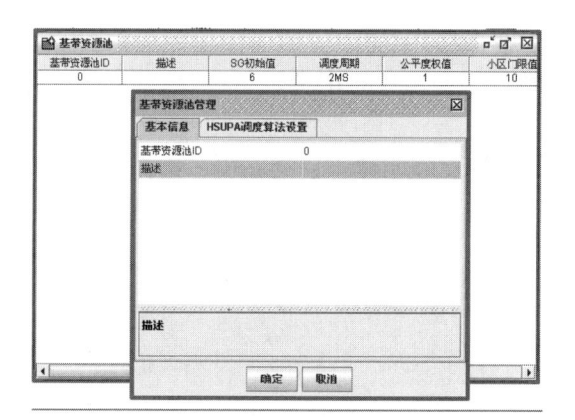

图5-87 设置基带资源池基本信息

[基带资源池ID]：从0开始，取值范围为0~35。

[HSUPA调度算法配置]：根据需要修改，一般取默认值，设置基带资源池HSUPA调度算法界面如图5-88所示。

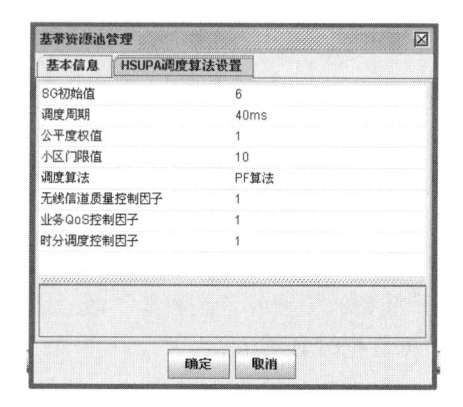

图5-88 设置基带资源池HSUPA调度算法

（4）配置基带资源

单击基带资源池–基带资源，在右侧空白处右击，选择[增加]，进入基带资源配置界面，如图5-89所示。

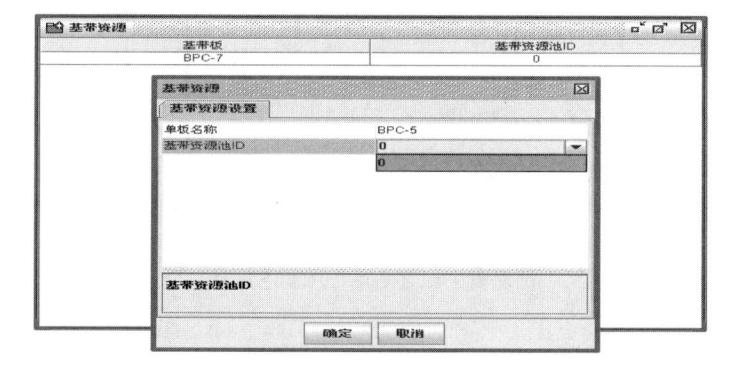

图5-89 配置基带资源

［单板名称］：根据需要选择基带板。

［基带资源池ID］：默认为资源池的ID号。

（5）配置本地小区

单击无线资源－本地小区，在右侧空白处右击，选择增加，进入本地小区配置界面，配置收发参数，如图5-90所示。

图5-90　配置本地小区收发参数

选择发射不分集、接收分集；选择对应的发射和接收射频连线。

填写基本信息。

［本地小区ID］：小区号，根据规划填入；

［基带资源池ID］：选择配置的基带资源池ID；

［信道带宽］：5.0M，默认；

［载频指示］：按需要选择低频、中频或者高频（一般三者之间相差5M）；

［接收频率（上行）］：根据数据规划填入；

［发送频率（下行）］：根据数据规划填入。

配置本地小区基本信息如图5-91所示。

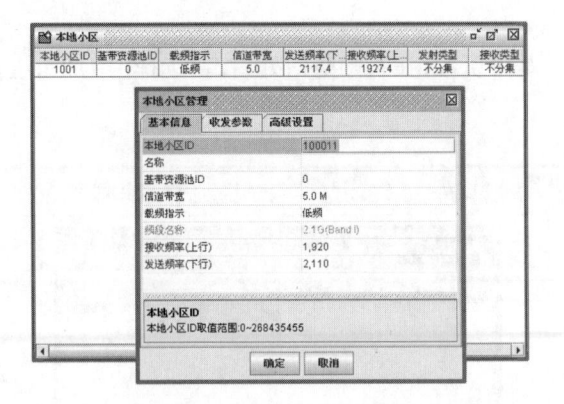

图5-91　配置本地小区基本信息

高级设置信息。

根据规划填入，一般选择默认值，HSDPA和HSUPA参数默认，配置界面如图5-92所示。

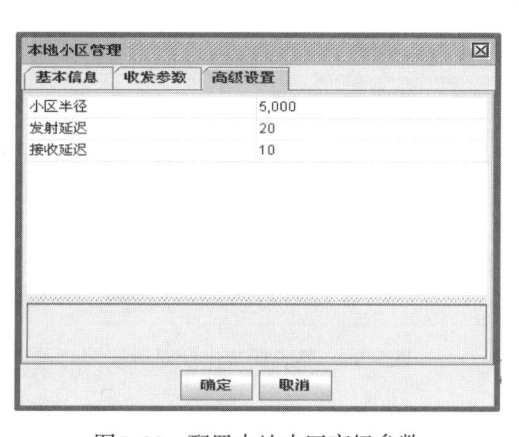

图5-92 配置本地小区高级参数

## 5.2.4 任务四：数据管理

### 5.2.4.1 任务描述

本章主要完成数据配置完成后的数据管理，包括数据同步、数据备份与恢复。其中，数据同步分为整表同步和增量同步。

### 5.2.4.2 任务分析

数据管理在现网中是非常重要的，也是日常维护中最频繁的操作。

### 5.2.4.3 任务实施

**1. 数据同步**

数据同步有两种选择：整表同步和增量同步。

（1）整表同步

①打开［子网→RNC管理网元→整表同步］，即可执行整表同步，如图5-93所示。

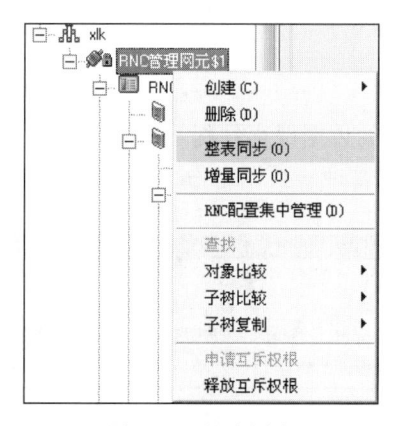

图5-93 整表同步

②确认执行整表同步操作后，系统弹出如图5-94所示的提示对话框。

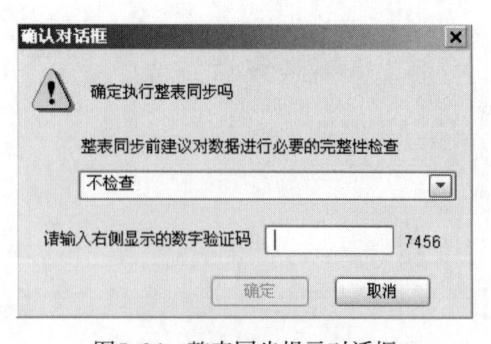

图5-94　整表同步提示对话框

③ 单击［确定］按钮，系统将网管服务器上与该网元相关的所有配置数据都同步到前台网元上去。执行同步操作后，前台网元的数据就完全与后台相同。

（2）增量同步

① 打开［子网→RNC管理网元→增量同步］，即可执行增量同步，如图5-95所示。

图5-95　增量同步

② 确认执行增量同步操作后，系统将网管服务器上与该网元相关的新增配置数据同步到前台网元上。

**2. 数据的备份**

将当前配置资源树中选中的数据保存到网管服务器，以作备份。

① 在主菜单中选择［数据管理→数据备份］，如图5-96所示。

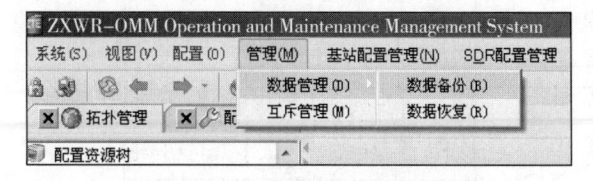

图5-96　选择［数据备份］

② 单击［数据备份］，弹出对话框，如图5-97所示。

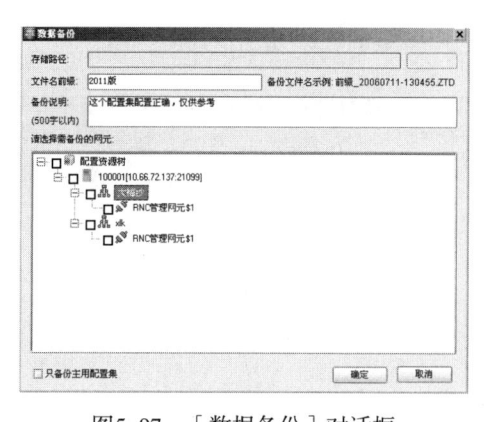

图5-97 ［数据备份］对话框

- 在［请选择需备份的网元］框中，选择需要备份的目标网元，以打上勾表示选中。
- 选择性填写"备份数据名前缀"和"备份说明"空白栏。

③ 单击［确定］按钮，执行数据备份，另存为一个ZTD文件，备份成功后弹出对话框，如图5-98所示。

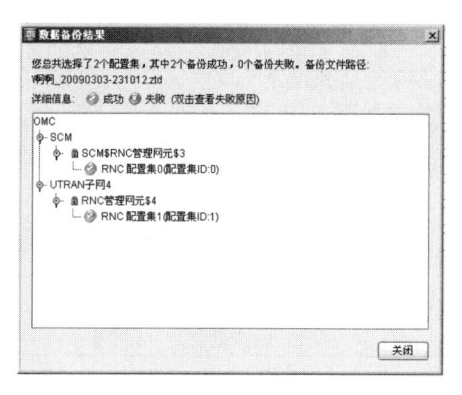

图5-98 ［数据备份结果］对话框

### 3. 数据的恢复

从网管服务器中将数据导入当前的配置资源树，如果导入的数据与当前数据重复，则不覆盖当前数据，而另外生成一个备用数据套。

网管系统运行正常，前后台正常连接并工作。

① 在主菜单中选择［数据管理→数据恢复］，如图5-99所示。

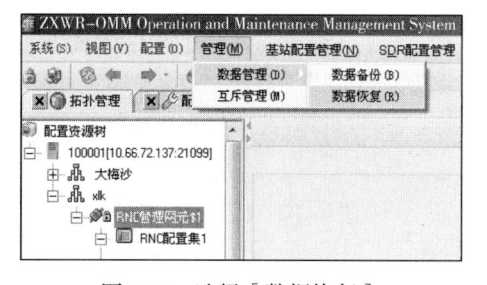

图5-99 选择［数据恢复］

② 单击［数据恢复］，弹出对话框，如图5-100所示。

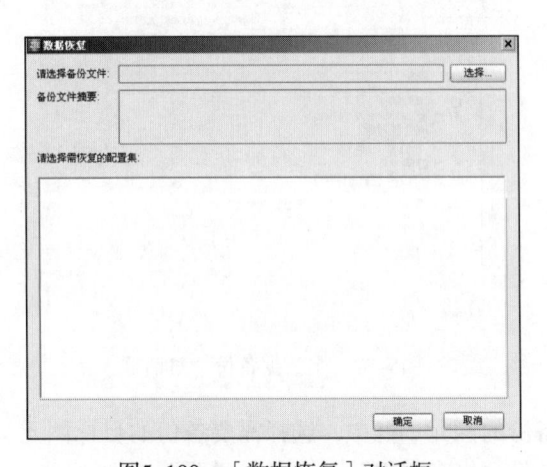

图5-100 ［数据恢复］对话框

- 单击［选择］按钮，弹出对话框，如图5-101所示。

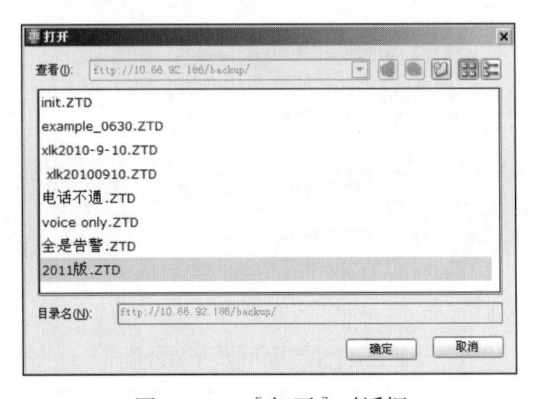

图5-101 ［打开］对话框

- 选择目标ZTD文件，单击［确定］按钮，弹出对话框，如图5-102所示。

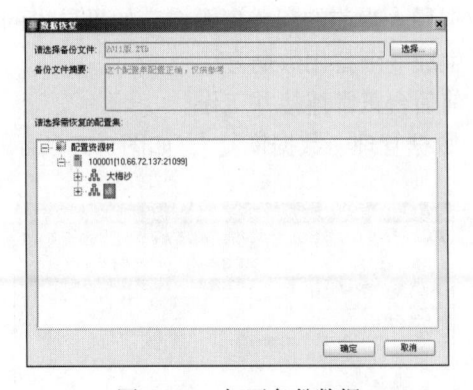

图5-102 打开备份数据

③ 单击［确定］按钮，执行数据恢复。

### 5.2.5　任务五：手机拨打测试

#### 5.2.5.1　任务描述

在RNC和Node B的数据配置完毕、进行整表同步后，测试网络是否正常。

#### 5.2.5.2　任务分析

如果可以正常进行语音、数据业务，且无重要告警，表明各项数据配置正确。

#### 5.2.5.3　任务实施

通过虚拟手机来判断之前配置的数据是否正确。

**1. 语音业务测试**

（1）第一步：打开虚拟手机

虚拟手机打开方式有以下两种：

① 在虚拟后台单击■进行打开，界面会跳到虚拟机房；

② 在虚拟机房直接单击■图标进行打开。

打开虚拟手机后，会出现如图5-103所示界面。

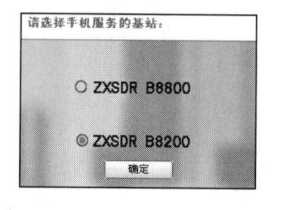

图5-103　选择手机服务基站

（2）第二步：选择基站

基站的选择要与之前我们配置的数据相对应。单击［确定］完成选择，进入手机界面，如图5-104所示。

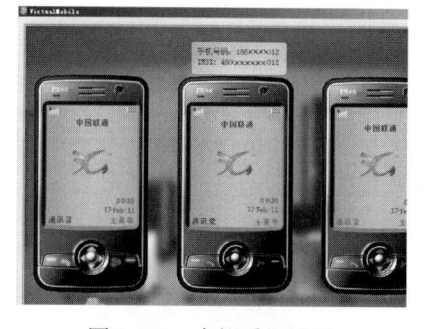

图5-104　虚拟手机界面

（3）第三步：呼叫

我们选择一个手机，开始呼叫另外一个手机，操作方式：单击［通讯录→姓名→呼叫］，出现如图5-105所示界面。

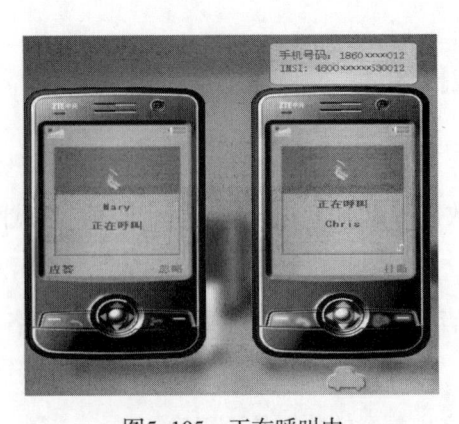

图5-105　正在呼叫中

（4）第四步：应答

单击图5-105中［应答］按钮，接通电话，显示如图5-106所示界面。

图5-106　通话中

（5）第五步：挂断

完成通话。

2．短消息业务测试

（1）第一步：创建短信

单击［主菜单→信息功能→创建新信息］，弹出如图5-107所示界面。

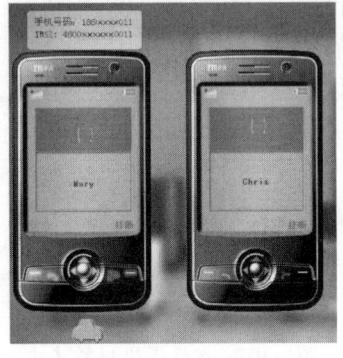

图5-107　创建信息

（2）第二步：发送短信

写入信息内容。单击［完成］，选择发送对象，单击［发送］，显示如图5-108所示界面。

图5-108　发送信息

（3）第三步：接收短信

对方手机显示接收到短信息，如图5-109所示。

图5-109　接收短信息

（4）第四步：读短信

单击［阅读］，显示短信内容，如图5-110所示。

图5-110　显示短信内容

### 3. 数据业务测试

单击［主菜单→互联网］，显示如图5-111所示界面。

图5-111　网上冲浪

## 知识总结

通过本章的学习，大家应该掌握WCDMA基站硬件配置、数据配置以及业务验证的流程；尤其是不同部分数据配置出现错误、偏差时所带来的后果，以及如何通过故障展现形式推断数据配置错误节点并进行修改。掌握这些内容，就可以成为一名合格的基站工程师。

## 思考与练习

1. 简述传统基站与拉远基站的对比。
2. 拉远基站主要由哪几部分组成？各部分的功能作用是什么？
3. 在离线数据配置后，要进行哪些操作完成数据的上传？

## 实践活动

### RNC数据配置

1. 配置一个三扇区的8200基站，并验证业务。
2. 配置一个三扇区的8800基站，并验证业务。
3. 检查核对三扇区基站与单扇区基站参数的异同之处。

# 案 例 篇

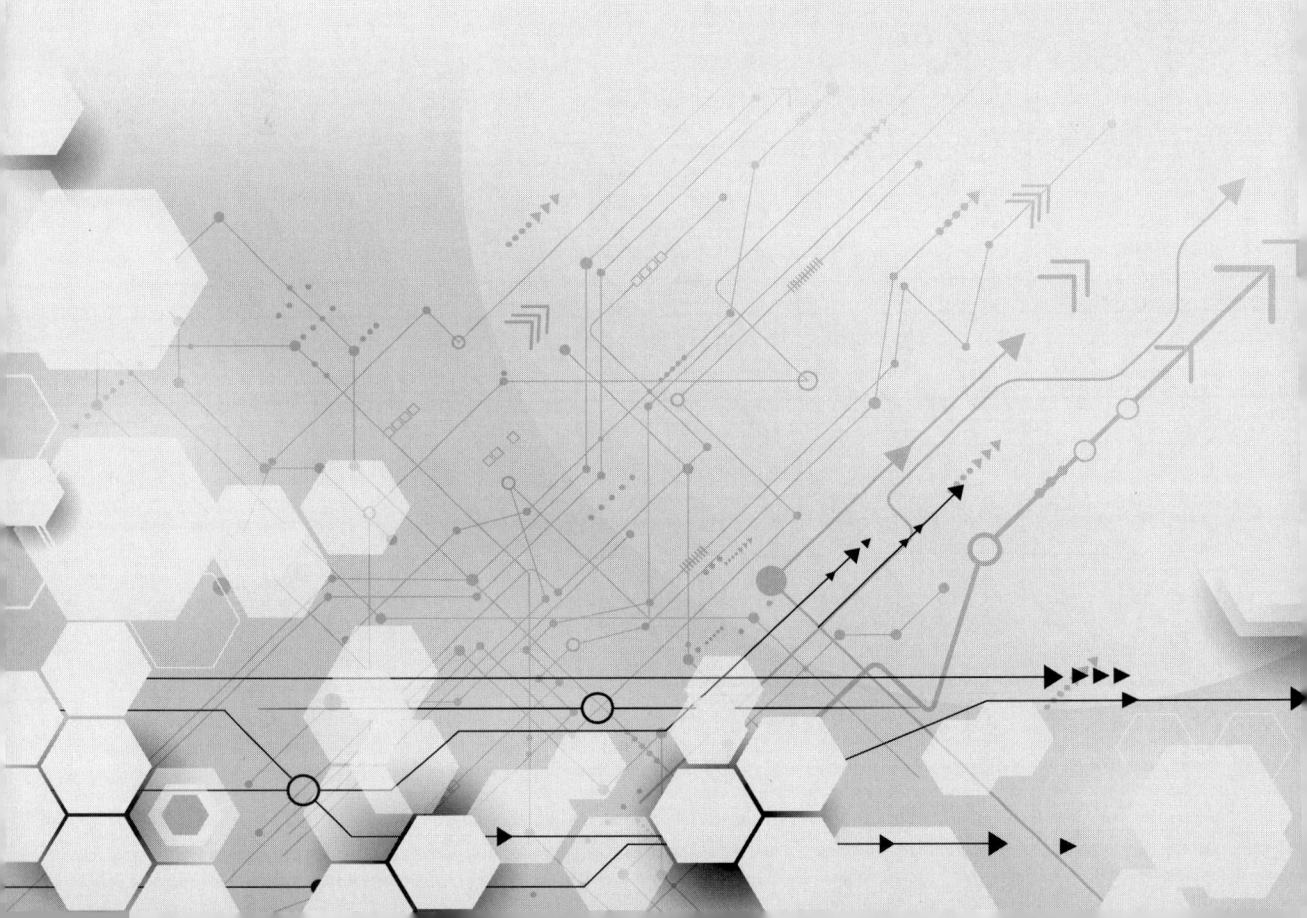

 # 项目 6　基站故障处理

**项目引入**

小孙满怀激情地学习完了 Node B 配置，看着做通的业务，一时踌躇满志。

张工："我还是教你一些故障排查的方法吧。"

**学习目标**

1. 熟悉：常见主设备故障。
2. 掌握：处理常见故障的能力。

## ▶▶6.1　日常性能维护

基站主设备处理，可以采取如下手段：

① 在运营商允许的时段内进行软/硬重启；

② 倒换单板观察故障部位的运行情况；

③ 更换全新单板观察故障是否解决。

这是定位故障、解决基站问题的常用手段，但是在工作过程中，通信工程师应具备更加专业的故障识别及处理问题的能力。

## ▶▶6.2　典型故障实例

本节将通过一些案例来讲解故障处理的思路及方法。

### 6.2.1　WCDMA基站RRU侧的驻波比告警

#### 1. 内容描述

本节以"深圳市某基站RRU"故障案例为主线，在案例分析环节将故障定位在智能天

线与RRU连接馈线部分。结合之前学到的RRU、智能天线相关知识以及馈线、跳线、驻波比测试仪等工程技术知识，将理论运用于实践，在实际工作岗位中学习解决相应问题的思路和方法。

**2. 学习要求**

① 识记：馈线和跳线的区别和型号。

② 领会：驻波比和回波损耗的区别。

③ 应用：驻波比测试仪的使用，馈头防水制作。

**3. 系统概述**

深圳市在部署WCDMA基站网络时，从远程机房网管OMC-B侧查看某一基站，发现RRU经常出现驻波比告警，严重影响整个区域工程开通和业务测试的进度，需要进行及时处理。

**4. 故障现象**

该基站覆盖范围明显缩小，下挂业务异常，各项指标下降严重，用户投诉较多。

**5. 故障分析**

从前面OMC软件的学习中了解到，基站RRU侧出现驻波比告警从经验可以判断为基站馈线接头有故障，问题点可能出现在室外馈头。一般基站工程建设中容易出现类似问题的地方有：天馈线接头制作工艺差、天馈线接头严重变形、跳线或馈线接头虚接、天馈线接头防水没有做好，导致进水、跳线，或天线安装时受损、跳线，或天线驻波比过大等。

**6. 故障处理**

当确定驻波比告警故障后，来到站点现场，利用驻波比测试仪（Site Master）做如下测试。

① 使用Site Master表测试故障Path，分段测试定位故障。

② 检查故障发生处的接头，确定连接牢靠；但是发现接头制作不符合规范。即连接处虽然有防水制作，但是质量很差，不符合相关制作规范，怀疑接头处可能进水，导致天馈线驻波比过高。

③ 拆掉驻波比过高的小区馈线原防水，重新更换新馈线，并按照通信工程室外防水制作规范标准实施防水制作。

④ 重新测量驻波比值，若为1.2，符合规范；原驻波比告警消失。

> **注意**
>
> 解决天馈线问题应确保工程建设质量，做好室外馈线头防水工作；同时从设备的日常维护入手，定期对天馈线进行检查、测试，发现问题并及时处理。

**7. 总结**

驻波比告警带来的问题极其严重，基本会全方位影响基站的性能。在南方潮湿多雨时节，一些基站经常会出现驻波比告警，新基站会出现，在稍微老旧的基站中更是常见。平时多关注基站告警，一旦出现类似的告警，即刻上基站测量驻波比，尽早让基站恢复正常工作。

**8. 知识补充**

基站工程建设一般分为室内建设部分和室外建设部分。室内部分建设主要包含：主设备（基站BBU单元）、走线架、电源柜、电池组、传输接入设备、环境监控单元、防雷设施等。室外部分建设主要包含：室外RRU、智能天线、室外供电防雷箱等。

（1）馈线和跳线

馈线和跳线的作用都是连接和输送信号，都是作为连接器件或者设备的介质。

馈线：在移动通信中用作传输射频信号的射频电缆。馈线用于连接基站设备和天馈系统，实现信号有效传输的功能。在工程建设当中，一般使用的馈线为同轴电缆。

馈线需要将信号功率以最小的损耗在收、发射机之间进行传送，同时它本身不产生杂散干扰信号，所以传输线必须具有屏蔽功能。因此，馈线由橡塑外皮、屏蔽铜皮、绝缘填充层、镀铜铝心组成。主流馈线外形如图6-1所示。

图6-1　主流馈线图

我们常用的馈线一般分为：8D，1/2普馈，1/2超柔，7/8主馈和泄漏电缆（5/4）等型号。

### 📖 学习小贴士

几/几是馈线的外金属屏蔽的直径，单位为英寸，和内芯的同轴无关。例如，1/2就是指馈线的外金属屏蔽的直径是1.27厘米，7/8就是指馈线的外金属屏蔽的直径是2.22厘米，外绝缘皮是不算在内的。7D、8D也是外金属屏蔽的直径，单位为毫米。

其中，8D和1/2超柔主要用作跳线；室内分布中一般使用1/2普馈和7/8馈线，基站上主要用7/8馈线；泄漏电缆5/4馈线一般在隧道中用的多。

跳线：连接设备、器件的短电缆（或光纤）。其中有一种与馈线区别不大，只是由于弯曲半径小、柔软，所以用来连接馈线与天线，馈线与BTS设备，长度较短。另一种是光纤跳线，短距离连接光传输设备。光纤跳线因为通过光电转换，光在传输中几乎零损耗，所以将损耗降到最低。

跳线还可以分为室内跳线和室外跳线。从避雷器到合路器的连接线，称为室内跳线，一般长度为3米，常用的接头有7/16DIN型、有N型，有直头和弯头。室外跳线又称为天线小天线，是连接7/8主馈线与天线下接口的连接线。室内跳线一般是软跳线，不适合在室外使用，所以在资源充足的情况下，不要用室内跳线换室外跳线。另外，室内、室外跳线接头有机压头和手工头两种。

（2）驻波比和回波损耗

驻波比（VSWR）：微波传输过程中，最大电压与最小电压的比值称为驻波比。它也是行波系数的倒数，其数值在1到无穷大之间。驻波比为1，表示完全匹配，是连接的理想状态；驻波比为无穷大表示全反射，完全失配。在移动通信系统中，特别是TD-SCDMA网络中，中国移动一般要求工程施工VSWR小于1.5，但实际应用中，VSWR

应小于1.2。过大的驻波比会减小基站的覆盖并造成系统内干扰加大，影响基站的服务性能。

在实际基站建设过程中，经常需要用驻波比测试仪来测试驻波比。驻波比是反映系统或单个部件的反射系数，用以考量系统的反射功率情况。过多的反射功率会降低系统效率，增加设备负荷。被反射的能量越多，发射出去的能量就越少，但小量的反射是可以接受的。

回波损耗（Return Loss）：又称之为反射功率，简称RL，它是反射系数绝对值的倒数，以分贝值表示，单位是dB。RL和驻波比可以换算，RL= −20 lg [( VSWR-1 ) / ( VSWR + 1 )]。回波损耗的值在0dB到无穷大之间，回波损耗越小表示匹配越差，回波损耗越大表示匹配越好。0表示全反射，无穷大表示完全匹配。在移动通信系统中，中国移动一般要求回波损耗大于14dB。

（3）Site Master操作简介

Site Master（驻波比测试仪），能够测量回波损耗或驻波比，电缆损耗和长距离故障定位，用于检出和定位电缆及天线系统的故障，极大地加强了基站系统维护手段，加快新基站所需要的安装调试时间，大大提高了系统的使用性，使用户满意，为运营商创收。常见驻波比测试仪如图6-2所示。

图6-2  S331/2B外观图

Site Master S331（单端口）简易菜单操作步骤（以GSM设备测试为例）：

步骤1：开机按提示操作；

步骤2：设频段范围；

步骤3：校正；

步骤4：设置馈线特性；

步骤5：保存数据。

### 📖 学习小贴士

目前光纤拉远基站已基本普及，室外天馈部分用到馈线的地方只有两个：一个是RRU和天线之间，也就是俗称的上跳线；另一个是GSP馈线，从室外GPS接收器到室内BBU设备之间的馈线。

### 9. 拓展训练

在移动通信网络工程建设中，拉远基站的应用越来越多，馈线的使用越来越少，如何制作馈头？室外馈头防水制作有哪些规范和要求？

## 6.2.2　荷山中学CDMA2000基站驻波比告警案例

### 1. 学习要求

① 通过驻波比告警案例描述中的故障现象对该案例有初步的了解；

② 通过知识准备对案例相关基础知识进行学习；

③ 通过了解网络工程师实地故障处理的过程，逐渐掌握处理相关故障案例的思路与方法。

### 2. 系统概述

连江荷山中学基站第2小区出现驻波比告警，派维护人员去处理，到现场测得驻波比值为1.8，已超过门限值，所以网管收到射频驻波警告处理后，测得驻波比最大值为1.2，告警消失。但几个小时后，该小区射频驻波告警再次出现，用DSP VSWR测试仪查得其驻波值为10。再回到现场检查，天线系统完好，用SiteMaster测得驻波值为1.2，告警信息与实际测量值不相符。

### 3. 故障分析

基站天馈系统的主要功能是作为射频信号发射和接收的通道，将基站调制好的信号有效地发射出去，并接受MS发射的信号。天馈子系统主要包括天线、馈线、跳线和塔放等，天线的类型、增益、覆盖方向，前后比都会影响系统性能。馈线、跳线与天线间的传输损耗也都影响信号的发射和接收，所以天馈系统性能的好坏直接影响了网络性能和故障。

当基站产生射频驻波告警时，表示射频模块收到的反向信号能量比较大，导致驻波异常，驻波比较大的时候可能会引起小区覆盖萎缩，通话质量变差，甚至导致掉话或者无法通话。

告警原因可能如下。

① 因下雨导致天线内部进水，引起天线的驻波值异常高。

② 天线老化，天线性能不达标。

③ 因接头处防水处理不当导致下雨时连续进水，所以连接处的驻波值异常高。

④ 跳线连接RFE的接头松动，导致连接处的驻波值异常高；因材料质量原因或安装时弯曲半径太小，超过要求而引起的跳线内外导体断裂，导致连接处的驻波值异常高（新建站常出现的安装问题），在天线、跳线、馈线等固定不是很牢固的情况下，因台风等原因引起连接松动，导致连接处的驻波值异常高；天馈系统中连接的其他设备（合路器、功分器、塔放、避雷器等），这些设备的接口松动导致驻波告警，或者接口进水导致驻波告警，设备故障导致驻波告警。

⑤ 射频单板及双工器之间的射频连接线及端口是否正常，射频单板和双工单板是否正常工作（包括其他单板故障后对射频板的影响）。

⑥ 告警门限设置不合理，导致误告警。

故障处理思路如下。

① 查询告警发生的时间，查询该时间内的操作日志，看是否有人进行操作。

② Site Master测试RFE接口处向天馈系统进行测试，看驻波比是否正常，不正常进行步骤③；如果正常就要查询射频单元和双工单元之间的射频连线和单板。

③ 用Site Master进行故障定位，根据确定后的位置进行处理。

④ 室内跳线问题可以通过接头重做，更换室内跳线等方式来处理。

⑤ 馈线故障问题：考虑接头防水处理，馈线接头处理。

⑥ 室外跳线问题：考虑接头防水处理，更换室外跳线。

⑦ 天线问题：考虑天线接头和防水处理，若天线老化，更换天线。

### 4. 故障处理

① 检测天馈系统，发现室内外馈线都完好，没有被破坏的现象。关闭功放，用Site Master的频域测得该小区的最大驻波值为1.2，小于门限值1.5。

② 然后检查周围有无干扰源，但没有发现有任何其他有源器件。接着查看天馈有无经过合路器，发现该站原来是电信和联通共天线的站点，于是猜测可能是有人动过该小区的天馈。最后查看机房进出记录，发现果然有G网维护人员进出过的记录，查其原因，原来也是来处理第一小区的驻波告警。查到原因后，复位有驻波告警的射频模块，告警消除。

③ G网维护人员在处理故障时，曾拧开合路器的接头A检测，如图6-3所示，此时因C网基站该小区功放没有关闭，C网基站产生驻波比告警。G网维护人员处理好后，把A接回，把G网BTS的功放打开后，告警消失，但C网基站告警仍没有消除，所以C网网管监控到驻波告警后，派维护人员上基站去处理。同样，维护人员在处理时，只是把C网基站的功放关闭，同时把A断开，G网的BTS产生驻波告警，C网维护人员处理完后，接回A，打开C网基站功放，C网基站告警消除，但G网BTS的驻波告警没有消除。

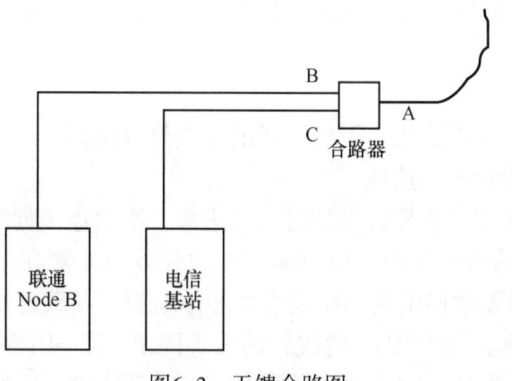

图6-3 天馈合路图

④ G网维护人员在第一次处理驻波告警时，此故障确实存在，是合路器接头松动所致。拧紧合路器后，告警恢复，但此时C网基站在该小区的功放因没有关闭，检测到的驻波值远远超过门限时，射频启动故障保护机制，功放被自动关闭，此时功放射频驻波检测进程挂死。当把天馈接回合路器后，该射频的驻波检测进程仍是挂死状态，所以网管上看到的是小区退服告警，驻波告警等仍然没有消除。

⑤ 最后手动复位射频后，功放打开，告警检测程序重新启动，检测到的驻波值小于门限值，告警消除。

### 5. 经验总结

在处理驻波告警时遇到多种设备的天馈合路的情况时，我们在测试驻波时，一定要先关闭该合路器下所有的载波，一来可以防止驻波测试仪烧坏，二来可以提高测试值的准确度。

（1）有塔放时的初步判断

有塔放时的初步判断见表6-1。

表6-1　有塔放时的初步判断

| 告警项 | 故障点的初步判断 | 备注 |
|---|---|---|
| 1 | 天线，各跳线的连接处 | |
| 1+2 | RFE到塔放之间的各个连接处 | |
| 1+3+RSSI低于-109dBm | RFE到塔放之间的各个连接处 | |
| 1+3+RSSI高于-108dBm | 天线 | 同时外面有干扰或系统负载过高 |
| ①驻波告警；②电流异常告警；③接收通道异常告警 | | |

（2）无塔放时的初步判断

① 首先确认告警发生时BTS处于发射状态，且机顶口功率水平大于29dBm；查看告警消息参数，确定告警VSWR的具体测试值和告警门限值；确认告警门限是否合理，一般正常连接VSWR的值为1.1~1.5，理论最佳匹配值为1.0。

② 若不是1.5，则重新确认VSWR告警是否仍旧存在；若门限合理，告警符合告警产生条件，则继续到现场定位。

③ 打开RFE功放开关，等待小区建立正常，观察是否还有VSWR告警。

④ 通过SiteMaster的时域功能，找出驻波异常的大致位置，根据测试定位故障点位置，进行检查处理，一般是天馈连接器接头松动、进水，电缆受挤压变形，电缆连接等位置容易出现问题。

⑤ 通过更换跳线，重新制作接头排除故障后，再使用Site Master测量RFE机顶端口向天馈端驻波值，直到驻波值正常。

处理天馈系统故障主要围绕着线、头、硬件、工艺质量、干扰等问题一一排查，天馈系统有关告警有十几种，只要遵循基本的分析方法和处理步骤，任何天馈系统有关的故障处理将不再是难题。

## 6.2.3　RSSI异常处理

### 1. 系统概述

对永城防疫站进行日常告警数据统计时发现，第一扇区主分集RSSI明显不平衡，其中主集为-87dBm左右，分集为-115～-116dBm，而第二、三扇区均在-115～-116dBm波动，后台未显示告警。

### 2. 故障分析

RSSI的测量是在BTS的TRX单板内测试得到的，从天线口到RSSI检测点，外界信号在整条传输链路中需要经过5个接头、RFE板和TRX板。如果出现RSSI异常，要么内部通路异常，要么外界信号干扰。如果是内部通路异常，我们一般可借助于驻波比测试仪，来定位问题是否出在天馈系统上，接着在通过调换单板来定位问题是否出在单板上。如果是外部信号干扰，我们可以通过扫频仪基站周围无线电波环境，为了取得比较准确的结果，通常是在基站天线前方附近或者基站机架的 Rx 口进行测试。

出现 RSSI 异常，主要有以下四大原因。

（1）工程质量不好，导致 RSSI 异常

① 接头制作不规范，接头内部不清洁

跳线接头制作不好，会导致主集或者分集 RSSI 全天都高。当外部有低信号输入时，出现内互调，而导致 RSSI 异常偏高，这种情况在主集上表现尤为明显。

② 接头过松，导致 RSSI 过低

如果单集没有连接或者接头过松或太紧，则该扇区载频的主集或分集 RSSI 可能长时间低于 -110dBm；如果主分集平均 RSSI 差异较大，一般是低的一个集没有连接好，主分集差异一般不要超过 6dBm。

③ 连线错误

连线错误在现场主要是分集连接出错，即扇区间分集交错连接，这类错误通过路测无法发现问题，可通过后台 RSSI 跟踪，利用同一扇区主、分集信号的强相关性，即主集 RSSI 和分集 RSSI 走势相同进行判断。

（2）外部干扰导致 RSSI 异常

该原因引起的 RSSI 异常表现为主、分集 RSSI 同时偏高或单集升高（大于 -93dBm）。因干扰源的强弱、与基站的距离、方向等不同，表现在 RSSI 上有很大差异，有时候可高达 -20dBm。

外界干扰可降低基站灵敏度和系统容量，这是导致 RSSI 偏高的主要原因，对网络质量影响也最大，因而在定位为外界干扰后，最终的解决方案就是清除干扰源。常见的外界干扰有以下几种。

① 对讲机干扰。

② 直放站干扰。

• 反向增益过大导致 RSSI 升高。

• 直放站本身器件失效。

• 反向半径设置过大，用户无法进行正常登记，导致 RSSI 异常。

• 由于直放站本身安装不规范，使主天线和用户天线没有足够的隔离度，形成自激，从而影响了该直放站所依附基站的正常工作。

③ 使用的频率与 800M 的 CDMA 系统相近的设备等。

通信设备种类繁多，有些单位采用了不符合现行通信标准的频段，占用了正在建设的 CDMA 1x 网络频段（雷达站、电视台干扰，军方没有退频 AMPS 系统，微波传输干扰）；或者很多专用通信设备由于安置、隔离度不合理，造成对于 CDMA 网络覆盖区域受到干扰。另外，还有电厂、电站等的电弧、火花等产生的宽带噪声，其他类型干扰源如会议干扰系统、电脑屏幕干扰器、霓虹灯打火、电视有源接收器、高压变压器等。

（3）设备工作异常导致 RSSI 异常

主要指设备本身故障或设备工作异常引起的 RSSI 异常。

由于设备硬件故障，如天馈、TRX、RFE、DPA故障等，可能导致反向通道断开或设备产生自激，使RSSI异常。此外，由于设备工作存在异常，如传输闪断、BTS硬件资源不足、BSC资源分配模块工作异常等，导致大量呼叫失败或被系统拒绝，呼叫失败用户反复发起接入而导致RSSI异常。设备工作异常一般导致主分集RSSI同时偏高，设备故障可能导致RSSI升高或偏低。

（4）终端工作异常导致RSSI异常

一些不符合CDMA行业标准工艺的移动台、固定台（FWT），在接入网络的时候，终端会忽略网络下发的功率控制信息，或者系统所下发的功率控制命令对该部分终端无效、执行效果较差。现实网络中，通常会碰到这些非法的手机，或者不符合工艺规范的固定台，提升了网络的底噪。

3. 故障处理

① 检查天馈系统故障问题：调换第一、二扇区的主分集机顶跳线，第一扇区RSSI主集依然异常，第二扇区RSSI主集正常，排除天馈系统故障问题。

### 📖 博士课堂

当有驻波比测试仪时，可以直接测试判断第一扇区主集天馈系统是否有故障。

② 检查TRX板是否有问题：交换第一扇区和第二扇区TRX，第一扇区主集-87dBm、分集-115dBm。而第二扇区主集-115dBm、分集-116dBm；第二扇区波动，表明TRX板没有故障，表明问题不在TRX板。

③ 检查RFE板是否有问题：交换第一、二扇区RFE板，后台统计发现第一扇区RSSI正常，但第二扇区主集RSSI为-88dBm、分集-115dBm。从而确定问题出在RFE板上。

④ 更换RFE板后，问题解决。

## 6.2.4　TD-SCDMA基站GPS规划不合理

### 1. 内容描述

本节以"深圳市华强北附近GPS"故障案例为主线，通过案例分析发现问题出在GPS。认识TD-SCDMA与GPS的重要关系，结合GPS常见故障的分析、GPS工程规范技术知识，将理论运用于实践，学习到在实际工作岗位中解决相应问题的思路和方法。

### 2. 学习要求

① 识记GPS与TD-SCDMA的关系。
② 领会常见GPS故障点。
③ 应用GPS安装、规范。

### 3. 系统概述

深圳市华强北附近有一新建TD-SCDMA站点，站型为S9/9/9。在割接入网后发现始终存在GPS状态和时钟源不可用的告警，影响小区业务的正常运行。需要消除告警，恢复小区业务的正常运行。

**4. 故障分析**

TD-SCDMA网络中，基站GPS同步失效的几种故障原因如下。

（1）GPS信号受到外界干扰

由于GPS信号从卫星发射到地面之后，已经非常微弱，所以很容易受到外界干扰，很多因素都会对GPS信号造成干扰，比如外太空太阳耀斑的干扰、电离层和大气环境的干扰、雷电等异常天气的影响等。在存在干扰的情况下，接收机接收卫星的信号质量会变差，信噪比降低，误码率上升，某些时候就会导致接受不到卫星信号。

（2）工程施工原因

在现实大规模建站时，如果GPS天线安装存在遮挡，GPS天线未满足净空120°要求，或者施工工艺问题造成馈线阻抗过大、馈线头工艺问题、馈线进水等因素，使得基站侧接收到的GPS信号较弱，影响基站正常工作。

（3）GPS子卡故障

GPS子卡故障，导致卫星接收故障、卫星接收状态异常、空口时钟1pss信号丢失，空口时钟源不可用，可以通过更换GPS子卡解决。美国GPS升级之后，个别GPS子卡出现时钟偏移故障。长期同步失效导致基站间出现定时偏差，定时偏差过大将影响手机邻区搜索、小区切换、下行导频时隙(DwPTS)对上行导频时隙(UpPTS)干扰和业务时隙交叉，出现系统内部干扰。严重时将造成接入失败、掉话等现象，无法进行正常的通信，这些将严重影响用户在使用中的感受。

对于前两类问题通常会在网管上出现硬件告警，定位方法也相对容易。对于GPS子卡故障造成的系统内部干扰，定位相对比较困难。目前，通过干扰统计分析和长期测试积累，已经可以通过分析干扰时隙TS1、TS2的ISCP来大致定位问题站点，同时在现场也可使用扫频仪测量到GPS子卡故障的多种情况，如GPS子卡时钟前失步，后失步、时变失步等多种故障。

从本故障案例来看，根据获得的时钟源不可用告警推断，推断具体故障点可以在以下几个方面。

① GPS接收天线故障，无法接收GPS信号，导致时钟中断，显示时钟源告警。

② GPS与BCCS板间的跳线问题，GPS信号无法传送导致时钟中断，显示时钟源告警。

③ BCCS单板问题，无法接收GPS天线接收的GPS信号，显示时钟源告警。

④ GPS天线受遮挡，无法接收GPS信号，导致时钟中断，显示时钟源告警。

**5. 故障处理**

根据之前的案例分析思路，依次排查。

① 到达现场，首先检查GPS安装环境，未发现天线受到遮挡。排查是否因为GPS接收天线故障导致。

② 检查是否GPS与BCCS板间的跳线问题导致，考虑到更换跳线较麻烦，首先尝试更换MPT单板，更换后经过一段时间观察，发现仍然存在时钟源不可用告警，更换GPS天线，问题仍不能解决。只能重新从机房布放新跳线到GPS天线，将GPS天线安装到新布放的跳线上，发现时钟源告警还是存在。

③ 由于GPS系统都进行了更换仍然无法恢复告警，因此再次检查了周围环境，发现GPS天线虽然无遮挡，但是正好在旁边大楼（安装GPS的楼层较低）的卫星信号接收天线

的方向上。由此，可确定故障点的所在之处。由于该GPS位置是由中国移动设计院提供的，经过与设计院沟通，进行了设计变更，重新对GPS天线位置进行更换，更换后告警消除，该问题解决。

## 注意

在对GPS天线环境检查的过程中，除了需要注意对GPS上方的环境进行检查，同时需要注意对GPS低处进行检查，避免出现案例中的情况。另外，施工安装过程中，应该严格按照设计图纸进行施工，如果在发现设计图纸与实际对比有问题后，必须先经过设计修改后才能进行变更。

## 大开眼界

目前在通信领域中，对于高精度时间同步需求主要来自CDMA基站和TD-SCDMA基站，TD-SCDMA基站工作的切换、漫游等都需要精确的时间控制，因此同步问题对于移动通信的重要性不言而喻。

然而GPS全球卫星定位系统由美国军方开发和控制，归美国政府所有。对世界各地的用户未有任何政府承诺，而且用户只支付了GPS接收机的费用，并未支付GPS系统的使用费用。因此这种方法自主性差，也带来一些不稳定因素。例如，故意降低GPS精度，关闭GPS在某个地区的发送信号，增加随机扰码，周围环境对GPS无线信号的干扰等，可以充分利用但不能完全依靠。同时我国的CDMA网络，曾经因为美国GPS未授时，出现过瘫痪事件。同时TD依赖GPS的问题一度蒙受没有"自主技术含量"的指责。

目前，有两种替代GPS提供高精度时间同步的方式：① 采用我国自主研发的北斗卫星授时系统；② 通过地面传输网络提供高精度时间传递，以保障CDMA网络和TD-SCDMA网络的安全可靠性。例如，在传输网络时钟提取上依据IEEE1588标准，提供一个全面的地面时钟替代GPS解决方案。

无论TD网络今后采用哪种方案，保障网络性能质量，离不开对基站同步原理的深入研究。从国家战略角度考虑，北斗替代方案的推广势在必行，这期间会遇到很多的问题，因此对于基站同步性能的研究，无论是现在还是将来都具有十分重要的战略意义。

### 中国北斗卫星导航系统系统简介

中国北斗卫星导航系统（COMPASS，中文音译名称BeiDou），作为中国独立发展、自主运行的全球卫星导航系统，是国家正在建设的重要空间信息基础设施，可广泛用于社会的各个领域。

北斗卫星导航系统能够提供高精度、高可靠的定位、导航和授时服务，具有导航和通信相结合的服务特色。通过19年的发展，这一系统在测绘、渔业、交通运输、电信、水利、森林防火、减灾救灾和国家安全等诸多领域得到应用，产生了显著的经济效益和社会效益，特别是在四川汶川、青海玉树抗震救灾中发挥了非常重要的作用。

北斗卫星导航系统是继GPS、格洛纳斯、伽利略之后，全球第四大卫星导航系统。北斗卫星导航系统将在2020年形成由30多颗卫星组网具有覆盖全球的能力。高精度的北斗卫星导航系统实现自主创新，既具备GPS和伽利略系统的功能，又具备短报文通信功能。

北斗卫星导航系统的建设目标是：建成独立自主、开放兼容、技术先进、稳定可靠的覆盖全球的北斗卫星导航系统，促进卫星导航产业链的形成，完善国家卫星导航应用产业支撑、推广和保障体系，推动卫星导航在国民经济社会各行业的广泛应用。北斗卫星导航系统由空间段、地面段和用户段三部分组成，空间段包括5颗静止轨道卫星和30颗非静止轨道卫星；地面段包括主控站、注入站和监测站等若干个地面站；用户段包括北斗用户终端以及与其他卫星导航系统兼容的终端。

#### 6. 拓展训练

在TD-SCDMA移动通信网络中，GPS起到了举足轻重的作用。目前，中国移动在全国大规模新建PTN网络，后续TD网络将可能采用PTN网络的时钟，此时钟与GPS相比优势体现在哪里？

### 6.2.5 TD-SCDMA基站天线方位角错误导致覆盖出现盲区

#### 1. 内容描述

本节以"深圳市龙岗区横岗街道办深惠路某基站天线"故障案例为主线，在案例分析环节将故障定位在智能天线方位角部分。结合之前学到的智能天线相关知识、天线高度调整、方位角调整、下倾角调整等技术知识，将理论运用于实践，学习在实际工作岗位中解决相应问题的思路和方法。

#### 2. 学习要求

① 识记：天线的类型及其主要参数。

② 领会：天线的工程操作知识。

③ 应用：天线参数测量工具。

#### 3. 系统概述

深圳市龙岗区横岗街道办深惠路新建一个名叫翠湖山庄2的TD-SCDMA站点，站型为S9/9/9，小区信息配置如图6-4所示。

#### 4. 故障分析

从优化部门反映来看，第一小区覆盖区域经常出现盲区，立刻向优化部门查询盲区区域，同时向用户投诉受理部门了解用户投诉区域，经过两方面的汇总，确定盲区大致位置。经过反复思考，确定故障可能是智能天线实际安装方位角与设计规划角度不一致，导致实际覆盖区域与设计规划区域出现差错，造成有些区域无法覆盖，形成盲区。

#### 5. 故障处理

从站点验收文档调出翠湖山庄2的相关验收文件，查看该站点智能天线在天面安装位置的规划图，如图6-5所示。

| 基站小区配置 | | | |
|---|---|---|---|
| 小区 | C1 | C2 | C3 |
| 小区容量 | 9 | 9 | 9 |
| 功分数量 | 1 | 1 | 1 |
| 水平方向角 | 50 | 130 | 210 |
| 垂直下倾角 | 6 | 6 | 6 |
| 小区功率dBm | 33 | 33 | 33 |
| 天线升高 | 3 | 3 | 3 |
| 天线挂墙否 | 否 | 否 | 否 |
| 天线美化 | 实际需要 | 实际需要 | 实际需要 |
| 是否使用高增益天线 | 否 | 否 | 否 |
| 覆盖区域 | 深惠公路<br>翠湖山庄 | 翠湖山庄 | 翠湖山庄 |
| 覆盖类型 | 道路<br>住宅区 | 住宅区 | 住宅区 |
| 天面建设方式 | 普通楼房天面 | 普通楼房天面 | 普通楼房天面 |

图6-4　基站小区信息图

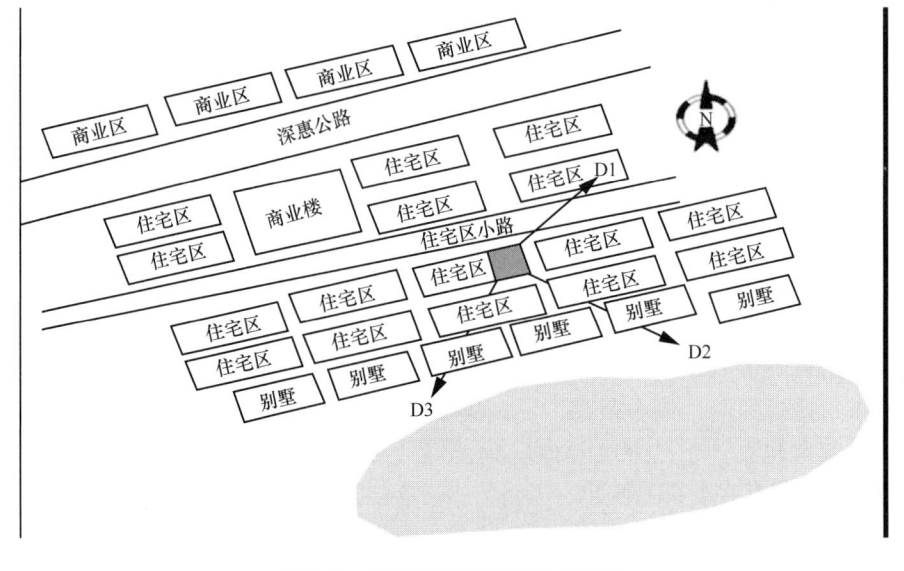

图6-5　智能天线天面安装位置图

　　来到基站天面现场，用地质罗盘测量各小区智能天线实际安装方位角分别为：35°、132°、212°，与该基站实际规划的小区信息配置表内数据存在很大偏差。故将相关事件上报工程建设部门，追究该基站工程督导责任，基站建设工程队重新调整智能天线方位角后，该问题解决。

### 注意

在新建站点时，天线的方位角度是否精确，直接影响到网络优化中路测信号的质量，工程督导必须严格要求，施工时必须符合工程规范，工程验收必须按照相关规范严格检查。

## 6.2.6  TD-SCDMA站点版本升级导致个别小区建立不成功

#### 1. 内容描述

本节以"深圳市福田花园小区站点升级"故障案例为主线，在案例分析环节将故障定位在版本升级不成功。结合之前学到的TD-SDCDMA原理及基站设备相关知识以及基站版本升级等工程技术操作知识，将理论运用于实践，学习到在实际工作岗位中解决相应问题的思路和方法。

#### 2. 学习要求

① 领会：小区的建立过程。

② 应用：版本升级操作步骤，复位的操作方式。

#### 3. 系统概述

某日对深圳市福田花园小区站点进行版本升级，版本由B141升级到B142。升级操作完成后，远程OMC网管已成功激活Node B 版本，但是本地通过DSPCELL 查询小区状态时，提示个别小区建立不成功。通过DSP SOFTSTATUS 查询时，提示处理进度一直保持在99%，版本却一直处于激活中。

#### 4. 故障分析

由于该问题出现在升级之后，且B142 版本激活进度一直停留在99%，故障小区的RRU版本查询不到，则怀疑可能是等待时间不够，需要继续等待。

若长时间还是处于该状态，则有可能是升级过程中Node B 与小区建立相关的关键设备、单板出现异常，如RRU、TBPE、TORN等。

#### 5. 故障处理

① 来到故障基站现场，由于怀疑可能是等待时间不够，需要继续等待，故先排除是否为升级过程中Node B 与小区建立相关的关键设备、单板出现异常。

② 通过查询相关基站设备升级前告警LOG确定板卡无故障，故排除设备、单板故障。

③ 做Iub 接口的消息信令跟踪，发现故障小区Node B 并未上报小区状态指示，导致该小区不能正常建立，于是继续等待。2小时后，B142 版本软件激活进度仍一直停留在99%，故确定可能存在处理器溢出。

④ 执行"RST SYS"命令，观察此时B142 版本激活成功。此时查询RRU 版本已成功升级，RRU 状态正常，信令跟踪Iub 接口上立即收到该小区的LOCELL 资源状态指示，小区开始并完成建立。此基站版本升级故障排除。

### 注意

熟悉小区建立的前提条件和流程，能够指导我们处理小区建立过程中的大部分故障。

### 6. 拓展训练

请思考小区的建立过程是怎样的呢?

## 6.2.7　WCDMA基站金港国际公寓高温退服

### 1. 系统概述

金港国际公寓基站间歇性退服,对该覆盖区域造成比较恶劣的影响。接到工单后上站处理,发现基站指示灯不正常,登陆近端发现有3个RRU连接丢失告警,TX软件告警,OBIF板软件告警,还有NBAP告警。

### 2. 故障分析

在实际的故障处理工作中,一般基站间歇性退服的原因有以下两点。

① 传输闪断;

② 单板接触不良。

### 3. 故障处理

① 重新拔插单板,告警消失一会儿就再次出现;更换新单板,依然如此。说明与单板无关。

② 查询传输状态,传输也运行正常。说明并非是传输闪断的原因。

③ 在查询基站历史告警的过程中发现,本站会间歇性出现高温告警,并在今日早晨还出现过一次,与最近的基站退服时间相契合。

④ 考虑基站又正常的工作温度区间,温度过高是可能导致基站退服的,将基站断电几分钟,待机柜温度下降后再开,告警消失。由此确定是高温导致的基站运行异常。

正常情况下基站是不会出现这种情况的,那么导致基站高温的原因是什么呢? 经排查,怀疑是以下两点原因:

• 机柜缺少两个风扇模块,导致散热不良;

• 机房内空调故障,不能起到正常降温的作用。

之后添加缺少的风扇模块,并督促空调厂家维修空调,金港国际公寓基站再也没有出现过因高温导致的间歇性退服事件。

> **注意**
>
> 由于赶工期的缘故,一些新建基站可能会出现配套设备不全,缺乏制冷、在环境监控等条件未满足的情况下必须开通。这里暂不讨论是否符合建站规程,这种情况会导致基站工作异常。另: 由于风扇模块的配置跟基站其他资源模块配置的多少有关,经常会因为本站暂不需要满配而被挪作他用。但在本站扩容之后,却又因未正确添加匹配的风扇模块而导致基站故障。这种情况在缺乏经验的工程师身上是经常发生的。

## 6.2.8　WCDMA基站千石园石材天馈接反故障处理

### 1. 系统概述

接到网优所派工单。工单描述千石园石材基站二扇区方向信号弱,但观察天线方位角和下倾角都没有问题，也没有建筑阻挡，怀疑基站本身故障，建议上站检查。

### 2. 故障分析

信号弱一般是由信号由传输过程中衰落过大引起的，衰落分为以下两大类：

① 基站及连接设备的衰落；

② 空间的衰落。

但此例中网优已经排除了空间衰落的原因，只能从设备衰落上着手，一般考虑以下几点：

① 天馈驻波比告警；

② 使用衰耗过大的馈线；

③ 馈线过长。

### 3. 故障处理

① 近端登录基站观察告警，未发现驻波比告警。

② 基站使用正常的7/8馈线，且长度合适。

③ 观察基站业务占用情况，二小区也有不少用户占用，并不符合二小区信号弱的实际情况。怀疑二小区是否另有发射口，但经过核查二小区并未下挂直放站。

④ 观察一小区业务占用率并未达到预期水准，应是二小区对其分流所致。因而怀疑一、二扇区共用了一扇区的发射天线，共同覆盖了一扇区方向，网优在二扇区方向测到的衰弱信号实际是一扇区天线旁瓣辐射所致。

⑤ 安排天线工从天线端向设备侧捋馈线，发现果然一小区B通道天线与二小区A通道天线接反。还原天线连接后，配合网优测试，一切恢复正常。

### 注意

这种天线接反，也是鸳鸯线的一种，在多站共址的情况下尤其容易发生，有时也会因为上站排查故障之后接反导致。无论是哪一种，只要在建设、维护之前贴好标记，就可以有效避免。既便如此，基站维护中应将鸳鸯线作为故障原因的一种考虑方式。

## 6.2.9 WCDMA基站双龙医院RRU故障处理

### 1. 系统概述

接到双龙医院基站二扇区工作异常的工单，上站处理。

### 2. 故障分析

到站之后发现基站指示灯正常，近端登录查看告警，发现二扇区A口天馈告警。考虑天馈告警一般都是驻波导致，因此进入天馈问题端判定流程。

### 3. 故障处理

① 使用驻波测试仪测试天馈驻波，一切正常，排除天馈问题；

② 重新紧固连接口，查看告警，天馈告警依然存在；

③ 怀疑基站吊死，重启基站后20min，天馈告警再次出现；

④ 调换A/B口馈线，再观察告警，天馈告警依然在A口出现。

根据以上流程彻底排除了天馈的问题，同时也排除了基站误告警的问题，剩下只能怀疑是天馈上一级的发射端RRU的故障导致。更换RRU后，告警消失，基站恢复正常。

### 📖 注意

在本案例中，只有完全掌握信号的发射路径，在故障的排查中，才不会出现思路的欠缺。要想成为一名合格的基站工程师，发射通路、接收通路所涉及的部件一定要牢记于心。

### 知识总结

本章涉及的案例涵盖了3G网络的各种制式。

在实际的基站故障处理中，一旦接到工单，首先要通过远程登录基站查看告警，对故障有初步判断，分析有无上站处理的必要，如需上站处理应带的工具及备板有哪些？像驻波类告警、高温高静、设备单板退服告警等，都是可以帮助我们判定问题的重要线索。

其实无论是WCDMA，还是CDMA2000、TD-SCDMA，即便处理故障的具体方法或有区别，但故障处理的思路是一样的。清晰的故障处理思路，可以让我们少走很多弯路，从而可以节约大量的时间。

### 实践活动

#### 基站故障分析处理

一、实践目的

1. 熟悉基站故障处理的思路。

2. 掌握基站故障处理的常用方法。

二、实践要求

各学员通过调研、搜集网络数据等方式完成。

三、实践内容

1. 取得WCDMA网络基站故障处理的案例3个。

2. 取得CDMA2000网络基站故障处理的案例3个。

3. 取得TD-SCDMA网络基站故障处理的案例3个。

4. 进行分析、统计、归纳，输出心得体会。

# 项目 7　传输故障处理

**项目引入**

张工："在工程现场中，除了基站自身有故障外，附属设施也会影响到基站的正常运行，我这就给你讲一讲。"

**学习目标**

1. 熟悉：传输类故障产生的现象。
2. 掌握：处理常见传输故障的能力。

## 7.1　日常性能维护

作为无线工程师，针对传输类故障，我们需要做到以下几点：

① 确认是否为传输类故障；

② 若不是，进入无线故障判断处理流程；

③ 若是，一般选择移交传输工程师处理。

## 7.2　典型故障实例

本节将通过一些案例来讲解传输故障处理的思路及方法。

### 7.2.1　TD-SCDMA深圳大梅沙铠甲光纤故障案例

#### 1. 内容描述

本节以"深圳市大梅沙铠甲光纤"故障案例为主线，在案例分析环节将故障定位在室外铠甲光纤部分。结合之前学到的BBU和RRU的组网知识，结合铠甲光纤介绍、光纤故障分类及简单故障判定等工程技术知识，将理论运用于实践，学习到在实际工作岗位中解决相应问题的思路和方法。

### 2. 学习要求

① 识记：光纤常见分类。

② 领会：光纤拉远的意义。

③ 应用：光纤简单故障定位方法。

### 3. 系统概述

深圳市盐田区大梅沙新建一个TD-SCDMA站点，基站名称为梅沙医院。该站点为S3/3/3站型，第一小区无法建立，RRU未正常工作。由于影响站点验收，必须进行及时处理。

### 4. 故障现象

从现场基站告警来看，BBU上第一小区端口指示灯异常。

### 5. 故障分析

从案例描述中BBU上第一小区端口指示灯异常，我们可以初步估计故障点可能与BBU相关。经过前面TD-SCDMA相关知识的学习我们了解到，引起该故障常见的原因有以下几种。

① BBU的脚本错误或BBU硬件故障。

② BBU上面的光模块故障未正常工作。

③ 与BBU相连的铠甲光纤故障，如铠甲光纤内部出现断裂点。

④ 与BBU相连的RRU硬件故障。

### 6. 故障处理

按照故障分析的内容，进行故障的排查和处理。

① 检查基站BBU的脚本，无误。可判断故障不是第一小区BBU脚本错误导致。

② 检查BBU上面的光模块是否正常。由于第二小区和第三小区均正常，所以我们在BBU的光纤插入口处分别调换第一小区和第二小区光纤。结果原第一小区仍然故障，原第二小区正常；则说明本端光模块无问题、BBU单板无问题，故确定问题只能在BBU光纤口以外。

③ 检查与BBU相连的RRU硬件故障。以经验判断RRU硬件故障发生率低，则先锁定为光纤问题，或者RRU上的光模块问题。

④ 到RRU侧调换新的光模块，故障依旧；则最终确定为BBU和RRU之间的铠甲光纤故障。

⑤ 检查与BBU相连的铠甲光纤故障。考虑到施工难度，最后联系施工队，调到新的铠甲光纤，先进行临时布放，定位故障。连上新光纤后，RRU正常，path通路正常，小区信号正常，故障问题解决。

### 注意

光纤非常脆弱，特别是在RRU的接口处，如果工程施工人员拧的劲过大，容易导致光纤断裂，现场光纤施工应小心，保证现场线缆的安全和设备的安全。

### 7. 知识补充

**（1）基站拉远**

光纤拉远是将基站的射频单元部分与主基站的数字部分分离，通过光纤连接拉远到其他区域，RRU和BBU组网基站俗称光纤拉远基站。BBU一般处于室内，RRU处于室外，因此它们之间是通过一根铠甲光纤连接的，其连接示意如图7-1所示。

常用光纤的接头类型如图7-2所示。

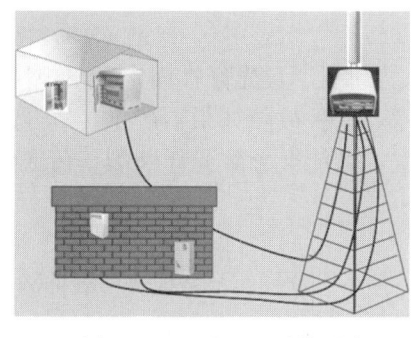

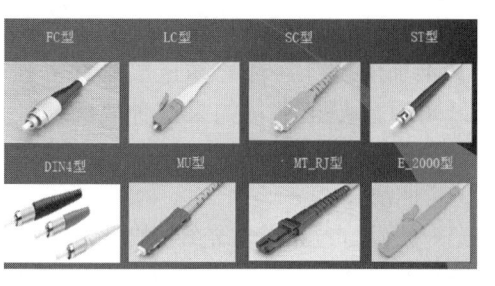

图7-1　BBU和RRU连接示意　　　　图7-2　光纤接头类型

**（2）铠甲光纤简介**

铠装光纤（野战光纤）是在光纤的外面再裹上一层保护性的"铠甲"，主要用于满足客户防鼠咬、防潮湿等要求。在TD-SCDMA基站建设中，BBU至RRU的光纤经常为铠甲光纤，如图7-3所示。

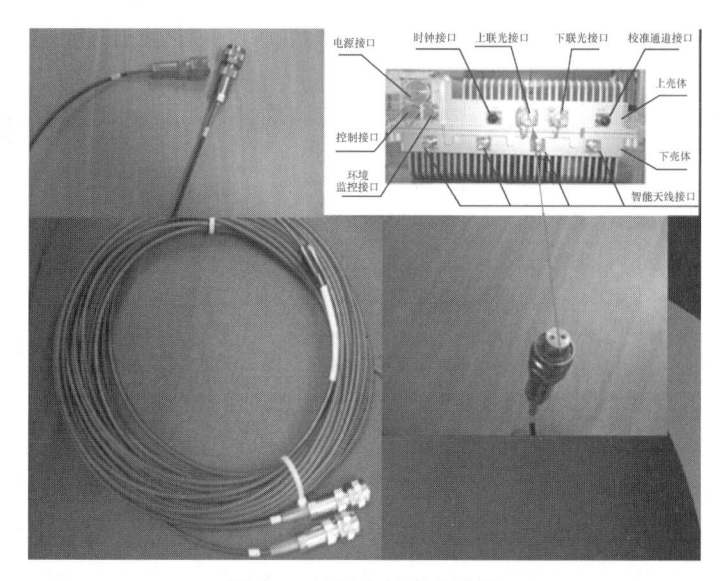

图7-3　铠甲光纤及连接图

**（3）光纤故障简介**

当光纤铺设完成，各个光纤连接器和节点连接完毕，打开设备的光发射和光接收模块。如果光发射机和光接收机工作正常，此时，如果出现信号不通，就要检查光路互连和铺设是否存在故障，如何进行光路互连和铺设故障的简单判定？如何进行光纤现场问题的简单处理？这就是本节要讨论的问题。

光功率计是一种检测光传输功率大小的仪器。当光路出现异常时，可以先用光功率计来检查光纤上光功率的衰减量，如果光功率存在异常，可以基本上确定光纤存在问题，否则，就是设备故障。如果用光功率计测量光衰减较大，可以初步判定连接器插针端面污染或光纤铺设故障。

以下介绍在光纤铺设时，常见的三种故障。

（1）绑扎故障

在光纤铺设时，如果在光纤固定位置采用大力绑扎，且光纤被固定到不规则面上，光纤外又不加防护，这样容易造成光纤绑扎故障。这种故障如果不严重，解开故障绑扎，光纤可以恢复正常；如果这种故障比较严重，可能会导致光纤断裂，使通信线路中断。

（2）弯曲故障

在光纤铺设时，如果在光纤拐弯位置弯曲半径较小，这样容易造成光纤弯曲故障。这种故障如果不严重，重新对光纤进行正确弯曲固定，光纤可以恢复正常；如果这种故障比较严重，可能会导致光纤断裂，使通信线路中断。

（3）压力故障

在光纤铺设时，如果在光纤上堆放重物或重物从光纤上压过，都会导致光纤传输信号异常或故障。如果这种情况不是很严重，一般恢复后可以进行正常的光通信；如果这种故障比较严重，将会导致光纤折断。

## 学习小贴士

铠甲光纤能大大加强 BBU 与 RRU 连接的可靠性；特别是在室外环境比较恶劣的区域铠甲光纤的好坏决定了整个 TD-SCDMA 的网络质量。

8. 思考与拓展

基站室外施工经常用到铠装光纤以应对室外恶劣的环境，那室内分布系统拉远光纤工程建设如何实施？也采用铠甲光纤吗？

### 7.2.2　WCDMA Node B 侧 E1 接成"鸳鸯线"导致基站时通时断

1. 内容描述

本节以"北京市某基站传输"故障案例为主线，在案例分析环节将故障定位在 E1 线部分。结合之前学到的基站建设维护相关知识、E1 知识、机房传输接入等工程技术知识，将理论运用于实践，学习到在实际工作岗位中解决相应问题的思路和方法。

2. 学习要求

① 识记：无线基站网络结构，E1 基础知识。

② 领会：无线基站传输接入方式。

③ 应用：常见 E1 线缆接头。

### 3. 系统概述

北京市某基站从OMC-B远程登录和数据下发均正常，基站小区和载频建立正常。隔天发现该基站无法登录并且ping不通，提示"连接网元失败"无法登录。反复登录发现时通时断，且通断时长没有任何规律。

### 4. 故障分析

从该故障现象描述来看，基本可以确定是传输链路故障，导致IPOA链路无法建立连接，出现远程无法登录目标基站。经分析，可能有几下几种原因。

① 基站传输供电问题，导致基站传输设备工作不稳定，传输信号时断时连，远程一会能登入，一会不能登入。

② 基站传输设备故障，工作不稳定，导致传输时断时连，以至于远程一会能登入，一会不能登入。

③ 基站数据配置不正确，以至于远程一会能登入，一会不能登入。

从工程经验来判断，基站传输故障可能性最高。

### 5. 故障处理

根据故障分析结果，直接进入基站机房，进行基站近端调测；完全排除基站电源问题和站点数据配置问题。基站配置4E1，故着手重点排查基站传输问题。

① 进入基站机房后，检查电源及设备均工作正常，排除基站电源问题和设备故障问题。

② 定位为基站传输设备数据配置不正常，经检查发现出现"鸳鸯线"，具体排查方法如下：

"DSP E1T1"显示E1正常，然后分别环断每条E1，断E1-1后其他3E1均正常；断E1-2后其他3E1均正常；断E1-3后E1-3和E1-4故障；断E1-4后E1-3和E1-4故障。根据环断现象可以判断：基站E1-3和E1-4接成"鸳鸯线"——收发互相交叉。

③ 重新核对E1线的收发，正确复位E1-3和E1-4的接收端，基站恢复正常，远程能够登录管理，传输故障解除。

### 6. 总结

传输"鸳鸯线"是工程中出现频率比较高的问题，一般只能通过环断试验来确定具体问题在哪里。比较好的避免措施，是在加强施工初期的质量管理，该做的标记、该贴的标签绝对不能忽视。

## 7.2.3　WCDMA基站RRU光口故障处理

### 1. 系统概述

网络维护工程师李某在基站日例行巡检的过程中发现柴贯岭基站的第一光口与之连接RRU之间的链路环回检测异常、光口反向帧失锁告警频繁发生。

### 2. 故障分析

根据故障现象，初步判断是由于光路出现问题而引起的告警。因此，先到柴贯岭RRU拉远基站，用光功率计进行检测，测试到基站BBU发出光功率为15.8dBm，柴贯岭RRU光口发出光功率为5.3dBm，在柴贯岭光终端盒侧收到RRU发出光功率为30 dBm，这个功率值明显异常，正常情况下应为8dBm左右。由此判断，故障原因是由于柴贯岭RRU光口发出功率到终端盒之间光功率衰减太大。

### 3. 故障处理

① 逐一检查此段光纤，发现该光纤中间有一连接法兰盘，拆开法兰盘外面的防水胶布，发现该法兰盘已经进水，并且锈蚀相当严重。

② 更新的法兰盘，又将其两端光纤接头用酒精仔仔细细进行了清洗，并按照工程规范中的要求，用防水胶带和胶泥重新对法兰盘进行了防水处理。

③ 用光功率计在光终端盒测试，收到RRU发出光功率为7.8dBm，指标恢复正常。

④ 将该光纤接入光终端盒，网管系统中各种告警随之消失，基站恢复正常工作。

### 4. 总结

遇到基站出现光口下挂第一级RRU之间的链路环回检测异常、光口反向帧失锁告警频繁发生的故障，大多是由于BBU和RRU之间连接光纤光功率衰减过大。在故障判断和检查中，首先需要检查法兰盘和光纤情况，通过此方法已经成功处理了多个基站类似的故障。在例行的基站检查和工程维护中，需要重点关注线缆接头的防水情况，并严格按照工程规范要求进行操作。

## 博士课堂

光纤法兰盘：也即光纤适配器。跳线、尾纤、终端盒都必用到适配器。其主要作用就是设备与设备之间的连接。比如跳线，在一根光纤两端装上适配器，就叫跳线。在光纤一端装适配器，就叫尾纤。现在家里看电视都有机顶盒了，机顶盒后面有一个金属圆形的小装置就是一种适配器，如图7-4所示。

图7-4　适配器

环回检测：环回测试是很常用的一种测试，通常用于检查和分析端口或线路问题。在一般的故障处理中，先做的是硬件环回检测，也即指用一根尾纤将同一块光接口板上的收、发两个光接口连接起来。需要注意的是，用尾纤对光口进行硬件环回测试时，一定要加衰耗器，以防接收光功率太强导致接收光模块饱和，甚至光功率太强损坏接收光模块。

### 5. 知识补充

该案例涉及的知识点有BBU和RRU的组网方式以及光功率计的使用，BBU和RRU的组网方式我们前面已经介绍过，本节再简单的复习一下。光功率计的使用在本文中也是简单地说明。

BBU( Building Base band Unit )室内基带处理单元。3G网络大量使用分布式基站架构，RRU（射频拉远模块）和BBU（基带处理单元）之间需要用光纤连接。一个BBU可以支持多个RRU。采用BBU+RRU多通道方案，可以很好地解决大型场馆的室内覆盖问题。射频拉远技术特点是将基站分成近端机即无线基带控制BBU和远端机即射频拉远RRU两部分，二者之间通过光纤连接。其接口是基于开放式CPRI接口，可以稳定地与主流厂商的设备进行连接。BBU可以安装在合适的机房位置，RRU安装在天线端，这样，将以前的基站模块的一部分分离出来，通过将BBU与RRU分离，可以将烦琐的维护工作简化到BBU端，一个BBU可以连接几个RRU，既节省空间，又降低设置成本，提高组网效率。同时，连接二者之间的接口采用光纤，损耗较少。

由于BBU和RRU之间的通信主要是靠光纤，所以在进行对BBU和RRU设备的故障处理时，需要考虑到光通信方面的原因，而在处理光通信问题时就需要用到光功率计。光通信离不开光功率这个重要参数，发送机输出光功率，接收机接收光功率，接收机灵敏度和动态范围的测量，实际上也是在满足一定误码率条件下的测量，能接收的最小光功率和最大光功率，光纤衰耗、接头衰耗的测量，实际上也是测量光纤两端的光功率，而光功率计就是测量光功率的仪表，如图7-5所示。

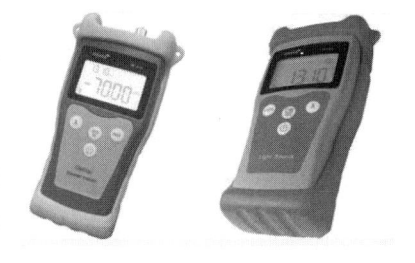

图7-5 光功率计

光功率计用于测量绝对光功率或通过一段光纤的光功率相对损耗。在光纤系统中，测量光功率是最基本的，类似于电子学中的万用表。

## 7.2.4 CDMA2000基站"CCM未探测到"告警处理

### 1. 系统概述

图7-6所示为天津市某基站位置和附近基站分布。天津市新建CDMA基站之一的某基站开通后，后台网管告警显示基站单板CCM未探测到，如图7-7所示。

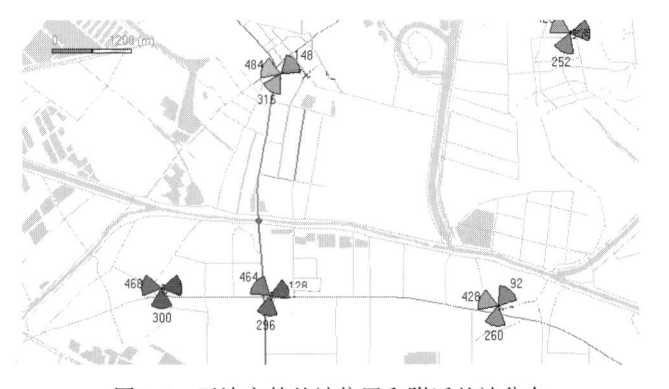

图7-6 天津市某基站位置和附近基站分布

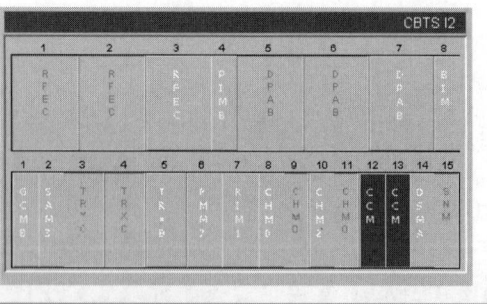

图7-7　后台告警

### 2. 故障分析

未探测到CCM的主要原因是CCM与后台的链路不通，有如下几种可能。

① CCM没有在位或没有上电。

② DSM工作不正常。

③ E1线连接不正确或没有接好。

④ BDS机框的信道号拨位设置不正确。

⑤ E1线连接关系和数据库配置不一致。

⑥ CCM单板损坏。

⑦ 传输中断。

⑧ 基站掉电。

⑨ 时钟问题。

⑩ 软件版本。

⑪硬件版本。

### 3. 故障处理

根据上述思想去现场进行故障查找，步骤如下。

① 通过诊断测试来判断BTS侧的DSM和BSC侧的DSM的链路是否正常，确认帧是否丢失。如有帧的丢失，则说明传输有问题或DSM板坏。

② 检查CCM，检测该单板是否在位和上电。

③ 检查该信道上的BSC侧DSM、BTS侧、DSM是否工作正常。

④ 前台CCM运行灯出现快闪，如是，则可能是传输已断。

⑤ 检查E1线物理连接是否正确。

⑥ 检查BDS机框的信道号拨位是否正确，和后台配置是否一致。

⑦ 检查E1线连接关系和数据库配置是否一致。

⑧ 在现场检查时已把相应的步骤全部检查了一遍，结果还是无效，最后现场工程师决定更换CCM单板，告警消失。

### 4. 总结

故障定位需要遵循电源→E1和传输→CCM→GPS→CHM→RFS→SDU这种顺序，

考虑故障的思路进行。

例如,告警信息提示"CCM未探测到",应先检查BTS电源、E1和传输是否有故障,然后才能定位是否是CCM故障。

具体的故障定位思路描述如下。

① 故障是否由电源引起。

② 传输E1线路是否有故障。传输E1线是连接BTS和BSC的桥梁,如果传输出现了故障,BTS就不能被BSC检测到的。

③ 确认BTS的CCM是否有故障。

④ 确认GPS是否有故障。

⑤ 确认CHM是否有故障。

⑥ 确认RFS是否有故障。

虽然本次基站故障不是传输原因导致的,但是其处理思路及步骤仍具备较大的参考价值。

## 7.2.5　WCDMA基站传输故障导致断站

### 1. 系统概述

青岛WCDMA网络光彩体育场基站退服,接到工单上站处理,近端登录基站查看,发现该站4对E1全断。

### 2. 故障分析

从RNC到基站的连接经过多个传输节点,任何一段传输有问题,都会导致传输断开,从而导致基站退服,当务之急是确定哪一段传输出现了故障。共有如下可能。

① E1线连接关系和数据库配置不一致。

② 基站传输单板故障。

③ DDF架至基站传输单板段EI线故障。

④ DDF至RNC段故障。

⑤ RNC至交换中心段故障。

### 3. 故障处理

按照以上分析思路,分别进行故障排查。

① 登录基站查看E1配置,与规划数据并无出入,非数据问题。

② 在传输单板侧回环E1,近端登录基站观察,E1处于连接状态,排除传输单板故障。

③ 在DDF架侧回环E1,近端登录基站观察,E1处于连接状态,排除本段故障。

④ 与RNC侧联系,将E1回环至RNC,状态完好;断开,RNC侧依然显示E1状态完好。怀疑DDF架至RNC这一段中间有环路。

⑤ 将故障反应给传输中心,查找到中间环路节点并放通,基站恢复正常。

### 4. 总结

由于从中心机房到基站经历太多节点,任意一段传输出现问题都是导致基站不能正常工作。排查故障工作虽然大,但并不是无迹可寻,并且负责各段故障处理的班组也分工明确,更是使工作简便了许多。作为基站工程师,只要保证DDF架到基站、基站自身数据没有问题,其他的故障只要定位到,就可以移交给相应的班组去处理。

### 7.2.6　WCDMA微波基站多重故障交叉导致断站

**1. 系统概述**

接到明光巷联通微波基站无法正常工作的工单，上站处理。到站之后基站已被锁闭，基站登录近端，发现本站的第三条IMAlink和三个扇区的光跳线都有告警。

**2. 故障分析**

由于告警涉及的单元方向不一致，应分别考虑故障的源头：

① 光跳线告警应检查光跳线的故障；

② IMAlink应检查传输配置及对接的故障。

**3. 故障处理**

按照以上分析思路，分别进行故障排查。

① 全部更换新的光跳线，三个扇区的光跳线告警消失。

② 对第三条IMAlink对应的E1线进行自环，发现E1工作正常。

③ 还原之后与RNC侧联系，RNC工程师却表示第三条IMAlink对应的E1工作正常，第一条IMAlink对应的E1工作不正常，怀疑是两条E1交叉。

④ 倒换两对E1，本站侧的第三条IMAlink告警消失；RNC侧与本站侧同步显示第一条LINK故障告警。

⑤ 将故障E1在DDF架向RNC侧回环，RNC侧检测不通。

⑥ 因是微波站，就到上级站，向RNC侧回环，发现正常，故判断是微波对接的故障。

⑦ 检查上级站与本站的微波传输头子，一切正常，但放通传输则不通。

⑧ 更换上级微波端口，本站也更换对应端口，传输对通，告警消失，基站恢复正常工作。由此判断，故障应是上下级微波端口不匹配的缘故导致。

**4. 总结**

虽说本站故障问题较多，但是只要精心分析，抽丝剥茧，将各自的故障划分清楚，再对症下药，故障原因也不难排查。

当本站的传输故障所经节点更为复杂，也涉及了微波传输，但只要真正掌握了上下对应的原则，掌握通过环断测试确定故障点的方法，再复杂的故障也能迎刃而解。

### 知识总结

在基站维护工作中，传输故障非常常见，一般都伴随着批量性单板退服乃至于整个基站退服。

传输故障也可以通过相关告警体现，更多时候需要具备远端查看传输状态的能力，或者多余传输班组负责人员联系才可确定故障。

在实际工作中，由于传输所经节点过多，确定问题的根源会非常麻烦。但只要理清思路，判断故障点的过程也不只是重复的工作。多注重实战经验的积累，多看一些相关故障处理的案例，都会对故障处理的思路有所帮助。

故障处理的思路取决于对设备、系统的理解程度，只有具备坚实的基础，才能在故障排查工作中溯本逐源，快速解决故障。

**实践活动**

## 基站传输故障分析处理

一、实践目的

1.熟悉传输故障处理的思路。

2.掌握基站传输故障处理的常用方法。

二、实践要求

各学员通过调研、搜集网络数据等方式完成。

三、实践内容

1.取得WCDMA网络基站传输故障处理的案例3个。

2.取得CDMA2000网络基站传输故障处理的案例3个。

3.取得TD-SCDMA网络基站传输故障处理的案例3个。

4.进行分析、统计、归纳，写出心得体会。

# 参考文献

[1] 许圳彬. WCDMA移动通信技术[M]. 北京：人民邮电出版社，2012.

[2] 冯建和. CDMA2000网络技术与应用[M]. 北京：人民邮电出版社，2010.

[3] 孙社文. TD-SCDMA系统组建、维护与管理[M]. 北京：人民邮电出版社，2010.

[4] 许圳彬. CDMA2000移动通信技术[M]. 北京：人民邮电出版社，2012.

[5] 许圳彬. TD-SCDMA移动通信技术[M]. 北京：人民邮电出版社，2012.